Mario Schmidt · Achim Schorb; Stoffstromanalysen

W0175633

Springer
Berlin
Heidelberg
New York
Barcelona
Hong Kong
London
Mailand
Paris
Santa Clara
Singapur
Tokio

Mario Schmidt
Achim Schorb

Stoffstrom-analysen

in Ökobilanzen
und
Öko-Audits

Mit 80 Abbildungen

Springer

MARIO SCHMIDT
DR. ACHIM SCHORB
ifeu-INSTITUT FÜR ENERGIE-
UND UMWELTFORSCHUNG HEIDELBERG GmbH
WILCKENSSTRASSE 3
D-69120 HEIDELBERG

Die Herausgabe dieses Buches wurde durch den ifeu-Verein für Energie-
und Umweltfragen Heidelberg e.V., Wilckensstraße 3, D-69120 Heidelberg
finanziell gefördert.

ISBN 3-540-59336-5 Springer-Verlag Berlin Heidelberg New York

Die Deutsche Bibliothek - CIP Einheitsaufnahme
Stoffstromanalysen in Ökobilanzen und Öko-Audits / Mario Schmidt ; Achim Schorb. -
Berlin ; Heidelberg ; New York ; Barcelona ; Hong Kong ; London ; Mailand ; Paris ; Tokyo :
Springer, 1995
  ISBN 3-540-59336-5
NE: Schmidt, Mario; Schorb, Achim

Einbandgestaltung: Meta Design, Berlin
Satz: Reproduktionsfertige Vorlage vom Autor
SPIN 10493962   30/3136- 5 4 3 2 1 0 – Gedruckt auf säurefreiem Papier

Vorwort

Was seit langem mit dem populären Begriff *Ökobilanz* in der Öffentlichkeit und in der umweltpolitischen Diskussion umschrieben wird, ist inzwischen zu einem veritablen und anspruchsvollen Teilbereich der Umweltwissenschaften geworden. In den vergangenen Jahren wurden verschiedene Verfahren entwickelt, eingesetzt und in der internationalen Fachwelt diskutiert, um die Umweltauswirkungen einzelner Produkte oder Tätigkeiten, ganzer Betriebe und sogar von Stoffströmen nationalen Ausmaßes beschreiben und bewerten zu können. Die Notwendigkeit, Informationen für umweltpolitische oder betriebliche und investorische Entscheidungen bereitzustellen, aber auch die rapide wachsenden Möglichkeiten des Computereinsatzes haben diese Entwicklung in ungeahntem Ausmaß beschleunigt.

Die Besonderheiten dieser neuen Teildisziplin sind einerseits ihre starke Verschränkung mit den unterschiedlichsten Wissenschaften – von der Informatik, den Natur- und Ingenieurwissenschaften bis hin zu den Wirtschaftswissenschaften – und andererseits ihr Anwendungsbezug in der Umweltpolitik und im betrieblichen Umweltschutz. Ökologisches Produktlabeling, Kreislaufwirtschaft, betriebliches Umweltmanagement oder Öko-Audit sind ohne Ergebnisse aus der Ökobilanzierung heute nicht mehr denkbar.

Auch dieses Buch ist aus einem Anwendungsbezug heraus entstanden: aus den langjährigen Erfahrungen am ifeu-Institut für Energie- und Umweltforschung Heidelberg bei der Erstellung von Produktökobilanzen und Umweltbetriebsbilanzen, aus einer intensiven Kooperation mit dem ifu-Institut für Umweltinformatik Hamburg bei der gemeinsamen Entwicklung und Anwendung einer fortschrittlichen Bilanzierungssoftware und aus dem Kontakt zu vielen Kollegen, die an ähnlichen Fragestellungen arbeiten.

Während die politischen und betrieblichen Dimensionen der Ökobilanzierung in der Öffentlichkeit ausgiebig diskutiert werden, fehlen für methodische Fragen in Deutschland entsprechende Darstellungen. Diese mehr technischen Themen werden in zahlreichen nationalen und internationalen Forschungsberichten, in firmeninternen Untersuchungen oder auf Konferenzen und Arbeitsgruppensitzungen diverser Institutionen behandelt. Für den Außenstehenden sind diese Quellen schwer zugänglich. Das Buch soll deshalb einen ersten Einblick geben, kann aber ein systematisches und umfassendes Lehrbuch nicht ersetzen. Ein solches wird auch erst Sinn machen, wenn die in der Fachwelt derzeit diskutierten Standards zur Sachbilanzierung und Bewertung in Ökobilanzen festliegen.

Das im Buch behandelte Themenspektrum mußte zwangsläufig begrenzt bleiben, und die Beiträge sind auf die von den Beteiligten eingesetzten und favorisierten Methoden ausgerichtet. Gerne hätten wir mehr aktuelle und wegweisende Beispiele zu Produktökobilanzen vorgestellt. Da die wirklich spannenden Fallbeispiele jedoch aus der innerbetrieblichen Praxis kommen und oft sensible Informationen über die Firmen oder Branchen enthalten, mußte davon abgesehen werden.

Auf eine Besonderheit dieses Buches sollte noch hingewiesen werden: Die sonst strikte Trennung zwischen Produktökobilanzen und Umweltbetriebsbilanzen wird hier aufgehoben. Tatsächlich sind die Herausgeber der Meinung, daß zwischen diesen an sich unterschiedlichen Analyseinstrumenten ein fließender Übergang besteht. Sie sind quasi nur zwei verschiedene Perspektiven der gleichen Probleme und sollten in den Schlußfolgerungen und deren Umsetzung, etwa im Rahmen eines fortschrittlichen betrieblichen Umweltmanagements, schließlich wieder zu einer Synthese führen.

Dieser Bezug der Analyseinstrumente zu der Anwendung und der Umsetzung in Wirtschaft und Politik ist von großer Bedeutung. Ellen Frings zitiert in ihrem Beitrag zu recht, daß Stoffstromdaten alleine für eine Neugestaltung von Stoffströmen nicht ausreichen, sondern auch die Akteurskette berücksichtigt werden muß. Deshalb werden in diesem Buch zusätzlich Themen zum Umweltmanagementsystem und zum Öko-Audit für Unternehmen gestreift. Gerade dem Öko-Audit, wie es in der Europäischen Union eingeführt wurde, muß eine große Bedeutung zugemessen werden. Es ermöglicht – professionell eingeführt –, Erkenntnisse aus umfangreichen quantitativen Analysen im betrieblichen Kontext sowohl für die Umwelt als auch für das Unternehmen gewinnbringend umzusetzen.

An dieser Stelle sei allen Mitautoren herzlich für ihr Engagement, ihre Mühe und ihre Pünktlichkeit bei der Manuskriptabgabe gedankt. Unsere Kollegen am ifeu-Institut haben uns mit manchem fachkundigen Rat und viel Nachsicht bei der bisweilen häufigen Arbeitsüberlastung unterstützt. Wir danken Dr. Guido Reinhardt für seine Anregungen und Andreas Detzel für seine Mithilfe. Besonderer Dank gebührt Christine Bier, die mit großem und unverzichtbarem Einsatz bei der Manuskriptredigierung geholfen und mit viel Humor so manche Stilblüte beseitigt hat. Wir danken insbesondere dem ifeu-Verein für Energie- und Umweltfragen e.V. für seine ideelle und finanzielle Unterstützung des Buchprojektes.

Mario Schmidt, Dr. Achim Schorb
Heidelberg, im Juni 1995

Inhaltsverzeichnis

Anhang

I Einleitung

Stoffstromanalysen und Ökobilanzen im Dienste des Umweltschutzes

Mario Schmidt, Heidelberg

Zu Beginn: Der Versuch einer Definition

In diesem Buch wird an vielen Stellen von Ökobilanzen, Lebenswegbilanzen, LCA, Stoffstromanalysen u.v.m. die Rede sein. Doch was genau verbirgt sich hinter diesen Begriffen? Inwieweit unterscheiden sie sich von anderen quantitativen Analysen im Umweltbereich? So wird z. B. das Wort Ökobilanz umgangssprachlich für eine Vielzahl von Untersuchungen verwendet. In der Fachwelt hat sich jedoch eine spezielle Bedeutung eingebürgert.

Am gebräuchlichsten ist der Begriff der Ökobilanz im Zusammenhang mit der Analyse von *Produkten* oder *Dienstleistungen*. Hulpke und Marsmann (1994) nähern sich dem Begriff der Ökobilanz mit der allgemeinen Zielformulierung

- einer Schonung bzw. effizienteren Nutzung materieller Ressourcen und
- einer Verringerung bzw. Minimierung der Belastung der Umwelt durch Emissionen und Abfälle.

Sie stellen das Aufeinandertreffen und die Verknüpfung der Ressourcen- und der Umweltdebatte mit den Vorstellungen über eine umfassende Betrachtung von ökonomischen Prozessen als das Besondere dar, das die Popularität des Begriffes Ökobilanz ausmache. Zu berücksichtigen seien dabei folgende Bereiche:

- Entnahme und Bereitstellung von Rohstoffen
- Herstellung, Verarbeitung und Formulierung
- Transport und Verteilung
- Verwendung, Wiedergebrauch und Instandhaltung
- Recyclieren
- Abfallverwertung

Zur deren Beschreibung führen sie folgende Parameter an:

- Verbrauch materieller Ressourcen
- Verbrauch an Energieträgern
- Stoffliche Belastung der Luft
- Stoffliche Belastung des Wassers
- Belastung des Bodens mit Abfällen

Mario Schmidt, Achim Schorb (Hrsg.)
Stoffstromanalysen in Ökobilanzen und
Öko-Audits
© Springer-Verlag Berlin Heidelberg 1995

Entscheidend sind dabei der Systemansatz und die umfassende Betrachtung z. B. eines Produktes *von der Wiege bis zur Bahre* (cradle to grave). Außerdem werden mehrere ökologische Parameter erfaßt.

Die Projektgemeinschaft „Lebenswegbilanzen" (1992)[1] verstand unter Ökobilanz hingegen den Oberbegriff für Bilanzen der stofflichen und energetischen Einflüsse eines Untersuchungsgegenstandes (Unternehmen, Gemeinde, Dienstleistung, Produkt, Herstellungsprozeß etc.) auf die Umwelt. Eine Ökobilanz ist demnach die Liste der umweltbeeinflussenden und nichtumweltbeeinflussenden Größen, die an den Grenzen des Bilanzraumes auftreten. Sie werden entweder als Daten ausgewiesen oder qualitativ beschrieben. Eine Lebenswegbilanz (Life Cycle Assessment = LCA) ist somit eine spezielle Ökobilanz für Produkte. Daneben kann es aber auch noch eine Ökobilanz für ein Unternehmen (betriebliche Ökobilanz oder Umweltbetriebsbilanz), für Städte usw. geben. Wird eine Ökobilanz *bewertet*, so bezeichnete die Projektgemeinschaft das als ein *Ökoprofil*.

Demgegenüber verstehen Braunschweig und Müller-Wenk (1993) unter einer Ökobilanz bereits eine ökologisch *bewertete* Stoff- und Energiebilanz. Eine Stoff- und Energiebilanz, kurz auch Stoffbilanz, ist die Darstellung von Stoffflüssen und Energieverbräuchen inklusive Bodenversiegelung, Lärmemissionen usw. in physikalischen Größen. Im Englischen wird auch von Inventory Analysis gesprochen. Der Begriff der Ökobilanz wird – obwohl um die Bewertung erweitert – ähnlich wie bei der Projektgemeinschaft auf Produkte, aber auch auf Firmen oder Regionen angewendet.

Für den Bereich der *produktbezogenen Ökobilanz* zeichnet sich indes eine Vereinheitlichung der Definition durch die Bemühungen der SETAC und der nationalen und internationalen Normierungsgremien ab. Das Konzept der Produktökobilanz oder LCA beruht dabei auf den vier Bestandteilen (siehe auch Abb. 1):

• Zieldefinition,
• Sachbilanz,
• Wirkungsbilanz und
• Bilanzbewertung.

Dazu kommt eine Schwachstellen- und Optimierungsanalyse (*Improvement Analysis*), die entweder an die Bilanzbewertung anschließen kann oder bereits parallel zur Sachbilanz erfolgt. Gemäß einem deutschen Positionspapier für den internationalen Normierungsprozeß im ISO[2] bilanziert eine Sachbilanz die Stoff- und Energieflüsse einschließlich der Emissionen als *Input- und Outputgrößen*. Sie umfaßt:

---

[1] Die Projektgemeinschaft „Lebenswegbilanzen" setzte sich aus dem Fraunhofer-Institut für Lebensmitteltechnologie und Verpackung München, der Gesellschaft für Verpackungsmarktforschung Wiesbaden und dem ifeu-Institut für Energie- und Umweltforschung zusammen und bearbeitete die Ökobilanz für Verpackungssysteme im Auftrag des Umweltbundesamtes.

[2] Grundsätze produktbezogener Ökobilanzen. In: DIN-Mitt. 73. Nr. 3, 1994, S. 208-212.

„– den gesamten Lebensweg der Produkte, d. h. von der Rohstofferschließung und -aufarbeitung, Produktion und Weiterverarbeitung, Distribution, Transport bis hin zu Gebrauch, Verbrauch und Nutzungsdauer sowie der Entsorgung einschließlich des Recyclings
– die Feststellung der mit dem Lebensweg verbundenen Beeinflussungen auf die Umwelt durch Fluß- und/oder Bestandsgrößen, z. B. Luft-, Wasser- und Bodenbelastungen durch Schadstoffe, des Verbrauchs an Rohstoffen, Energieträgern, Wasser, Hilfs- und Betriebsstoffe sowie Flächen, des Lärms und der Abfallbelastungen."

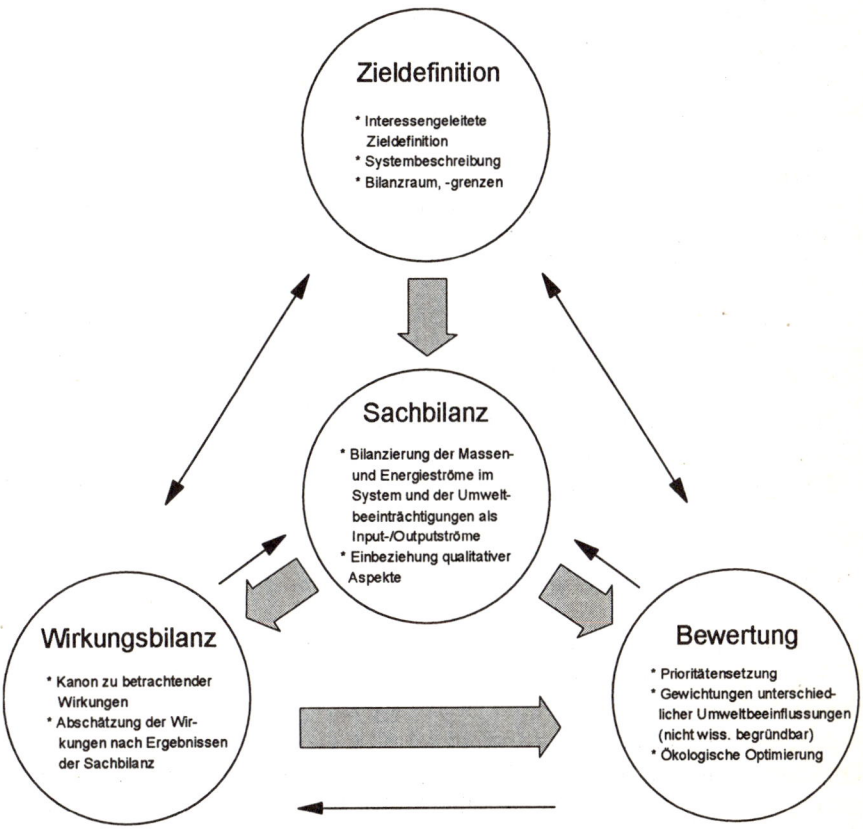

Abb. 1. Prozeßschema einer produktbezogenen Ökobilanz

Die Sachbilanz ist somit eine Stofffluß- oder Stoffstromanalyse, und sie liefert die wesentlichen Informationen, die für eine Wirkungsbilanz und für eine Bilanzbewertung erforderlich sind. Deshalb ist im Zusammenhang mit Ökobilanzen auch immer wieder von Stoffstromanalysen die Rede. Sie sind der quantitative Kern der Sachbilanz und damit insgesamt der Ökobilanz.

Doch was ist nun eine Stoffstromanalyse? Auch dieser Begriff läßt sich weit fassen. Im Umweltschutz wird damit weniger die detaillierte verfahrenstechnische Stoffstromanalyse verstanden, wie sie bei der Prozeßsteuerung und -planung unter Berücksichtigung thermodynamischer oder chemischer Aspekte eingesetzt wird[3]. Es wird damit mehr die input- und outputseitige Bilanzierung der ökologisch relevanten Stoff- und Energieströme verstanden – bezogen auf einen Einzelprozeß, auf ein Unternehmen, auf ein Produkt usw[4]. Falls erforderlich, wird eine Prozeßkettenanalyse durchgeführt, bei der ein Gesamtsystem in Teilprozesse unterteilt wird, die zueinander mittels ihrer Stoff- und Energieströme in Verbindung stehen.

Stoffe können dabei sowohl Einzelstoffe, z. B. im Sinne von chemischen Elementen oder Verbindungen, als auch Güter auf einer höheren stofflichen Aggregationsebene sein. Also auch Ressourcen, Rohstoffe, Halbzeuge, Produkte, Emissionen, Abfälle usw. können Stoffe sein. Energieströme werden – von unterschiedlichen Maßeinheiten abgesehen – weitgehend gleich wie Stoffströme bilanziert.

Demgegenüber verwendet die Enquête-Kommission (1994) den Begriff des Stoffstroms wesentlich eingeschränkter:

„Stoffstrom
Der Weg eines Stoffes von seiner Gewinnung als Rohstoff über die verschiedenen Stufen der Veredelung bis zur Stufe des Endprodukts, den Gebrauch/Verbrauch des Produktes, ggf. seine Wiederverwendung/Verwertung bis zu seiner Entsorgung."

Hier steht also der Einzelstoff, z. B. Cadmium oder Benzol, im Vordergrund. Eine Stoffstrom*betrachtung* würde sich auf den Lebensweg eines Stoffes von den Quellen bis zu den Senken beziehen.

Ökobilanzen in der Vergangenheit

Die Geschichte der *Ökobilanz* reicht weit in die Vergangenheit zurück. Bereits Ende des letzten Jahrhunderts entwickelte der schottische Biologe und Ökonom Patrick Geddes eine Methodik zur Erfassung der Energie- und Materialströme, welche durch Gewinnung, Verarbeitung, Transport, Handel und Gebrauch eines Produktes verursacht werden[5]. Damals stand der Wirkungsgrad der Kohlenutzung und dessen Verbesserung auf allen Stufen der Prozeßkette im Vordergrund des Interesses.

In den USA wurde 1969 durch das Midwest Research Institute in Kansas City eine Studie für den Coca-Cola-Konzern erstellt, die sich mit dem Ressourcenverbrauch und den Umweltauswirkungen von Produkten, in dem Fall von Ge-

---

[3] siehe z. B. Schnitzer, 1991.
[4] siehe z. B. Lützkendorf et al., 1992.
[5] zitiert nach Frischknecht et al., 1994, Teil II, S. 4.

tränkeverpackungen, auseinandersetzte[6]. Diese sogenannte *Resource and Environmental Profile Analysis* (REPA) legte in den USA den methodischen Grundstein für Produktlebenswegbilanzen (Life Cycle Assessment = LCA). Anfang der 70er Jahre bekamen die REPA in den USA einen unerwarteten Aufschwung durch das wachsende öffentliche Umweltbewußtsein und die sogenannte Ölkrise, der nach 1975 allerdings wieder nachließ. In der Schweiz wurde bereits 1974 ein ökologischer Produktvergleich für das Eidgenössische Amt für Umweltschutz durchgeführt[7].

Die drängenden Probleme bei der Abfallentsorgung Mitte der 80er Jahre förderten das Interesse an Ökobilanzen in Europa, aber auch in den USA. 1984 wurde eine Ökobilanz der Eidgenössischen Materialprüfungs- und Forschungsanstalt (EMPA) in der Schweiz über Packstoffe veröffentlicht, die die LCA-Diskussion – auch bezüglich der Bewertungsfrage – international erheblich anregte. Zeitgleich veröffentlichte Franke (1984) ihre Untersuchung zu Getränkeverpackungen in Deutschland, der zahlreiche weitere Untersuchungen folgten. Vor dem Hintergrund der Abfallproblematik und dem dabei naheliegenden Produktbezug erscheint es verständlich, daß sich von 200 heute in Deutschland bekannten Produktökobilanzen knapp 40 % mit Verpackungen beschäftigen[8].

Der innovative Charakter der Ökobilanz

Auch wenn viele Ökobilanzen anfangs aufgrund spezieller Fragestellungen, wie z. B. der Abfallproblematik, erstellt wurden, weisen sie gegenüber der klassischen Herangehensweise im Umweltschutz einen erheblich fortschrittlicheren Ansatz auf. Während sich der klassische Umweltschutz sektoral und medial – sowohl hinsichtlich seiner Analysemethoden als auch seiner Regulationsinstrumente – in viele Bereiche unterteilt, analysiert eine Ökobilanz übergreifender. Sie berücksichtigt z. B. den ganzen Lebensweg eines Produktes, mit der erforderlichen Energie- und Rohstoffbereitstellung, Produktion, Transport, Entsorgung usw. Damit berührt sie mehrere Bereiche, die im klassischen Umweltschutz eher getrennt behandelt werden (z. B. Verkehr und Abfallwirtschaft). Und sie berücksichtigt gemeinhin die Auswirkungen auf mehrere Umweltmedien, also auf Luft, Boden und Wasser, und kann Lärmemissionen, Flächenverbrauch oder – in besonders anspruchsvollen Fällen – sogar die Gefährdung der Artenvielfalt miteinbeziehen.

Maßnahmen zur Verringerung der ökologischen Belastungen können nun an jeder Stelle in einem *System* oder längs eines *Produktlebensweg* ansetzen: bei der Gewinnung der Rohstoffe, der Produktion und Herstellung, den Transportvorgängen, der eigentlichen Konsum- oder Gebrauchsphase und der Entsorgung bzw. Verwertung. Möglichkeiten sind eine Verringerung des Material- und

---

[6] Curran, M. A., 1993.
[7] Basler und Hoffman, 1974.
[8] Rubik, 1994.

Energieeinsatzes, der Wechsel zu ökologisch verträglicheren Materialien, die umweltseitige Optimierung von Produktionsprozessen, ein umweltschonenderer Umgang in der Ver- oder Gebrauchsphase usw.

Zwei wesentliche Vorteile unterscheidet die Ökobilanz damit von klassischen Analysemethoden und Instrumentarien des sektoral oder medial unterteilten Umweltschutzes:

- *In einer Ökobilanz werden sektorale Verlagerungen oder Fehloptimierungen im Gesamtzusammenhang des zu untersuchenden Systems erkannt.* So können sich z. B. ökologisch vermeintlich sinnvolle Maßnahmen im Abfallentsorgungs- oder Recyclingbereich negativ auf den Verkehr oder die Produktion und die damit einhergehenden Umweltbelastungen auswirken.
- *In einer Ökobilanz werden mediale Verlagerungen von Umweltproblemen erfaßt.* Rauchgasreinigungen führen beispielsweise häufig zu erhöhten Gewässerbelastungen oder zu zusätzlichen Abfällen.

Salopp ausgedrückt, könnte man zusammenfassen: Nur das Gesamtergebnis zählt. Damit treten allerdings auch erhebliche methodische Probleme bei der Erstellung und Bewertung von Ökobilanzen auf.

Der erste Punkt führt dazu, daß immer größere komplex miteinander vernetzte Systeme analysiert werden müssen, um die wichtigsten Beiträge bei den Umweltbelastungen zu identifizieren und um mögliche negative indirekte Effekte von geplanten Maßnahmen zu erfassen. Die Auswahl des Bilanzraumes, die Frage, welche Prozesse wie einbezogen werden, kann sich entscheidend auf das Ergebnis auswirken. Nicht selten führen Ökobilanzen zum scheinbar gleichen Untersuchungsgegenstand zu völlig gegensätzlichen Ergebnissen. In Wirklichkeit sind sie gar nicht gleich, was allerdings nur der Experte nach detaillierter Studie der Ökobilanzen erkennen kann. Ein hierfür anschauliches Beispiel zitiert Curran (1993): 1990 erstellte die Firma Arthur D. Little Inc. für Procter & Gamble in den USA eine Studie, nach der Stoffwindeln mehr als dreimal soviel Energie verbrauchen wie Wegwerfwindeln. Eine Studie der National Association of Diaper Services kam zum Ergebnis, daß Wegwerfwindeln 70 % mehr Energie verbrauchen wie Stoffwindeln. Der Grund für die Diskrepanz lag in der unterschiedlichen Zurechnung zwangsläufig mitentstehender Nebenprodukte im Lebensweg einer Windel. Im einen Fall wurde die Energienutzung mit Kraft-Wärme-Kopplung als Energiebonus der Windel angerechnet, im anderen Fall nicht.

Der zweite Punkt führt zu einem Bewertungsproblem. Durch die Berücksichtigung mehrerer Umweltmedien und darin jeweils mehrerer Wirkungsbereiche müssen unterschiedliche Wirkkategorien verglichen und gegeneinander abgewogen werden: Luftemissionen mit Abwasser oder Flächenverbrauch, Pseudokrupp mit Klimakatastrophe oder Artensterben. Deshalb spielt die Wirkungsanalyse und die Bewertung in der Ökobilanzdiskussion eine so zentrale Rolle.

Das Umweltbundesamt (1992) weist darauf hin, daß Ökobilanzen politische Entscheidungen nicht ersetzen können, da diese auf der Basis allgemein akzeptierter Wertpräferenzen zu treffen seien. Insbesondere könne man mit Ökobilanzen keine Prioritäten für die Setzung von Umweltschutzzielen festlegen.

Der Vorteil der Ökobilanz liegt allerdings darin, daß sie ein umfassendes Analyseinstrument darstellt und eine breite Datengrundlage schafft, mit dem umweltpolitische Entscheidungen, Systemoptimierungen oder Investitionsentscheidungen erheblich besser *fundiert* werden können.

Mögliche Gründe für die Erstellung von Ökobilanzen

Ökobilanzen können zu ganz unterschiedlichen Zwecken erstellt werden. Am bekanntesten sind vergleichende Ökobilanzen in Verbindung mit der Verbraucheraufklärung: Produkt A wird hinsichtlich seiner Umweltauswirkungen mit Produkt B verglichen. Da die Ergebnisse dann veröffentlicht werden sollen, bei der Analyse aber viele betriebsinterne Informationen über das Produkt oder das Unternehmen einfließen müssen, liegt das Problem in der Zugänglichkeit der Daten. Oft können für solche Untersuchungen nur verallgemeinerte, öffentlich zugängliche Daten verwendet werden, die eine Ökobilanz zwar nach wissenschaftlichen Maßstäben nachvollziehbar machen, die Aussagekraft der Ergebnisse aber stark einschränken können.[9]

Wachsende Bedeutung erfährt die Ökobilanz eher für die innerbetriebliche Optimierung von Produkten, Prozessen oder ganzen Produktionsstätten. Hierbei werden interne und zum Teil sehr differenzierte Daten verwendet. Die Ergebnisse der Bilanz werden nur veröffentlicht, wenn die Ökobilanz offensiv im Marketingbereich eingesetzt werden soll. Geht es um die bessere Erfüllung von Umweltauflagen oder sogar um Ressourcen- und Emissionseinsparungen aus Kostengründen, sind die Ergebnisse für Externe nicht zugänglich. So bleiben die meisten LCA, die von der Wirtschaft erstellt werden, sowohl in Europa als auch in den USA unveröffentlicht.

Schließlich werden Ökobilanzen auch von staatlicher Seite eingesetzt. Neitzel (1994) nennt dazu folgende Beispiele, für die Ökobilanzen eine sinnvolle Anwendungsmöglichkeit sein könnten:

- Bemessung von Abgaben- und Steuersätzen für unterschiedliche Energieträger und Verkehrsmittel, z. B. im Rahmen der Kfz- oder der CO_2-Steuer,
- Entscheidungsgrundlage für die Gewährung finanzieller Fördermittel für die Markteinführung von Produkten aus nachwachsenden Rohstoffen, z. B. Rapsöl/Rapsölmethylester (REM),
- Grundlage für die Festlegung von Mehrwegquoten für Getränke in Anlehnung an durchschnittliche Transportentfernungen und Umlaufzahlen bzw. für die Einbeziehung bestimmter definierter Einwegverpackungen in entsprechende Quoten, z. B. im Rahmen der Mehrweg-VerpackungsVO,

---

[9] siehe auch White u. Shapiro, 1993.

- Begründung für die Abkehr vom Prinzip „stoffliche Verwertung vor thermischer Verwertung" bei bestimmten Altmaterialien bzw. – aus Sicht einzelner Unternehmen – bei bestimmten Standorten, z. B. im Rahmen des Kreislaufwirtschaftsgesetzes,
- Begründung für die Auswahl von Produktgruppen und die Festlegung prioritärer Kriterien im Rahmen der produktbezogenen Umweltkennzeichnung.

Dazu kommen noch einzelstoffbezogene Analysen, die im nationalen oder regionalen Maßstab das Auftreten von umweltrelevanten Stoffen, deren Quellen, Senken und Ströme erfassen sollen. Ein Beispiel hierfür sind die Cadmiumstoffströme, die die Enquête-Kommission des Deutschen Bundestages „Schutz des Menschen und der Umwelt" (1994) hat analysieren lassen.

Die betriebliche Ökobilanz oder Umweltbetriebsbilanz

Wird eine Ökobilanz auf ein Unternehmen oder auf einen Betrieb bezogen, so spricht man von einer *betrieblichen Ökobilanz* oder von einer *Umweltbetriebsbilanz*. Das zu untersuchende System ist in diesem Fall nicht ein Produktlebensweg, sondern ein Produktionsstandort bzw. das Unternehmen in seiner Gesamtheit.

Ökobilanzen für Unternehmen werden seit Mitte der 80er Jahre erstellt. Führend auf diesem Gebiet ist die Schweiz[10]. In Deutschland wurde die erste größere betriebliche Ökobilanz 1991 für das Textilunternehmen Kunert KG erstellt und veröffentlicht[11]. Weitere Unternehmen folgten. Die Bertelsmann-Druckerei Mohndruck in Gütersloh veröffentlichte ihre Ökobilanz `92 im Jahr 1993 und hat sie seitdem jährlich fortgeschrieben. Die betrieblichen Ökobilanzen werden üblicherweise in einem werbewirksamen Umweltbericht, in dem auch die anderen umweltrelevanten Aktivitäten des Unternehmens beschrieben sind, veröffentlicht und treten häufig neben den jährlichen Geschäftsbericht.

Methodisch stellen diese Ökobilanzen eine Input-/Outputanalyse für die das Unternehmen betreffenden Stoff- und Energieströme dar. Der Bilanzraum ist das Unternehmen selbst, im einfachsten Fall der *Firmenzaun*. Es werden alle Rohstoffe, Halb- und Fertigprodukte, Hilfs- und Betriebsstoffe, Energie, Emissionen, Abfall usw., die das Unternehmen betreffen, erfaßt. Insbesondere werden auch alle Produkte bilanziert. In der Schweiz haben Braunschweig und Müller-Wenk (1993) Regeln für die Erstellung von unternehmensbezogenen Ökobilanzen veröffentlicht, bei denen zwischen der *Kernbilanz* und der *Komplementärbilanz* unterschieden wird. Die Kernbilanz umfaßt dabei die vom Unternehmen direkt ausgehenden Einwirkungen auf die natürliche Umwelt, die Komplementärbilanz erfaßt die Umwelteinwirkungen in Drittunternehmen und Haushalten, z. B. bei Materialzulieferern, Energie- oder Entsorgungsunternehmen usw.

---

[10] Firmenbeispiele siehe in Ö.B.U., 1992.
[11] siehe Wucherer, 1995.

Zwischen der (Sach-) Ökobilanz eines Unternehmens und der (Sach-) Ökobilanz eines Produktes gibt es einen gewissen Zusammenhang, und zwar bei der gemeinsamen Datengrundlage. Zwar bilanziert das Unternehmen in seiner Gesamtheit über alle hergestellten Produkte und vernachlässigt dabei die ökologische Entstehungsgeschichte der Vorprodukte. Schon mit der Komplementärbilanz wird dieser letzte Punkt allerdings relativiert. In dem Fall, daß das Unternehmen nur ein Produkt herstellt und eine umfassende Komplementärbilanz über alle Vorprodukte einbezieht, verwischt der Unterschied zu einer reinen Produktbilanz. In der Realität besteht das Hauptproblem jedoch in der differenzierten Zuordnung der Umwelteinwirkungen zu mehreren Produkten, die gleichzeitig produziert werden.

Hier ist nun entscheidend, wie vorausplanend ein Unternehmen sein Bilanzsystem aufgebaut hat. Ist das Unternehmen nicht nur an einer werbewirksamen Darstellung sondern auch an einer Verbesserung des Ressourceneinsatzes und der Umweltauswirkungen interessiert, muß es intern die Stoff- und Energieströme wesentlich differenzierter analysieren und bilanzieren, teilweise sogar einzelprozeßbezogen. Nur so kann es genau lokalisieren, wo Emissionen, Abfälle, Ressourcenverbrauch etc. verringert werden können und welche Maßnahmen einzuleiten sind. Damit liegen dann aber auch jene prozeßbezogenen Daten vor, die zur Beschreibung einzelner Abschnitte eines Produktlebensweges erforderlich sind.

Im Idealfall sind die unternehmensbezogene und die produktbezogene Bilanz nur unterschiedliche Darstellungsformen ein und desselben Sachverhaltes. Sie werden durch die Auswahl des Bilanzraums und durch die Zuordnungsvorschriften (Allokationen) bei der Herstellung mehrerer Produkte bestimmt. Beide Darstellungsformen haben ihre Daseinsberechtigung, ergänzen sich gegenseitig und können wertvolle Hinweise auf erforderliche Optimierungsmaßnahmen liefern. Bei einer standortbezogenen betrieblichen Bilanz können Umwelteinwirkungen, die eine große lokale Bedeutung haben, entsprechend besser dargestellt werden, z. B. große Emissionen oder Abwassereinleitungen. Diese könnten beim Einzelproduktbezug möglicherweise unerkannt bleiben, da die betrachteten Produkte nur kleine Beiträge liefern.

Umgekehrt geben produktbezogene Bilanzen am genauesten darüber Auskunft, welche Vorlieferanten bzw. Produktionsvorketten durch entsprechende Maßnahmen (Wechsel der Vorlieferanten, der Materialien, usw.) weiter optimiert werden können.

Der Übergang zum Öko-Audit

Das Öko-Audit ist nicht gleichbedeutend mit der Einführung oder Durchführung von Ökobilanzen. Davon ist im Verordnungstext der EG von Ökobilanzen überhaupt nicht die Rede. Es geht vielmehr um die Etablierung und Überprüfung eines betrieblichen Umweltmanagementsystems, das eine kontinuierliche Verbesserung des betrieblichen Umweltschutzes zum Ziel hat.

Für Unternehmen, die bereits seit längerem betriebliche Ökobilanzen erstellen, ist der Schritt zum Öko-Audit allerdings oft nur eine Formalie. Die Fortschreibung der Bilanz liefert kontinuierlich wichtige Informationen, die auch in einem Öko-Audit verlangt werden. Und in den meisten Fällen wird mit der Erstellung und Fortschreibung einer Ökobilanz auch eine ökologische Schwachstellenanalyse durchgeführt oder ein Ökocontrolling etabliert.

Wagner (1995) führt an, daß sowohl für die erste Umweltprüfung im Sinne der Öko-Audit-Verordnung als auch für die nachfolgenden Umweltbetriebsprüfungen die Aufstellung einer betrieblichen Ökobilanz sinnvoll ist. Gemäß der Öko-Audit-Verordnung wird an die Umweltbetriebsprüfung die Anforderung gestellt, eine *systematische, dokumentierte, regelmäßige und objektive Bewertung* zuzulassen. Gerade die betriebliche Ökobilanz erfüllt mit ihrem systematischen Zugang der Erfassung und Dokumentation der umweltrelevanten Stoff- und Energieflüsse, ihrer Nachvollziehbarkeit, der damit möglichen Lokalisierung von Schwachstellen und der regelmäßigen Fortschreibung diese Anforderungen.

Abschließend soll die Intention der EG bei Aufstellung der Öko-Audit-Verordnung in Erinnerung gerufen werden, die die Bedeutung der Stoffstromanalyse und des Stromstrommanagements betont. Nach Ansicht der EG ist das Öko-Auditing „in erster Linie als internes Managementwerkzeug zu verstehen, das die Fähigkeit zur rationellen Verwaltung der Ressourcen, einschließlich der Bereiche Nutzung von Rohstoffen, Energieverbrauch, Produktionsniveau und Abfall zeigen soll. [...] Für Aktionäre und Gesellschafter, Investoren, Banken und Versicherungsgesellschaften würden solche ressourcen-orientierten Prüfungen einen Leistungsindikator darstellen, der genauso wichtig ist wie traditionelle Geschäftsberichte. Für Behörden und die gesamte Öffentlichkeit liefert das Öko-Auditing einen Erfüllungs- und Leistungsindikator, der das Vertrauen der gesamten Öffentlichkeit enorm steigern kann."[12]

Literatur

Assies, J. A. (1992): State of the Art. In: Society of Environmental Toxicology and Chemistry - Europe: Life-Cycle Assessment. Brussels, p. 1-20

Curran, M. A. (1993): Broad-Based Environmental Life Cycle Assessment. In: Environ. Sci. Technol., Vol 27, No. 3, p. 430-436

Basler und Hoffman (1974): Studie Umwelt und Volkswirtschaft. Vergleich der Umweltbelastung von Behältern aus PVC, Glas, Blech und Karton. Eidgenössisches Amt für Umweltschutz, Bern. Zit. nach Assies (1991)

Braunschweig, A. und Müller-Wenk, R. (1993): Ökobilanzen für Unternehmungen. Bern

---

[12] EG-Programm „Für eine dauerhafte und umweltgerechte Entwicklung" von 1993; zitiert nach Peglau (1994).

Eidgenössische Materialprüfungs- und Forschungsanstalt (1984): Ökobilanzen von Packstoffen. Schriftenreihe Umweltschutz 24. Herausgegeben vom Bundesamt für Umweltschutz. Bern

Enquête-Kommission „Schutz des Menschen und der Umwelt" des Deutschen Bundestages (1994): Bericht ders., Die Industriegesellschaft gestalten - Perspektiven für einen nachhaltigen Umgang mit Stoff- und Materialströmen. Bonn

Franke, M. (1984): Umweltauswirkungen durch Getränkeverpackungen. Berlin

Frischknecht, R. et al. (1994): Ökoinventare für Energiesysteme. Studie im Auftrag des Bundesamt für Energiewirtschaft Zürich

Hulpke, H. und Marsmann, M. (1994): Ökobilanzen und Ökovergleiche. In: Nachr. Chem. Techn. Lab. 42, Nr. 1, S. 11-27

Lützkendorf, T. et al. (1992): Methodische Grundlagen für Energie- und Stoffflußanalysen. Handbuch. EPF Lausanne

Neitzel, H. (1994): Zur Fortentwicklung einer ökologisch orientierten deutschen Produktpolitik. In: Hellenbrandt, S. und Rubik, F. (Hrsg.): Produkt und Umwelt. Anforderungen, Instrumente und Ziele einer ökologischen Produktpolitik. Marburg, S. 52-63

Schweizerische Vereinigung für ökologisch bewußte Unternehmensführung Ö.B.U. (1992): Ökobilanzen für Unternehmen – Resultate der Ö.B.U.-Aktionsgruppe. St. Gallen

Peglau, R. (1994): Die EG-Öko-Audit-Verordnung – Sachstand und Perspektiven. In: Totsche, K. et al. (Hrsg.): Eco-Informa-´94. 3. Fachtagung für Umweltinformation und Umweltkommunikation. TU Wien

Projektgemeinschaft „Lebenswegbilanzen" (1992): Methode für Lebenswegbilanzen von Verpackungssystemen. München, Wiesbaden, Heidelberg

Rubik, F. (1994): Produktbilanzen. In: Hellenbrandt, S. und Rubik, F. (Hrsg.): Produkt und Umwelt. Anforderungen, Instrumente und Ziele einer ökologischen Produktpolitik. Marburg, S. 233-251

Umweltbundesamt (1992): Ökobilanzen für Produkte. Texte 38/92. Berlin

White, A. L. und Shapiro, K. (1993): Life Cycle Assessment - A Second Opinion. In: Environ. Sci. Technol., Vol 27, No. 6, p. 1016-1017

Wucherer, C. (1995): Aus der Praxis für die Praxis: Die Ökobilanz der Kunert AG – Konzept, Aufwand, Kosteneinsparungen. In: Fortbildungszentrum Gesundheits- und Umweltschutz Berlin e. V. (Hrsg.): Die europäische Ökoauditverordnung in der Startphase. Kongreß im Rahmen der UTECH Berlin 1995, S. 135-149

Wagner, B. (1995): Ökologische Eröffnungsbilanz: die erste Umweltprüfung. In: Fortbildungszentrum Gesundheits- und Umweltschutz Berlin e. V. (Hrsg.): Die europäische Ökoauditverordnung in der Startphase. Kongreß im Rahmen der UTECH Berlin 1995, S. 111-133

Ergebnisse und Empfehlungen der Enquête-Kommission "Schutz des Menschen und der Umwelt" zum Stoffstrommanagement

Ellen Frings, Bonn

Vom Menschen bewegte Stoffströme haben qualitativ und quantitativ eine Dimension angenommen, die den globalen Stoffhaushalt insgesamt beeinflußt. Ozonloch, Treibhauseffekt oder saurer Regen sind populäre Beispiele für die Reichweite unserer Eingriffe in das natürliche System. Der bisherige, medial angelegte und reparierende Umweltschutz bietet keinen ausreichenden Lösungsansatz für die ökologische Misere. Inzwischen setzt sich die Erkenntnis durch, daß vielmehr eine systematische, lebenszyklusweite Betrachtung und Gestaltung der Stoffströme erforderlich ist: von der Bereitstellung über die Nutzung bis zur Abfallbehandlung.

Die Enquête-Kommission "Schutz des Menschen und der Umwelt" hat in der 12. Wahlperiode des Deutschen Bundestages den Auftrag vom Parlament erhalten, geeignete Maßnahmen für den Umgang mit Stoff- und Materialströmen zu entwickeln. Der Einschätzung folgend, daß "die Chemiepolitik zu einem Kernbereich einer Neuausrichtung der Umweltpolitik in der Bundesrepublik"[1] gehört, sollte diese zunächst als Handlungsfeld im Vordergrund stehen[2]. Im weiteren Verlauf zeichnete sich allerdings die Einsicht ab, daß die Entwicklung umweltverträglicher Perspektiven für die gesamte stoffliche Seite des Wirtschaftens in der modernen Industriegesellschaft erforderlich ist. Die Stoffpolitik wurde als neues Politikfeld benannt.

Eine Chance für die umweltverträgliche Gestaltung von Stoff- und Materialströmen sieht die Enquête-Kommission im ökologischen Stoffstrommanagement. Der vorliegende Beitrag stellt die Idee des Stoffstrommanagements vor, beschreibt die Rolle und die Aufgaben der verschiedenen Akteure und faßt wesentliche Ergebnisse bzw. Empfehlungen der Enquête-Kommission – die ausführlich in dem Abschlußbericht niedergelegt sind[3] – zusammen.

---

[1] Müller, M. und Spangenberg, J. (1989): Chemiepolitik als neues Politikfeld. In: WSI Mitteilungen 8/1989.

[2] Antrag der SPD-Bundestagsfraktion zur Einsetzung der Enquête-Kommission "Schutz des Menschen und der Umwelt". Bundestagsdrucksache 12/1290.

[3] Enquête-Kommission „Schutz des Menschen und der Umwelt" (1994): Die Industriegesellschaft gestalten. Economica-Verlag, Bonn.

Mario Schmidt, Achim Schorb (Hrsg.)
Stoffstromanalysen in Ökobilanzen und
Öko-Audits
© Springer-Verlag Berlin Heidelberg 1995

Vorgehen der Enquête-Kommission

Durch intensive Diskussion möglicher *Leitbilder einer Stoffpolitik* hat sich die Enquête-Kommission auf einen übergeordneten Orientierungsrahmen verständigt, um daraus grundsätzliche Regeln und Zielvorstellungen für den Umgang mit Stoffen abzuleiten.

Parallel dazu hat sie den Begriff des *Stoffstrommanagements konkretisiert* und sich mit der möglichen Organisation und den geeigneten Instrumenten auseinandergesetzt. In diesem Zusammenhang sind zwei von der Enquête-Kommission in Auftrag gegebene Studien hervorzuheben: Die Schweizer Prognos-AG[4] hat bestehende Konzepte zur Erfassung und Bewertung von Stoffströmen beschrieben und eine Übersicht über ökologisch und ökonomisch relevante Stoffströme erstellt. De Man[5] legte den Schwerpunkt auf die beteiligten Akteuren und die Entscheidungs- bzw. Informationsstrukturen. Standen in der Enquête-Kommission zunächst Fragen nach stoffstrombezogenen Konzepten im Vordergrund, verlagerte sich der Betrachtungsschwerpunkt unter anderem aufgrund der Arbeiten von de Man zunehmend auf Fragen der Organisation eines Stoffstrommanagements und der Einbeziehung der verschiedenen Akteure.

Neben den allgemeinen Überlegungen zum Stoffstrommanagement wurden die Stoffströme ausgewählter Einzelstoffe, der Bedürfnisfelder Textilien/Bekleidung und Mobilität sowie des Produktionssektors Chlorchemie beispielhaft analysiert. Als umfangreichstes Fallbeispiel begleitete der Bereich *Textilien/Bekleidung* die Enquête-Kommission während ihrer gesamten zweieinhalbjährigen Arbeit. Die konzeptionellen Überlegungen zum Stoffstrommanagement flossen hier bereits weitgehend ein und führten zu entsprechend ausgereiften Erkenntnissen und Empfehlungen. Dieses Fallbeispiel wird daher ausführlicher behandelt, um die ansonsten eher abstrakte Materie am konkreten Fall darzustellen.

---

[4] Prognos (1995): Erfassung von Stoffströmen aus naturwissenschaftlicher und wirtschaftswissenschaftlicher Sicht zur Schaffung einer Datenbasis für die Entwicklung eines Stoffstrommanagements. Anhang A, A7 ff, In: Konzepte Instrumente Bewertung. Studien im Auftrag der Enquête-Kommission "Schutz des Menschen und der Umwelt" (Hrsg.), Bd. 2, Economica-Verlag, Bonn.

[5] Man, R. de (1995): Erfassung von Stoffströmen aus Naturwissenschaftlicher und wirtschaftswissenschaftlicher Sicht. Akteure, Entscheidungen und Informationen im Stoffstrommanagement. In: Studien im Auftrag der Enquête-Kommission "Schutz des Menschen und der Umwelt" (Hrsg.) Bd. 2, Economica-Verlag, Bonn.

Ökologisches Stoffstrommanagement

Unter ökologischem Stoffstrommanagement wird das „zielorientierte, verantwortliche, ganzheitliche und effiziente Beeinflussen von Stoffsystemen"[6] verstanden.

Üblicherweise setzt der Begriff Management auf der betrieblichen Ebene an. Letztlich „managt" jedes Produktionsunternehmen Stoffströme: Unternehmerische Entscheidungen, wie Investitionen in Anlagen, die Gestaltung der Logistik oder die Produktentwicklung wirken sich gestaltend auf das Stoffsysteme aus. Dabei orientieren sich die Strategien und Maßnahmen vorwiegend an betriebswirtschaftlichen Zielen.

Ökologisches Stoffstrommanagement im Sinne der Enquête-Kommission unterscheidet sich durch zwei Aspekte vom betrieblichen Management: zum einen werden alle Ebenen der Verantwortung einbezogen – Wirtschaft, Handel, Banken, Versicherungen, Wissenschaft, Verbraucherinnen und Verbraucher und nicht zuletzt der Staat – , zum anderen sind die Ziele hier vorwiegend von ökologischen Motiven geleitet. Dabei gibt das Konzept des ökologischen Stoffstrommanagements nicht vor, mit welchen Instrumenten die Ziele erreicht werden; es ist also kein neues Patentrezept zum Umgang mit Stoff- und Materialströmen.

Neu ist vielmehr der systematische Ansatz, der auf einer umfassenden Betrachtung der Stoffströme beruht und die damit verbundenen Akteure mit einbezieht. Erst auf dieser Wissensbasis sind geeignete Strategien zur umwelt- und zukunftsverträglichen Gestaltung der jeweiligen Stoffströme zu entwickeln.

Entgegen mancher Befürchtungen wird mit der Forderung nach ökologischem Stoffstrommanagement keinem staatlichen Dirigismus das Wort geredet. Zwar liegen die Aufgaben zum Teil im staatlichen Verantwortungsbereich, doch in erster Linie ist Stoffstrommanagement als Aufforderung an alle Akteure zu verstehen, in eigenverantwortlichem und systemorientiertem Handeln den Rohstoff- und Energieverbrauch, die Gestaltung der Produktionsabläufe, die Produkteigenschaften und die individuellen Lebensstile den Nutzungsspielräumen der natürlichen Umwelt anzupassen.

Der Orientierungsrahmen für das Stoffstrommanagement: das Leitbild Sustainable Development

Eine wesentliche Aufgabe im ökologischen Stoffstrommanagement ist die Festlegung von Zielen, an denen sich das Handeln orientieren kann. Die konsensuale Entwicklung von Zielvorstellungen setzt einen gemeinsamen normativen

---

[6] Enquête-Kommission (1994), S. 549, a. a. O.

Bezugsrahmen voraus. Die Enquête-Kommission hat sich auf das Leitbild *Sustainable Development* – eine nachhaltig zukunftsverträglichen Entwicklung – geeinigt. Seit der Brundtlandt-Kommission bestimmt der ursprünglich aus der entwicklungspolitischen Debatte stammende Begriff die Umweltdiskussion – und unterliegt damit der Gefahr, zu einem inflationär verwendeten politischen Schlagwort zu verkommen.

Ausgangspunkt des Leitbildes ist die Tatsache, daß die Nichtbeachtung grundlegender Regeln beim Umgang mit Ressourcen und der natürlichen Umwelt längerfristig die Grundlagen des Wirtschaftens zerstört. Umweltschutz ist eine wirtschaftliche Notwendigkeit und damit – als Voraussetzung für einen angemessenen und den sozialen Frieden sichernden Wohlstand – auch aus sozialer Sicht erforderlich. Demnach dürfen, so der Rat der Sachverständigen für Umweltfragen (SRU)[7], ökonomische und soziale Kriterien in der politischen Auseinandersetzung nicht gegen ökologische Belange ausgespielt werden.

Die bislang diskutierten grundlegenden Regeln[8] (1-3) für einen nachhaltigen und umweltverträglichen Umgang mit Stoffen hat die Enquête-Kommission weiter ausgearbeitet und um eine vierte Regel (4) ergänzt[9]:

1. Die Abbaurate erneuerbarer Ressourcen soll deren Regenerationsrate nicht überschreiten.
2. Nichterneuerbare Ressourcen sollen nur in dem Umfang genutzt werden, in dem gleichwertiger Ersatz in Form erneuerbarer Ressourcen oder effizienterer Nutzung geschaffen wird.
3. Stoffeinträge in die Umwelt sollen sich an der Belastbarkeit der Umweltmedien unter Berücksichtigung all ihrer Funktionen orientieren.
4. Das Zeitmaß anthropogener Einträge bzw. Eingriffe in die Umwelt muß im ausgewogenen Verhältnis zu den Reaktionszeiten der relevanten natürlichen Prozesse stehen.

Ziele im Stoffstrommanagement

Ausgehend von den vier Regeln zum nachhaltigen Umgang mit Stoffen hat die Enquête-Kommission allgemeine ökologische, ökonomische und soziale Ziele und Bewertungskriterien formuliert. Am weitesten sind die Überlegungen im Be-

---

[7] Rat der Sachverständigen für Umweltfragen (SRU) (1994): Umweltgutachten 1994 – Für eine dauerhaft-umweltgerechte Entwicklung. Deutscher Bundestag (Hrsg.) Bundestags-Drucksache 12/6995.

[8] Daly, H. (1990): Towards some operational principles of sustainable development. Ecological Economics, 2/1990, S. 1-6, a. a. O.

[9] Enquête-Kommission (1994), S. 42 ff, a. a. O.

reich Ökologie fortgeschritten, die sich allerdings an den eher traditionellen Ansätzen zur Beschreibung von Umweltbelastungen orientieren. An oberster Stelle steht dabei die Gesundheit des Menschen. Weitere Ziele richten sich an den Umweltmedien Luft, Wasser und Boden, am Pflanzenreich, der Erholungsfunktion der Landschaft und der Ressourcenschonung aus.

Dabei war es nicht schwierig, einen breiten Konsens über diese allgemeinen ökologischen Schutz- und Gestaltungsziele zu erreichen. Die Auseinandersetzungen beginnen in der Regel erst bei der Festlegung konkreter Umweltziele, d.h. bei der Frage, welcher Qualitätszustand der Umwelt anzustreben ist und welche ökonomischen und sozialen Konsequenzen dabei in Kauf genommen werden.

Bis auf das CO_2-Reduktionsziel der Bundesregierung gibt die staatliche Umweltpolitik bislang keine konkreten, quantifizierten Umweltziele vor. Die Enquête-Kommission weist in ihrem Abschlußbericht mehrfach auf die Notwendigkeit hin, nationale und regionale Umweltziele mit verbindlichen Zeithorizonten festzulegen. Insbesondere die Industrie fordert umweltpolitische Vorgaben als verläßliche Rahmenbedingungen für ihre Investitionsentscheidungen.[10]

Im Fehlen konkreter Umweltziele macht de Man einen der wesentlichen Widerstände gegen das Konzept des Stoffstrommanagements aus. "Solange die ökologischen Ziele nicht klar und gesellschaftlich konsensual festgelegt sind, könne kein Stoffstrommanagement betrieben werden", lautet eine gängige These in der derzeitigen Diskussion um das Stoffstrommanagement.[11] Gegen diese These sprechen allerdings zwei Aspekte. Zum einen sind auch ohne klare und konsensfähige Ziele die Handlungserfordernisse meist offensichtlich und als Anlaß für ein Stoffstrommanagement ausreichend. Zum anderen sollte als pragmatisches Leitmotiv gelten, mit den vorhandenen Mitteln die größtmögliche Verbesserung für die Umwelt zu erreichen. Die fehlende Einigung auf einen vollständigen Zielkatalog sollte nicht davon abhalten, die erkennbaren Verbesserungspotentiale auszuschöpfen.

Für ein abgestimmtes und strategisches Vorgehen bei der Umsetzung des Leitbildes *Sustainable Development* ist die Einigung auf konkrete Ziele jedoch unverzichtbar. Ob sich die getrennte Formulierung ökologischer, ökonomischer und sozialer Schutz- und Gestaltungsziele, wie dies die Enquête-Kommission vorgenommen hat, allerdings zur Operationalisierung des Leitbildes eignet, ist fraglich. Wichtiger wäre es gewesen, Zielvorstellungen zu entwickeln, die den Zusammenhängen zwischen den drei Zielbereichen gerecht werden. Zwar erkennt die Enquête-Kommission in der derzeitigen Wirtschafts- und Lebensweise den Grund für die ökologische Misere. Entsprechend formuliert sie als ökonomisches Schutz- und Gestaltungsziel "ein nachhaltig zukunftsverträgliches Wirt-

---

[10] Verband der chemischen Industrie (VCI) (1994): Sustainable Development – Position der chemischen Industrie. Frankfurt am Main, S. 7.

[11] Man, R. de, Flatz, A. (1994): Anforderungen an ein künftiges Stoffstrommanagement. In: Hellenbrandt, S. und Rubik F. (Hrsg.): Produkt und Umwelt. Anforderungen, Instrumente und Ziele einer ökologischen Produktpolitik. Metropolis-Verlag, Marburg, S. 169-188.

schaftswachstum". Bei der weiteren Konkretisierung beschränkt sie sich jedoch auf die allgemeine Aussage, daß "auf das Naturkapital Rücksicht zu nehmen ist, wodurch ökologische Gesichtspunkte zum genuinen Bestandteil der Wirtschaftspolitik werden."[12] Konkrete Zielperspektiven im Rahmen des Leitbildes Sustainable Development stehen nach wie vor aus. Hier liegt eine der wichtigsten gesellschaftlichen Aufgaben der nächsten Jahre - auch für die neu einzurichtende Enquête-Kommission in der 13. Wahlperiode.

Stoffstromanalyse und Datengrundlagen

Neben der Zielfestlegung ist ein weiterer zentraler Schritt im Stoffstrommanagement die umfassende und systematische Betrachtung der Stoffströme. Darunter wird „zunächst der Weg eines Stoffes von seiner Gewinnung als Rohstoff über die verschiedenen Stufen der Veredelung bis zur Stufe der Endprodukte, den Gebrauch/Verbrauch des Produktes, ggf. seine Wiederverwendung/Verwertung bis zu seiner Entsorgung verstanden."[13]

Diese Darstellung ist stark vereinfacht. Stoffströme stellen in der Regel keine einfache Abfolge verschiedener Phasen einer Produktlinie, sondern komplexe Systeme dar. Beispielhaft bestätigt dies das Handbuch Chlorchemie[14], das im Auftrag des Umweltbundesamtes den Chlorstoffstrom nachvollzieht. Die Komplexität von Stoffströmen ist unter anderem auf die Verflechtung verschiedener Produktlinien, auf verschiedene Optionen bei der Herstellung oder die komplexe Zusammensetzung mancher Produkte bzw. eines Stoffgemisches (z. B. Waschmittel oder PVC-Produkte) zurückzuführen.

Der Erfolg des Stoffstrommanagements hängt wesentlich vom Zugang zu den geeigneten Informationen ab. Stoffstromdaten sind eine wichtige Informationsgrundlage; sie stellen Fließgrößen von Stoffen zwischen bestimmten Punkten im Stoffstromsystem dar. Eine lückenlose Analyse ist aufgrund der Vielzahl von Einzelstoffströmen jedoch häufig nicht möglich und auch selten erforderlich. Im Gegenteil: Die fortgesetzte Forderung nach weiteren validen Daten kann Maßnahmen verzögern. Wie später am Beispiel Textilien/Bekleidung ausgeführt, sind die Problemschwerpunkte in der Regel auch auf einer unvollständigen Datenbasis erkennbar. „Mut zur Lücke" ist eine der Empfehlungen der Enquête-Kommission.

Nach de Man[15] sind Stoffstromdaten alleine für eine Neugestaltung von Stoffströmen nicht ausreichend. Als weitere Datenbasis sind Informationen über

---

[12] Enquête-Kommission (1994), S. 482, a. a. O.

[13] Enquête-Kommission (1994), S. 301, a. a. O.

[14] Nolte, R. und Joas, R. (1991): Handbuch Chlorchemie I. Umweltbundesamt (Hrsg.): Texte 55/91, Berlin.

[15] Man, R. de und Flatz, A. (1994), S. 174, a. a. O.

die Akteure notwendig, die durch ihre Entscheidungen die Stoffströme beeinflussen. Die Akteurkette verläuft parallel zu den Stoffströmen. Eine akteurbezogene Analyse umfaßt die wirtschaftlichen und informellen Beziehungen, die Kooperationsformen sowie die Barrieren für ein Stoffstrommanagement. Geringe Motivation und mangelnde Organisation des Austauschs zwischen den Akteuren sind nicht zuletzt auch eine Ursache für lückenhafte Stoffstromdaten.

Als Entscheidungsgrundlage sind – neben der Analyse des Ist-Zustandes – außerdem Alternativen zu den bestehenden Stoffströmen und zu den bisherigen Organisations- und Kooperationsformen zwischen den Akteure notwendig. Dabei ist insbesondere die wirtschaftliche Effizienz dieser Alternativen zu prüfen.

Akteure im Stoffstrommanagement

Ökologisches Stoffstrommanagement setzt die Mitwirkung all derjenigen voraus, die durch ihre Entscheidungen die Gestaltung der Stoffströme bestimmen. Die Bedeutung der Akteure ist Anlaß, ihre Rolle genauer zu betrachten. Die Enquête-Kommission hat fünf Akteursgruppen ausgemacht:

- *Produktionsunternehmen:* Personen oder Abteilungen in Unternehmen lenken Stoffströme unmittelbar. Sie bestimmen über den Verbrauch von Rohstoffen und Vorprodukten, das Inverkehrbringen von Produkten, den Betrieb von Anlagen und entscheiden damit letztlich auch über das Auftreten von Emissionen, über die Stoffe, die in Umlauf gebracht werden sowie über das Abfallaufkommen. Als Nachfrager und als Anbieter reicht ihr Einfluß dabei über die betriebliche Ebene hinaus.
- *Handel, Banken, Versicherungen:* Der Handel beeinflußt die Stoffströme durch Einkaufs- und Sortimentsentscheidungen. Banken wirken indirekt über ihren Einfluß auf Investitionsentscheidungen und in ihrer häufigen Rolle als Anteilseigner an der Gestaltung von Stoffströmen mit. Der Einfluß von Versicherungen ist auf ihr Bestreben zurückzuführen, durch verschiedene Anreize – Information, Beratung oder Staffelung der Prämienhöhe nach den Sorgfaltsvorkehrungen – Risiken zu senken oder ihre Auswirkungen zu beschränken, um die Schadenszahlungen so gering wie möglich zu halten.
- *Wirtschaftsverbände:* Als Interessensvertretung ihrer Mitglieder nehmen Wirtschaftsverbände Einfluß auf politische Entscheidungen, die auch die Rahmenbedingungen für das Stoffstrommanagement bestimmen. Gleichermaßen können sie jedoch die Chance nutzen, die einzelnen Unternehmen zur Auseinandersetzung mit neuen Themen zu motivieren und ihnen Informationen und Sachverstand zur Verfügung zu stellen.
- *Staat:* Der Staat beeinflußt den Umgang mit Stoffen und Stoffströmen auf vielfältige Weise. So setzt er in bestimmten Wirtschaftsbereichen Produktionsmengen und Preise fest, wirkt durch Subventionen und fragt auf dem Markt

selbst Güter nach. Nicht zuletzt greift er lenkend durch die Gestaltung von Rahmenbedingungen – ob in Form des Ordnungsrechts oder ökonomischer Instrumente – in den Umgang mit Stoffen und Stoffströmen ein.

- *Umwelt- und Verbraucherverbände:* Die Aufgabe der Umwelt- und Verbraucherverbände liegt in der Interessensvertretung ihrer Mitglieder und in der Beteiligung an der politischen Willensbildung.

Die Verbraucherinnen und Verbraucher schließt die Enquête-Kommission explizit als Akteursgruppe aus, mit der Begründung, daß sie zwar die Stoffströme beeinflussen, dies in der Regel aber nicht gezielt geschehe. Diese Argumentation stellt nicht nur die Arbeit aller Verbraucherberatungsstellen in Frage, sondern verkennt auch die Erfolge ökologisch motivierten Verbraucherverhaltens. Als Beispiel sei auf die Verdrängung phosphathaltiger Waschmittel verwiesen. Zudem stellt sich die Frage, um wieviel es gezielter im Vergleich dazu die Banken das Stoffstromsystem beeinflussen.

Auch werden weder von der Enquête-Kommission noch von den Studiennehmern Prognos und de Man die internationale Staatengemeinschaft oder entsprechende internationale Organisationen als Akteure genannt, obwohl die globalen Umweltprobleme, das Leitbild Sustainable Development und die internationalen Handelsbeziehungen dies nahelegen würden.[16]

Die Aufgaben der Akteure im Stoffstrommanagement

Zu den Akteuren, die das Stoffstrommanagement direkt beeinflussen, gehören in erster Linie die Produktionsunternehmen und der Staat. Für beide werden daher im folgenden ihre Aufgaben im ökologischen Stoffstrommanagement näher beleuchtet.

Produktionsunternehmen

Unternehmen verfügen in der Regel über einen Wissensvorsprung in Detailfragen, der es ökologisch und ökonomisch sinnvoll erscheinen läßt, im Rahmen politisch vorgegebener Ziele und Pflichten eigenverantwortlich nach Lösungen zu suchen. Ökologisches Stoffstrommanagement setzt – in der Terminologie der Enquête-Kommission – auf proaktives Handeln der Produktionsunternehmen. Führ versteht darunter Maßnahmen und Programme, "die zur Verwirklichung der stoffstrompolitischen Zielsetzung beitragen, ohne daß dieses Verhalten direkt

---

[16] Grießhammer, R. et al. (1994): Stoffstrommanagement und Instrumente Monitoring-Bericht zum Studienprogramm der Enquête-Kommission "Schutz des Menschen und der Umwelt", erhältlich bei: Enquête-Kommission „Schutz des Menschen und der Umwelt", Bundeshaus, 53113 Bonn.

gesetzlich vorgeschrieben ist".[17] Ein wesentliches Prinzip des proaktiven Handelns ist damit die Freiwilligkeit.

Zentrale Aufgaben von Produktionsunternehmen im Rahmen des ökologischen Stoffstrommanagements sind:

- *Ökologische Verbesserungspotentiale nutzen:* Ein wesentlicher Ansatz ist die ökologische Verbesserung der Produktion und der Produkte. Über die Möglichkeit, Qualitätsanforderungen an die Vorlieferer zu stellen und ökologische Produktinformationen an die Verbraucherinnen und Verbraucher weiterzugeben, reicht das Handlungsfeld über das Werkstor hinaus.
  Basis ist die betriebliche Stoffstromanalyse. Hier liegen bereits eine Reihe methodischer Ansätze vor: Stoff- und Energiebilanzen, Ökobilanzen oder Produktlinienanalysen[18]. Auf dieser Grundlage sind Verbesserungsvorschläge zu entwickeln; Handlungsansätze reichen von der Kreislaufführung und Abfallvermeidung über integrierten Umweltschutz und ökologischem Design von Produkten bis zur ökologischen Dienstleistung und Funktionsorientierung.
  Zur Implementation des proaktiven Handelns in den Unternehmen bieten sich Umweltmanagementsysteme wie das Öko-Controlling oder das Öko-Audit an. Insbesondere für kleine und mittlere Unternehmen fordert die Enquête-Kommission staatliche Unterstützung bei der Entwicklung von Qualitätssicherungssystemen sowie für das Öko-Audit in Form finanzieller Mittel oder Know-how. Dem Vorschlag von Führ[19], eine verpflichtende Einführung von Umweltmanagementsystemen zu prüfen, folgte die Enquête-Kommission dagegen nicht.
- *Kooperationen eingehen:* Über die betrieblichen Verbesserungspotentiale hinaus, bedeutet Stoffstrommanagement für Unternehmen auch die Beteiligung an betriebs- und branchenübergreifenden Lösungsansätzen. Nach den Vorstellungen der Enquête-Kommission sind dazu vor allem Kooperationen mit anderen Akteuren geeignet. Eine besondere Form der Kooperation ist der Kettenverbund: Gemeint ist damit „das vertikale Pendant zum horizontal organisierten Industrieverband. Im Kettenverbund sind die Vertreter der unterschiedlichen Produktionsglieder vertreten."[20] Im Rahmen dieser neuen Institution nehmen die Akteure in den verschiedenen Produktionsstufen die Optimierung der Stoffstroms gemeinsam in die Hand.

---

[17] Führ, M. (1995): Ansätze für proaktive Strategien zur Vermeidung von Umweltbelastungen im internationalen Vergleich. In: Konzepte Instrumente Bewertung. Studien im Auftrag der Enquête-Kommission "Schutz des Menschen und der Umwelt" (Hrsg.), Bd. 3, Economica-Verlag, Bonn.

[18] Prognos (1995), a. a. O.

[19] Führ, M. (1993) Ansätze für proaktive Strategien zur Vermeidung von Umweltbelastungen im internationalen Vergleich. Diskussionspapier Projektwerkstatt 8. November 1993 (unveröffentlicht).

[20] Führ, M. (1995), a. a. O.

- *Informationspflichten wahrnehmen:* Unternehmen stehen den anderen wirtschaftlichen Akteuren, dem Staat und der Öffentlichkeit gegenüber in der Verantwortung, stoffstromrelevante Informationen zur Verfügung zu stellen. Der dritte Aufgabenbereich betrifft daher die Sammlung, Aufbereitung und Weitergabe von Informationen für externe Zwecke. Die Datentransparenz ist vor allem auch deshalb erforderlich, weil bei dem hohen Grad an Freiwilligkeit, der im ökologischen Stoffstrommanagement der Wirtschaft zugestanden wird, eine geeignete Form der Kontrolle und Nachprüfbarkeit gegeben sein muß.

Staat

Die Rolle des Staates im Stoffstrommanagement sieht die Enquête-Kommission vorwiegend in der Festlegung geeigneter Rahmenbedingungen für die wirtschaftlichen Akteure. Dabei sind folgende Schwerpunkte zu nennen:

- *Informationssysteme reformieren:* Um eine Schwerpunktsetzung für das Stoffstrommanagement vornehmen zu können, benötigt der Staat eine ausreichende und zuverlässige Informationsbasis über Art und Menge der anthropogenen Stoffströme, ihre Auswirkungen auf die Umwelt sowie ihre ökonomische und soziale Bedeutung. Darüber hinaus sind Informationen über das Zusammenwirken zwischen den verschiedenen Akteuren, ihre Motivation und die möglichen Barrieren für das Stoffstrommanagement erforderlich.
Die Enquête-Kommission fordert daher die Reformierung der staatlichen Informationssysteme und ihre Ergänzung um stoffpolitische Informationen. Voraussetzung dafür ist die Entwicklung eines geeigneten Indikatorensystems.
- *Umweltziele setzen:* Aufgabe des Staates ist es, durch die Festlegung konkreter Umweltziele Schwerpunkte für das Stoffstrommanagement zu setzen. Die Enquête-Kommission hat sich bei ihren Überlegungen am Umweltplan der Niederlande (National Environmental Policy Plan - NEPP) orientiert, der konkrete Reduktionsziele vorgibt und sie den Verursachergruppen zuteilt.
- *Ökonomische Instrumente schaffen:* Um geeignete Rahmenbedingungen für den Umgang mit der Natur festzulegen, muß der Staat für die Internalisierung externer Kosten sorgen. Die Enquête-Kommission setzt dabei auf ökonomische Instrumente. Welches der Instrumente in welchem Fall und in welcher Ausgestaltung einzusetzen ist, wurde allerdings nicht konkretisiert.
- *Das Ordnungsrecht reformieren:* Die zahlreichen und unübersichtlichen Einzelvorschriften machen eine Harmonisierung, Vereinfachung und vollzugsfreundliche Gestaltung des Umweltrechts erforderlich. Das bedeutet jedoch keine Deregulierung, sondern eine Reregulierung des Ordnungsrechts. Die Umweltpolitik wird auch zukünftig – insbesondere zur Gefahrenabwehr und zur Regulierung von Schadstoffen – nicht ohne ordnungsrechtliche Instrumente, wie Ge- und Verbote, auskommen. Auch zeigte die Vergangenheit, daß

freiwillige Maßnahmen der Industrie meist der vorauseilenden Schatten des drohenden Ordnungsrechts bedürfen.

Einen Vorschlag von Rehbinder[21] sollte die nächste Enquête-Kommission aufgreifen: In einer Studie im Auftrag der Kommission empfiehlt er, den Geltungsbereich des bestehenden Chemikaliengesetzes auf Massenstoffe auszudehnen. Grundlage eines derartigen Stoffgesetzes ist die Festlegung von Zielwerten für Schadstoff- und Stoffmengen. Auf dieser Basis könnte die Reduktion von Zahl und Mengen der in Umlauf befindlichen Stoffe und ihre Freisetzung geregelt sowie die Kreislaufführung festgeschrieben werden. Die Freisetzung gefährlicher Stoffe ist nach Rehbinder zu vermeiden, wenn die Belastung der Umwelt kritisch wird. In nennenswertem Ausmaß dürften nur noch abbaubare Stoffe in die Umwelt freigesetzt werden. Ein allgemeines Stoffrecht könnte auch eine Risiko-Nutzen-Abwägung einschließen. An diesem Punkt bestand jedoch erheblicher Dissens in der Enquête-Kommission.

- *Informatorische und freiwillige Maßnahmen fördern:* Während ökonomische Instrumente oder das Ordnungsrecht häufig erst durchgesetzt werden, wenn Risiken wissenschaftlich anerkannt und Schäden bereits eingetreten sind, können informatorische und freiwillige Instrumente früher greifen: Dem Staat kommt dabei die Aufgabe zu, Informations-, Kennzeichnungs- und Dokumentationspflichten festzulegen und proaktive Instrumente zu fördern. Dazu gehören beispielsweise betriebsbezogene Umweltmanagement- und Umweltberichtssysteme, Umweltbildung, Umweltzeichen, Kooperationen oder die Gründung von Stoffagenturen.

Textilien/Bekleidung: Ein Beispielfeld für ökologisches Stoffstrommanagement

Das Bedürfnisfeld Textilien/Bekleidung wurde aufgrund seiner hohen ökologischen, ökonomischen und sozialen Bedeutung als Beispiel ausgewählt. Ziel war es, weitere Ideen und Anregungen für das Stoffstrommanagement zu gewinnen und gleichzeitig die Eignung des Konzeptes zu überprüfen. Textilien gelangten zunächst aufgrund ihrer Schadstoffbelastung in ein schlechtes Licht. Schlagworte wie Formaldehyd bestimmten die Diskussion. Daß jedoch die zahlreichen und komplexen Stoffströme, die unser Bedürfnis nach Kleidung auslöst, ein ökologisches Problem darstellen, rückte unter anderem durch die Enquête-Kommission verstärkt in das Blickfeld.

---

[21] Rehbinder, E. (1995): Konzeption eines in sich geschlossenen Stoffrechts. In: Konzepte Instrumente Bewertung. Studien im Auftrag der Enquête-Kommission "Schutz des Menschen und der Umwelt" (Hrsg.), Bd. 2, Economica-Verlag, Bonn.

Stoffstromanalyse und Datenlage

Aufgrund der unübersichtlichen Verflechtung von Arbeitsschritten, der hohen Stoffvielfalt und der internationalen Dimension der Handelsbeziehungen ist das Themenfeld ausgesprochen komplex. Entsprechend aufwendig war die Zusammenführung der Daten. Die Enquête-Kommission hat sich zunächst einen Überblick über die Mengenströme verschafft. Da die amtlichen Statistiken lediglich ökonomische Daten führen, mußten Mengenangaben aus unterschiedlichen Quellen zusammengetragen oder aus vorhandenem Datenmaterial extrapoliert werden. Schwierigkeiten bereitete auch die häufig fehlende Trennung zwischen allgemeinen Textilien und Bekleidungstextilien. Zusätzlich wurde die Datenerhebung durch die Tatsache erschwert, daß einige Informationsquellen nur die alten Bundesländer berücksichtigen, neuere Quellen dagegen bereits die neuen Bundesländer einbeziehen.[22]

Lag zu einigen Aspekten entlang der textilen Kette eine nahezu unüberschaubare Datenfülle vor, erwies sich die Informationsbasis in anderen Stufen als ausgesprochen dünn. Schwierig war die Datenlage insbesondere in der Textilveredlung. Die eingesetzten Hilfsstoffe werden auf 7.000 bis 8.000 Stoffe geschätzt. Sind schon die Verbrauchsmengen kaum nachvollziehbar, fehlt zu den meisten Stoffen das Wissen über ihre ökologischen und gesundheitlichen Auswirkungen weitgehend.

Die Enquête-Kommission hat bei der Datensammlung einen ungeheuren Fleiß bewiesen. Trotzdem erforderte die Komplexität des Themas eine Eingrenzung. Deshalb wurden lediglich die Fasern ausgewählt, die mengenmäßig bedeutend sind. Die betrachteten Fasern erfassen immerhin mehr als 80 Prozent des Bekleidungsmarktes. Eine weitere Vereinfachung wurde durch die Beschränkung auf die Hauptlinien der textilen Kette erreicht. Die Hauptlinien umfassen alle Produktionsschritte, die im unmittelbaren Zusammenhang mit der Faserproduktion und -verarbeitung stehen, während die Nebenlinien beispielsweise aus den Produktlinien der Düngemittel und Pestizide, die etwa für den Baumwollanbau benötigt werden, oder der eingesetzten Textilhilfsmittel bestehen.

Eine lückenlose Darstellung der textilen Stoffströme erwies sich weder als realisierbar noch als sinnvoll. Trotzdem war es möglich, auf der vorhandenen Datenbasis Handlungserfordernisse und ökologische Problemschwerpunkte zu identifizieren:

- Ressourcenbeanspruchung durch Herstellung und Verbrauch,
- Pestizidbelastung durch die Herstellung von Naturfasern,
- Belastung von Luft und Klima durch die eingesetzten Chemikalien bei der Chemiefaserproduktion,
- Belastung der Luft und insbesondere der Gewässer bei der Textilveredelung durch Textilhilfsmittel,

---

[22] Lück, G. (1994): Die Stoffe, aus denen unsere Kleider sind. Universitas, (8) 1994, S. 755-765.

- Einsatz nichterneuerbarer Ressourcen für den Waschprozeß und für das elektrische Trocknen,
- Hautunverträglichkeiten beim Tragen der Textilien/Bekleidung
- Einsatz nichterneuerbarer Ressourcen beim Transport zwischen den verschiedenen Stufen der textilen Kette.

Stoffstrommanagement

Mehr noch als die Komplexität des Themenfeldes erschweren die Informations- und Kommunikationsbarrieren zwischen den verschiedenen Stufen der textilen Kette das Stoffstrommanagement. In den Produktionsunternehmen liegen zwar viele Einzeldaten vor, im Verlauf der textilen Kette gehen diese Informationen jedoch verloren. So weiß ein Handelsunternehmen in der Regel nicht, welche Textilveredlungsstoffe in seiner Ware eingesetzt sind. Auch den Verbraucherinnen und Verbrauchern sind diese Informationen nicht zugänglich: Damit ist es um die Verbrauchersouveränität – eine für das Funktionieren der marktwirtschaftlichen Regelungsmechanismen notwendige Voraussetzung – schlecht bestellt.

Die Behebung von Informationsdefiziten ist einer der wesentlichen Schritte im ökologischen Stoffstrommanagement. Im Bereich Textilien/Bekleidung existieren bereits entsprechende Ansätze. Größere Handelsunternehmen haben beispielsweise ein Qualitätssicherungssystem eingeführt, mit dem sie von den Produzenten Stoffdaten abfragen. Auch Produktionsunternehmen gehen dazu über, von ihren Vorlieferanten Stoffdaten zu fordern und Qualitätsansprüche an die Vorprodukte zu stellen.

Die Vorstellungen der Enquête-Kommission gehen jedoch noch weiter: Um den systematischen Informationsfluß zwischen den verschiedenen Stufen der textilen Kette zu gewährleisten, schlägt sie die Einführung eines weiteren Akteurs vor. Seine Aufgaben sollen in erster Linie in der Erhebung und Dokumentation von Daten, aber auch in der Organisation des Informationsaustauschs – vor allem zwischen den Textilveredlern und den Konfektionären – liegen. Auch Designerinnen und Designer, Anlagenbauer sowie kommunale Abwasserentsorger sind in den Dialog einzubeziehen. Die Enquête-Kommission betont, daß eine derartige freiwillige Einrichtung von den Akteuren der textilen Kette selbst zu organisieren ist.

Als weitere Instrumente zur Verbesserung des Informationsflusses empfiehlt die Enquête-Kommission die Einführung von Warenbegleitbriefen und eines umfassenden Öko-Labels. *Warenbegleitbriefe* enthalten Aussagen über die bereits eingesetzten Textilhilfsmittel, die auf diese Art an die nächste Stufe in der Produktlinie weitergegeben werden. *Öko-Label* für Textilien werden zwar derzeit in nahezu unüberschaubarer Vielzahl geschaffen, doch sind sie meist einseitig auf die Schadstoffbelastung der Textilien ausgerichtet und stellen nur geringe Anforderungen an die Produkte. Die Enquête-Kommission fordert daher ein Öko-Label, das die verschiedenen Stufen der textilen Kette einbezieht und einen Standard setzt, der die gekennzeichneten Produkte auch tatsächlich positiv hervorhebt.

Neben den dargestellten informatorischen Instrumenten schlägt die Enquête-Kommission unter anderem folgende Kategorien von Instrumenten vor:

- Erarbeitung eines internationalen Mindeststandards "Gute Anbaupraxis Naturfasern",
- Einrichtung einer Informations- und Sammelstelle zur ökologischen Klassifizierung der Veredelungsmittel,
- Forcierte Aufarbeitung von Altstoffen, insbesondere von Textilhilfsmitteln und Farbstoffen,
- Verbot des Einsatzes gesundheitlich bedenklicher Stoffe,
- Abbau der Kontrolldefizite, insbesondere bei schadstoffverdächtigen Importen,
- Prüfung einer Erweiterung der Kennzeichnungspflicht,
- Förderung des integrierten Umweltschutzes,
- Forschungsförderung zum Abbau der derzeitigen Informationsdefizite,
- Anreize für die Effizienzsteigerung bei der Nutzung nichterneuerbarer Ressourcen,
- Verbraucherinformation.[23]

Insgesamt hat das Beispiel Textilien/Bekleidung nach Einschätzung der Enquête-Kommission gezeigt, daß das Konzept des Stoffstrommanagements auch für komplexe Bereiche geeignet ist. Dabei kommt es nicht auf die Entwicklung neuer stoffpolitischer Instrumente an - vielmehr ist ein Instrumentenmix erforderlich, das den speziellen Problemen des jeweiligen Stoffstromsystems und den vorliegenden Rahmenbedingungen gerecht wird.

Fazit

Die Überlegungen der Enquête-Kommission zum Stoffstrommanagement sind bislang weniger konkreter Natur als vielmehr richtungsweisend. Mit ihrer Arbeit hat die Kommission einigen Aspekten Gewicht verliehen, die zukünftig größere Bedeutung erhalten sollten:

- Strategien und Maßnahmen zum Schutz der Umwelt müssen auf einer lebenszyklusweiten Betrachtung der Stoffströme und des Stoffsystems fußen.
- Dabei ist systematisch vorzugehen: Aufbauend auf dieser Datenbasis sind Schwerpunkte zu setzen und Ziele zu entwickeln, die in einen Maßnahmen- und Strategieplan münden.

---

[23] Enquête-Kommission (1994), S 205 f, a. a. O.

- Für eine zukunftsfähige Gestaltung der Stoffströme ist die Einbindung aller beteiligten Entscheidungsträger, möglichst auf freiwilliger Basis, notwendig.
- Dazu sind neue Kooperationsformen notwendig - und die Motivation und der Mut, neue Wege des Austausches und der Zusammenarbeit auszuprobieren und am konkreten Fall zu lernen.

Daß die Ergebnisse der Enquête-Kommission vorwiegend auf einer allgemeinen Ebene geblieben sind, hat verschiedene Gründe: Zum einen ist das Thema ausgesprochen vielschichtig – in letzter Konsequenz berührt es neben entwicklungspolitischen Grundfragen die komplexen Verflechtungen der Handelsbeziehungen, unser derzeitiges Wachstumsmodell, unser Verhältnis zu Technik, Arbeit, Freizeit und vieles mehr. Zum anderen war die Enquête-Kommission auf Konsens angelegt. Laut Einsetzungsbeschluß bestand eine wesentliche Aufgabe in der Verständigung und in der Annäherung der unterschiedlichen Positionen. Die Kommission setzte sich aus Abgeordneten aller Parteien und den von ihnen benannten Sachverständigen zusammen und umfaßte damit ein breites gesellschaftliches Spektrum: Politik, Wissenschaft, Industrie, Gewerkschaft und Umweltverbände. Einer der Erfolge liegt darin, daß die Ergebnisse tatsächlich weitgehend einvernehmlich erzielt wurden – mit Ausnahme des seit langem strittigen Bereichs PVC – und damit ein weitaus größeres politisches Gewicht erhalten, als Einzelpositionen jemals erreichen können. Vor allem aber hat die Enquête-Kommission eine vertiefte Auseinandersetzung zwischen wichtigen gesellschaftlichen Gruppen auch über die parlamentarische Ebene hinaus ausgelöst.

In ihrem Abschlußbericht hat die Enquête-Kommission eine Reihe offener Fragen und Aufgabenstellungen formuliert:[24]

- An oberster Stelle steht dabei die Entwicklung von quantifizierten Umweltzielen mit festen Zeit- und Stufenplänen, die dem Stoffstrommanagement und der Stoffpolitik als Orientierungsrahmen dienen. Dazu müssen Kriterien bzw. Indikatoren für ein Sustainable Development entwickelt werde, die die ökologischen Auswirkungen unseres Wirtschaftens mit den Produktions- und Konsummustern sowie mit sozioökonomischen Kenndaten in Beziehung setzen.
- Als weitere Aufgabe steht die Entwicklung von Szenarien - möglicherweise anhand konkreter Beispiele - für ein Sustainable Development auf dem Plan. Dabei sind insbesondere die sozialen und die ökonomischen Veränderungen abzuschätzen, um einer häufig kategorischen Ablehnung von Maßnahmen und Strategien zum Schutz der natürlichen Lebensgrundlage, aufbauend auf pauschalen Kosten- und Arbeitsplatzargumenten, zu begegnen.
- Darüber hinaus sind Instrumente zur Umsetzung des Leitbildes zu prüfen und zu konkretisieren. Eine besondere Bedeutung kommt dabei den Chancen und Grenzen sowie den Ausgestaltungsmöglichkeiten der ökologischen Steuerreform zu. Daneben sind die bestehenden Ansätze für ein allgemeines Stoffrecht weiterzuentwickeln.

---

[24] Enquête-Kommission (1994) S. 696-697, a. a. O.

Auf parlamentarischer Ebene hat sich die Enquête-Kommission als geeignetes Gremium für die Fortführung der stoffpolitische Diskussion bewährt. Deshalb soll eine neue Kommission in der 13. Wahlperiode des Deutschen Bundestages die Arbeit ihrer Vorgängerin konkretisieren und offenen Fragen beantworten.

II   Stoffstromanalysen

Methodische Ansätze zur Erstellung von Stoffstromanalysen unter besonderer Berücksichtigung von Petri-Netzen

Andreas Möller, Arno Rolf, Hamburg

Ein neues Leitbild wird propagiert: *sustainable development*. Auf dieses Leitbild, seine Hintergründe und seine Konsequenzen geht Ellen Frings in einem eigenen Beitrag ein. Sie zeigt: eine Stoffpolitik bzw. ein Stoffstrommanagement nimmt dabei eine zentrale Stellung ein. Im Bericht „Die Industriegesellschaft gestalten", herausgegeben von der Enquête-Kommission „Schutz des Menschen und der Umwelt" des deutschen Bundestages, heißt es: „Stoffpolitik umfaßt die Gesamtheit der Maßnahmen, mit denen Einfluß auf Art und Umfang der Stoffbereitstellung, der Stoffnutzung sowie der Abfallbehandlung und -lagerung genommen wird, um angesichts der Begrenztheit der Ressourcen und der eingeschränkten Belastbarkeit der Umweltmedien die stoffliche Basis der Wirtschaft langfristig zu sichern" (Enquête-Kommission 1994, S. 33). Operationalisiert wird dies durch Maßnahmen im Rahmen des produktions- und produktintegrierten Umweltschutzes, der ökologisch orientierten Produktgestaltung, der Entwicklung von Stoffkreisläufen und kreislauffähiger Stoffe etc. Bei jeder Maßnahme bzw. bei jedem Maßnahmenkomplex ist zu fragen, welchen Beitrag er zu einer *nachhaltigen Entwicklung* leistet. In diesem Kontext kann das Stoffstrommanagement beschrieben werden als das Gestalten von Stoffströmen, wobei sich im Gestaltungsbegriff das Handeln mit dem vorausschauenden oder rückblickenden Abschätzen der Wirkungen zu einem evolutionären, zyklenhaften Prozeß verbindet.

Die Stoffstromanalyse – ein ökologisches Rechnungswesen?

Das Abschätzen der Wirkungen erfordert Informationen, und die Funktion, Informationen zur Verfügung zu stellen, übernimmt die Stoffstromanalyse. Faßt man den Begriff des Rechnungswesens weit, wie etwa bei Hummel und Männel: „Das Rechnungswesen ist ein Instrument zur zahlenmäßigen Erfassung sowohl volkswirtschaftlicher als auch betriebswirtschaftlicher Sachverhalte" (1986, S. 3), kann die Stoffstromanalyse als ein spezielles, d. h. ein ökologisches Rechnungs-

Mario Schmidt, Achim Schorb (Hrsg.)
Stoffstromanalysen in Ökobilanzen und
Öko-Audits
© Springer-Verlag Berlin Heidelberg 1995

wesen bezeichnet werden. Das erlaubt den Rückgriff auf vorhandene Begriffe, Erfahrungen und Strukturen, birgt allerdings auch Gefahren in sich, denn jedes Verfahren hat seinen spezifischen Kontext und erfüllt dort bestimmte Aufgaben.

Die Verfahren des Rechnungswesens können in zwei Gruppen geteilt werden je nach dem, ob sie Periodenrechnungen oder Stückrechnungen sind. Bei der Periodenrechnung ist das Zahlenmaterial auf einen fest vorgegebenen Betrachtungszeitraum bezogen, bei den Stückrechnungen auf ein Stück, meist ein Produkt oder eine Dienstleistung. Bei der Kostenrechnung beispielsweise sind die Kostenartenrechnung und die Kostenstellenrechnung Periodenrechnungen, die Kostenträgerstückrechnung dagegen, wie der Name schon andeutet, eine Stückrechnung.

Auch für die Stoffstromanalyse muß geklärt sein, ob sie als Perioden- oder als Stückrechnung durchzuführen ist. Eindeutig kann diese Frage nicht beantwortet werden. Viele Vorhaben, welche die ökologischen Wirkungen von Entscheidungen und Maßnahmen bilanzieren, sind stück- bzw. produktbezogen. Man spricht dann von Produktökobilanzen, Lebensweguntersuchungen (*life cycle assessment*) und ähnlichem. Darüber hinaus sind Projekte, die sich stark an Leitlinien wie *nachhaltige Entwicklung* und *Stoffstrommanagement* orientieren, oft periodenbezogen. Auch beim EU-Öko-Audit ist das der Fall. So spricht einiges für eine Vorgehensweise, wie man sie bei der Kostenrechnung findet. Die nämlich ist in die Teilrechnungen Kostenartenrechnung, Kostenstellenrechnung und Kostenträgerrechnung gegliedert. Es werden also zunächst Periodenrechnungen durchgeführt, und erst zum Schluß wird produktbezogenes Zahlenmaterial gewonnen.

Für diese Anordnung spricht ein weiterer Punkt. Den produktbezogenen Analysen liegt ein modifizierter, ein bewerteter Stoffbegriff zugrunde. Es muß, um Stoffströme auf Produkte verrechnen zu können, vorab geklärt sein, was als wünschenswertes Produkt zu gelten hat. Dyckhoff hat dafür die Kategorisierung der Stoffe nach *Gut*, *Übel* oder *Neutrum* vorgeschlagen (vgl. Dyckhoff, 1994, S. 65).

Alles, was wünschenswert ist: die Produktion von Gütern oder der Verbrauch von Übeln, wird als Ertrag bezeichnet und alles, was nicht wünschenswert ist: die Produktion von Übeln oder der Verbrauch von Gütern, als Aufwand. Erst danach kann das Abgrenzungsproblem, also die Verrechnung des Aufwands auf die Erträge angegangen werden. Bei Stückrechnungen, denen keine Periodenrechnung vorgeschaltet ist, müssen diese Schritte implizit erfolgen.

Im folgenden sollen denkbare Methoden für Stoffstromanalysen als Periodenrechnungen vorgestellt werden. Wie sich daraus auch Stückrechnungen gewinnen lassen, soll im Anschluß skizziert werden. Ausführliche Beiträge für Stückrechnungen finden sich an anderer Stelle in diesem Band.

Stoff- und Energiebilanzen

Wenn es darum geht, Daten über Stoff- und Energieströme zusammenzustellen, richtet sich der Blick sehr schnell auf die sogenannte Ökobilanz.

Die Ökobilanz oder genauer, die Stoff- und Energiebilanz, ist in ihrer einfachsten und reinsten Form eine Aufstellung aller Stoffe und Energien, die für einen fest bestimmten Zeitraum in ein System eingehen und die es verlassen. Sie besteht deshalb aus einer Tabelle mit zwei Spalten, eine für die Inputseite und eine für die Outputseite der Bilanz. Sie ist periodenbezogen.

Daneben gibt es auch noch eine produktbezogene Definition der Stoff- und Energiebilanz. Mit dieser werden die Stoff- und Energieströme an den Grenzen eines Systems bilanziert, die mit der Produktion des Gutes, meist pro Stück oder pro kg, verbunden sind. Diese Perspektive soll vorläufig nicht weiter interessieren.

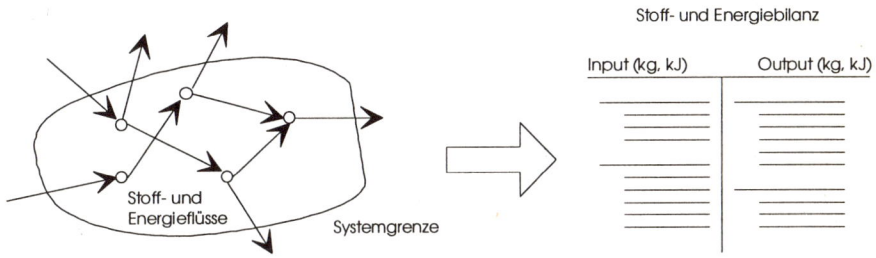

Abb. 1. Stoffstromsysteme und Ökobilanzen (Stoff- und Energiebilanzen)

Für jede Stoff- und Energiebilanz müssen vorab die Bilanzgrenzen festgelegt werden, d.h. man bestimmt, was als System gesehen wird. Dies kann zum Beispiel ein Betrieb sein. In dem Fall werden auf der Inputseite der Bilanz alle Stoffe und Energien in ihren jeweiligen physikalischen Einheiten aufgeführt, die dem Betrieb zugehen, und auf der Outputseite die, welche ihn verlassen. Oft liefert eine solche Betriebsbilanz bereits gute Hinweise für umweltbezogene Entscheidungen. Im allgemeinen ist aber die Beschränkung auf Betriebsgrenzen für ein Stoffstrommanagement im oben skizzierten Sinne zu eng. So könnte man mit einer Stoff- und Energiebilanz innerhalb des Betriebes das Zusammenspiel problematischer Produktionsprozesse untersuchen wollen oder über die Grenzen des Betriebes hinweg ganze Wertschöpfungsketten. Diese werden dann als System gesehen und die Stoff- und Energieströme an den Grenzen bilanziert.

Diese Überlegungen deuten an, daß das jeweilige System im allgemeinen nicht als eine Black Box gesehen wird. Es besteht aus verschiedenen Subsystemen, die über Stoff- und Energieströme miteinander verknüpft sind. Und die Überlegungen zeigen, daß die Stoff- und Energiebilanz nicht ein Verfahren benennt sondern vielmehr eine Form der Datenpräsentation ist. Die Bilanz ist Resultat eines Modellbildungs- und Datenerhebungsprozesses und der wiederum bezieht sich auf ein mehr oder weniger detailliert modelliertes System. Die Bestandteile des Systems mögen innerhalb eines Betriebes verschiedene Produktionsprozesse sein oder bei einer Betrachtung von Wertschöpfungsketten die verschiedenen Produktionsstufen und die Transporte dazwischen. Die Aufgabe besteht dann darin, für ein solches System die Stoff- und Energieströme zu bestimmen. Liegen sie vor, können sie mit Hilfe der Stoff- und Energiebilanz dargestellt werden.

Zur Durchführung von Stoffstromanalysen bieten sich verschiedene Methoden an, und in der Tat besteht der einfachste Fall darin, das betrachtete System als Black Box zu sehen. Die Stoff- und Energieströme werden dann direkt in der Bilanz aufgeführt. Nicht immer aber wird man so einfach modellieren wollen oder können.

Flußdiagramme

Naheliegend ist der Einsatz von Flußdiagrammen (flow charts). Die Bestandteile des Systems werden mit Hilfe rechteckiger Kästen dargestellt. An diesen finden die Stoff- und Energietransformationen statt, d.h., während der Betrachtungsperiode wird der Input dort in bestimmten Umfang in Output umgewandelt. Die Pfeile zwischen den Rechtecken geben die Pfade der Stoff- und Energieströme an.

Um das Flußdiagramm mit Stoffstromdaten zu füllen, kann man, im einfachsten Fall, für jedes Kästchen eine Art Stoff- und Energiebilanz erstellen. Es kommt lediglich hinzu, Quelle bzw. Senke des jeweiligen Stoff- oder Energiestroms mitzuerfassen, sofern nicht die Systemgrenzen betroffen sind. Dieses Vorgehen erfordert einen hohen Aufwand, kann so nicht regelmäßig durchgeführt werden und erlaubt lediglich Ist-Aussagen.

In Stoffstromanalysen geht man deshalb gleich einen Schritt weiter: die Bilanzdaten aus einer ersten Erhebung werden zu Koeffizienten des jeweiligen Subsystems uminterpretiert. Sie geben so Aufschluß darüber, wie Input und Output relativ zueinander zusammengesetzt sind. Für Produktionsprozesse nennt die Betriebswirtschaftstheorie diese Zahlen auch Produktionskoeffizienten.

Die Wiederverwendung der Daten, nun als Koeffizienten von Funktionen, erweist sich hierbei als geschickt und sehr brauchbar. Sind alle Subsysteme eines untersuchten Gegenstandbereichs mit solchen Koeffizienten versehen, ist es möglich, aus wenigen gegebenen Flußgrößen alle noch fehlenden Daten zu bestimmen.

Sind etwa alle Produktionsstufen einer Wertschöpfungskette entsprechend spezifiziert, ist es möglich, bei Kenntnis der Ausbringungsmenge des Endprodukts alle mit der Produktion verbundenen Stoff- und Energieströme zu berechnen.

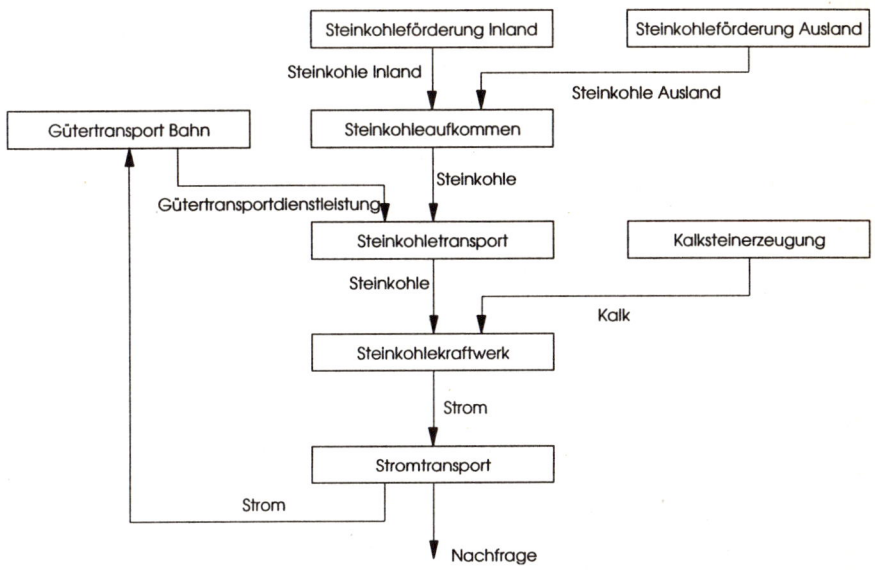

Abb. 2. Prozeßkette Stromnetz (Quelle: Rausch et al., 1993)

Entwickelt man in Periodenrechnungen vernetzte Strukturen mit Hilfe von Flußdiagrammen, taucht ein Problem auf, das im Grunde auch schon bei den Stoff- und Energiebilanzen besteht. Wagner skizziert es für die Betriebsbilanz und zählt alle Fälle problematischer Abgrenzung zwischen dem In- und Output des Betriebes und dem des betrieblichen Umwandlungsprozesses auf:

- Betriebsinputs, die zur Erhöhung der Bestände führen, aber nicht in die Umwandlung eingehen ...,
- Prozeßinputs, die aus Beständen erfolgen, also im Bilanzierungsjahr verbraucht werden, aber nicht als Betriebsinput erscheinen ...,
- Prozeßoutputs, die zwar aus dem Umwandlungsprozeß als Output ausgehen, aber den Betrieb nicht verlassen, sondern im Betrieb zunächst auf Lager gehen ...,
- Betriebsoutputs, die nicht aus dem Umwandlungsprozeß in der betrachteten Periode stammen, sondern aus dem Abbau von Beständen ... (Wagner, 1992).

Kurz: Stoffinput und -output der Produktion ist ein anderer als der des Betriebes. Es kommt zu zeitlichen Verwerfungen, resultierend aus der Lagerung von Stoffen im Eingangs- oder Ausgangslager des Betriebes. Bei den Stoffströmen an den Betriebsgrenzen kann nicht unterschieden werden, ob sie durch Lagerbestandsveränderungen oder durch tatsächliche Produktionsprozesse ausgelöst werden.

Auf der Hand liegt die Einführung von sogenannten Prozeßbilanzen, also Stoff- und Energiebilanzen für Produktionsprozesse. Diese werden dann der Betriebsbilanz zur Seite gestellt. Leider lösen sie das Problem der zeitlichen Verwerfung nicht. Auch die Verwendung der Flußdiagramme, ergänzt um die Berechnungsverfahren, wird problematisch. Man könnte zwar Kästchen für Eingangs- und Ausgangslager vorsehen. An ihnen jedoch funktionieren die Berechnungsverfahren nicht mehr.

Stoffstromnetze

Die Ursache der Schwierigkeiten liegt darin, daß nur Stoff- und Energieströme betrachtet werden, nicht jedoch Stoffbestände. Die systematische Integration von Beständen in Stoffstromanalysen ist *die* Eigenheit der sogenannten Stoffstromnetze.

Allerdings ist der Gedanke, Bestände zu erfassen, im betrieblichen Rechnungswesen nicht neu. Entsprechende Konzepte liefern dann auch wichtige Hinweise für die Prinzipien einer Methode zur Stoffstromanalyse, die Bestände, Ströme und Transformationen in Einklang bringt.

Die doppelte Buchführung in der Privatwirtschaft beispielsweise unterscheidet zwei Arten von Konten: Erfolgskonten und Beständekonten. Erfolgskonten zeichnen sich dadurch aus, daß Finanzströme, die ein Erfolgskonto zum Ziel haben, verschwinden (Aufwand), und daß Finanzströme, die ein Erfolgskonto als Quelle haben, neu entstanden sind (Ertrag). Ganz anders ist es bei den Beständekonten. Zugehende Ströme erhöhen den Bestand, abfließende reduzieren ihn. Die Buchungen geben die Finanzströme an, und sie enthalten Daten über Quelle und Ziel des jeweiligen Geldstroms. Der Buchungssatz »Konto x an Konto y DM-Betrag z« bildet eine Kante im Netz der Konten.

Der Rechnungsstil erlaubt eine einheitliche Datenerfassung unabhängig von der Art der Konten. Der Kaufmann gewinnt so mit einem einheitlichen Verfahren Daten für zwei Rechnungen; die Trennung vollzieht sich automatisch bei der Weiterverarbeitung. Am Ende aggregiert man die Bestände in der Bilanz und die Aufwands- und Ertragsgrößen in der Gewinn- und Verlustrechnung. Die Bilanz informiert über Struktur und Gesamtumfang der Bestände eines Betriebes. Die Differenz zwischen Ertrag und Aufwand liefert für einen bestimmten Zeitraum den Erfolg des Betriebes. Beide Rechnungen zusammen machen den Jahresabschluß aus.

Die doppelte Buchführung ist an die Anforderungen des Kaufmanns angepaßt; sie sagt anderes aus als eine Stoffstromanalyse; die Begriffe Aufwand und Ertrag werden in einem speziellen Sinne verwendet. Entsprechend besteht in diesen

Netzen kein Zusammenhang zwischen Aufwand und Ertrag. Diese Forderung der doppelten Buchführung ist unseren Zwecken nicht dienlich. Hier interessiert nämlich die Stoff- und Energietransformation als *eine* Einheit. Außerdem ginge der Zusammenhang der Stoff- und Energieströme verloren.

Während also inhaltliche Ausrichtung und Begriffe nicht passen, sind zwei interessante Strukturmerkmale der doppelten Buchführung erkennbar. Erstens: Buchungen definieren Kanten in einem Netz von Konten. Gebucht werden Stromdaten. Zweitens: Es werden zwei verschiedene Arten von Konten unterschieden, die ganz unterschiedliche Funktionen haben, eins für Erträge bzw. Aufwendungen und eins für die Bestände. Die Hinzunahme der Bestände erweist sich dabei als der wesentliche Schritt, Veränderungsprozesse in ihrem historischen Verlauf darzustellen.

Derartige Methoden des betrieblichen Rechnungswesens geben Aufschluß darüber, welche Finanzströme es bei gegebenen Anfangsbeständen in einer Betrachtungsperiode gegeben hat und wie, daraus resultierend, die Endbestände aussehen. Das erlaubt, die Daten aus solchen Rechnungen als einen ständig aktualisierten Datenpool zu sehen, auf den bei verschiedensten Fragestellungen zugegriffen werden kann.

Die Stoffstromnetze versuchen, ähnliches für Stoffstromanalysen zu leisten. Sie setzen bei den Flußdiagrammen an und vervollständigen diese zu einer methodischen Grundlage der Stoffstromanalysen. Die Idee ist, die flow charts systematisch um Symbole für die Stofflagerung zu ergänzen. Und diese Systematik liefern die Petri-Netze.

Man hat es also auch hier mit zwei Kategorien von Knoten zu tun. Bei den Lagern lassen sich Bestände verbuchen, bei Knoten für Produktionen oder Transporte ist das sinnvoll nicht möglich. Mit solchen Knoten werden Transformationen von Rohstoffen in Produkte und Abfälle dargestellt. Im Detail:

1. Die Knoten der ersten Art nehmen Stoff- und Energiebestände auf. Hier wird idealisiert: Was eingebracht wird, kann so auch wieder entnommen werden. Nichts geht verloren, nichts entsteht neu. Der Ort der Lagerung soll in Anlehnung an die Petri-Netz-Terminologie *Stelle* heißen. In Graphiken verwendet man Kreise oder Ellipsen, um Stellen zu darzustellen. Allgemein verbindet sich mit der Stelle die Modellierung eines *Zustandes*. In anderen Rechnungswesensystemen nennt man Knoten dieser Art Beständekonten.

2. Menschen bearbeiten mit Hilfe von Maschinen Ressourcen und Vorprodukte. Dabei entstehen Produkte, Abfälle, vielleicht einige Sekundärrohstoffe. Produktionsprozesse dieser Art lassen sich im Modell idealisieren, und man nennt den Vorgang dann eine stoffliche Transformation. Der Ort der Transformation, in Graphiken mit Rechtecken dargestellt, soll *Transition* heißen: Stoffe gehen in die Transition ein und verschwinden, neue Stoffe entstehen. Die Transition steht für den Zusammenhang von Untergang und Entstehung, also für eine *Aktivität*. Idealerweise ist dieser Ort keiner der Lagerung. Die Erfolgskonten der doppelten Buchführung sind ähnlich spezifiziert, wobei man

dort allerdings kein Wert auf den Zusammenhang von Untergang und Entstehung legt.

Um die Pfade der Stoff- und Energieströme zu zeigen, gibt es Verbindungen zwischen Stellen und Transitionen.

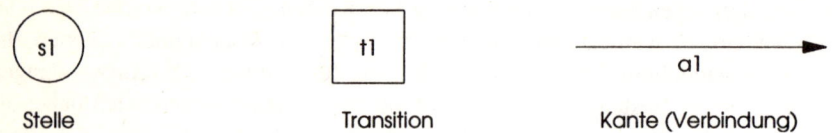

| Stelle | Transition | Kante (Verbindung) |

Abb. 3. Elemente eines Petri-Netzes

Zwei Kategorien von Knoten zu unterscheiden, ist sowohl Merkmal erfolgreicher Methoden des betrieblichen Rechnungswesens als auch ein Grundgedanke der Petri-Netztheorie. „It is one of the most fundamental principles of Petri Nets that in many areas under consideration, two types of components are discriminated, which are mutually related" (Reisig 1987, S. 71). Mit dieser Zustands-Aktivitäts-Dichotomie geht die systematische Einschränkung möglicher Verbindungen zwischen den Knoten einher. Es sind keine Verbindungen direkt zwischen zwei Stellen oder direkt zwischen zwei Transitionen möglich.

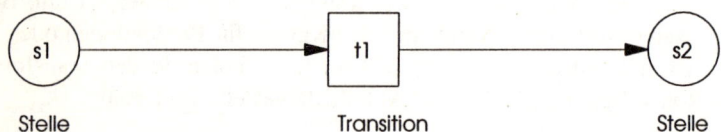

| Stelle | Transition | Stelle |

Abb. 4. Stoffstromnetz mit zwei Stellen und einer Transition

Deshalb paßt der Begriff Lager für die Stellen nicht immer. Die Stellen dienen einerseits dazu, die Orte der Transformation *voneinander abzugrenzen*, und zwar prinzipiell und immer. Andererseits werden die einzelnen Transitionen über die Stellen *miteinander verbunden*, so daß größere Netze modelliert werden können. Das Resultat ist ein *Stoffstromnetz*.

Der manchmal der besseren Anschauung wegen geäußerte Wunsch, doch möglichst Knoten gleichen Typs miteinander verbinden zu können, würde dieses *abgrenzende Verbinden* zerstören und so die weitreichenden Möglichkeiten der Methode zunichte machen.

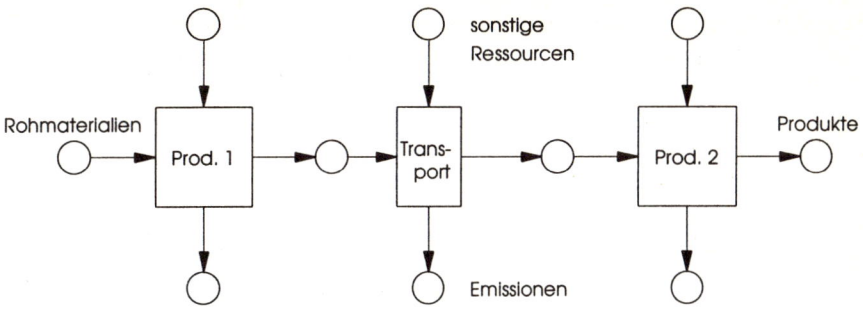

Abb. 5. Stoffstromnetz für eine Prozeßkette: Abgrenzung und Verknüpfung der Transitionen über die Stellen

Jede Stoff- und Energietransformation an einer Transition kann nun so beschrieben werden: Die zugehenden Ressourcen werden den Inputstellen entnommen, die bei der Transformation anfallenden Produkte und Abfälle werden auf den Outputstellen abgelegt. Dabei gibt es im Modell keine zeitliche Diskrepanz zwischen Entnahme des Inputs und Ablegen des Outputs. Der Vorgang findet sozusagen im Nu statt, nebenbei bemerkt ideale Voraussetzung für detailliertere Modellbetrachtungen des Vorgangs.

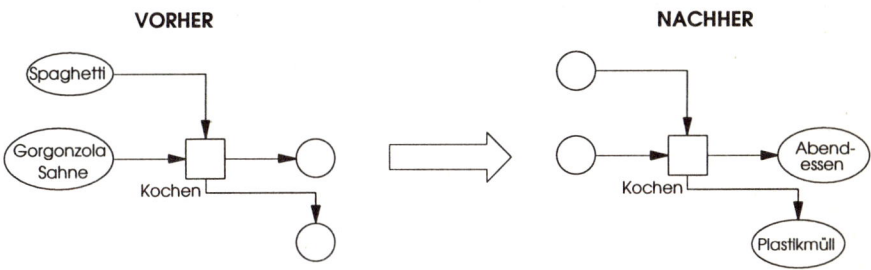

Abb. 6. Das Gorgonzola-Beispiel: Kochen (Die Zeit Nr. 33, 12.08.94) Spaghetti, Gorgonzola und Sahne werden den Inputstellen entnommen, das Abendessen und Plastikmüll an den Outputstellen abgelegt

Diese netzbezogene Interpretation einer Transformation liefert die Buchungstechnik. Wenn Rohstoffe in Produktion gehen, wird verbucht, daß ein Stoff in einer bestimmten Menge in den Produktionsbereich geflossen ist. Gleichzeitig vermindert sich der Buchbestand des Stoffes im Eingangslager. Gehen aus der Produktion Produkte hervor, verbucht man wieder einen Stoffstrom und paßt zugleich die Lagerbestandsdaten an. Daraus darf man nicht folgern, jeden Vorgang zweimal unabhängig voneinander verbuchen zu müssen: Der Rechnungsstil der Stoffstromnetze erlaubt es, ganz analog dem der doppelten Buchführung, Stoffstrom und Bestandsänderung mit einem einzigen Buchungssatz zu erfassen. Denn der Buchungssatz für den Stoffstrom enthält bereits die Informationen für die Bestandsveränderung: Anzupassen sind die Beständekonten, die im Buchungssatz genannt werden. Der Betriebswirt nennt eine Rechnung, die das leistet, eine *integrierte Strom- und Beständerechnung.*

Obwohl wir uns bei Stoffstromanalysen in erster Linie über die Stoff- und Energie*ströme* informieren wollen, können wir auf Knoten für Stoffbestände nicht verzichten. Zeitliche Differenzen zwischen verschiedenen Transformationsprozessen werden adäquat abgebildet. Es formt sich ein vollständiges und *zusammenhängendes* Netz. Auch bei den Auswertungen kann auf die Informationen zurückgegriffen werden; sie gehen in *erweitere* Stoff- und Energiebilanzen ein.

Stoffstromnetze liefern dann für eine bestimmte Betrachtungsperiode und bei gegebenen Anfangsbeständen Aussagen darüber, welche Stoff- und Energieströme in einem System wo fließen und welche Endbestände daraus resultieren. Diese Daten können im Rahmen einer Stoffstromanalyse weiterverarbeitet werden. Das heißt: Strom- und Beständedaten stehen in ihrer Gesamtheit weiteren Auswertungen zur Verfügung.

Vergröberungen, Verfeinerungen und andere Netztransformationen

Zuweilen ist es bei der praktischen Modellierung nicht ganz klar, ob man zu einer Stelle oder zu einer Transition greifen soll. Hier spielt das Erkenntnisinteresse hinein. In der Denkwelt des *Just In Time* mag es sinnvoll sein, den Transport auf der Autobahn als Lager zu modellieren. Tatsächlich grenzt der Transport hier zwei Produktionsstufen voneinander ab. Bei einer umfassenden Untersuchung der Stoff- und Energieströme ist eine derart reduzierte Modellvorstellung inakzeptabel. Bei näherem Hinsehen läßt sich der Transport in mehrere innere Zustände bzw. Aktivitäten zerlegen: Ausgangslager, Transport selbst und Eingangslager. Man wird verlangen, den Detaillierungsgrad so zu wählen, daß die real vorhandenen internen Aktivitäten oder Zustände einer Stelle oder Transition im Netz nicht relevant sind und daß sie sich auch nicht auf andere Systemkomponenten feststellbar auswirken. Das Netz wird dadurch größer. Die Vernetzung darf sich bei Stoffstromanalysen nicht nur auf die ökonomisch relevanten Prozeßketten beziehen, auch alle übrigen Stoffpfade müssen abgebildet werden. Die ökonomisch interessanten Prozeßketten *betten* sich *ein* in ein umfassenderes Stoffflußsystem. Darunter leiden unter Umständen Übersichtlichkeit, Allgemeinheit und Analysierbarkeit.

Es ist aber nicht nur das Datenaufkommen, das hier zu einem Problem wird. Wir haben es mit ganz unterschiedlichen Erkenntnisinteressen zu tun, obwohl alle die Stoff- und Energietransformationen sowie die daraus resultierenden Ströme als Grundlage haben. Die Mitarbeiter einer Fertigungsinsel diskutieren sicherlich ganz andere Aspekte des betrieblichen Umweltschutzes als Firmenvertreter, die im Industrieverband über die Stoff- und Energieströme ganzer Wertschöpfungsketten debattieren.

Die Probleme lassen sich nicht gänzlich aus der Welt schaffen. Immerhin hält die Netztheorie Mittel bereit, dem Modellierer unter die Arme zu greifen. Auf einige soll im folgenden eingegangen werden.

Der gemeinsame Begriff dafür ist die *Netztransformation* und meint den kontrollierten und behutsamen Übergang zwischen verschiedenen Netzen. „Die ... Netztransformationen gehören zum täglichen Handwerkszeug bei der praktischen Modellierung mit Netzen. Dort wirkt sich nämlich gerade eine subtile Abwägung des Detaillierungsgrades von Systemteilen stark auf die Anschaulichkeit und analytische Aussagekraft der entworfenen Netze aus" (Baumgarten, 1990, S. 58). Von einiger Bedeutung ist der sogenannte vertikale Übergang. Der Netzansatz erlaubt es, die Modelle hierarchisch zu schichten. Man kann systematisch Teilnetze zu einzelnen Netzelementen vergröbern und umgekehrt Netzelemente durch detailliertere Teilnetze verfeinern.

Bei der *Verfeinerung* wird eine Transition oder eine Stelle durch ein Teilnetz ersetzt, das alle relevanten Komponenten enthält. Das Ergebnis einer Verfeinerung soll dann aber wieder ein Netz sein. Deshalb muß sichergestellt werden, daß durch die Verfeinerung keine direkten Verbindungen zwischen Transitionen bzw. zwischen Stellen entstehen. Diese Notwendigkeit stellt gewisse Anforderungen an das Verfeinern: Verbindungen zwischen der 'Außenwelt' und dem Teilnetz dürfen nur mit Knoten des Teilnetzes hergestellt werden, die vom gleichen Typ sind wie der zu verfeinernde Knoten. Wenn beispielsweise eine Transition verfeinert werden soll, dürfen nur Transitionen des Teilnetzes mit der 'Außenwelt' verbunden werden, soll es eine Stelle sein, sind es nur Stellen, die Verbindung zur 'Außenwelt' haben.

Man nennt allgemein die Netzelemente eines Teilnetzes mit 'Verbindung nach außen' den Rand des Teilnetzes. Besteht diese Menge nur aus Stellen, heißt das Teilnetz *stellenberandet*, besteht es nur aus Transitionen, heißt es *transitionsberandet*.

Mit der Verfeinerung wird also eine Stelle durch ein stellenberandetes Teilnetz ersetzt oder eine Transition durch ein transitionsberandetes.

Baumgarten interpretiert die Verfeinerung im Sinne der Modellbildung so: „Die Verfeinerung eines Netzes bedeutet eine Konkretisierung, eine Detaillierung der Modellbildung, und zwar [...] bezüglich der inneren Mechanismen von Zuständen und Ereignissen" (1990, S. 62).

Bei der *Vergröberung* geht man umgekehrt vor: Für ein Netz wird ein Teilnetz durch eine Auswahl von Stellen und Transitionen bestimmt. Wenn das Teilnetz stellenberandet ist, kann es zu einer Stelle vergröbert werden, wenn es transitionsberandet ist, zu einer Transition.

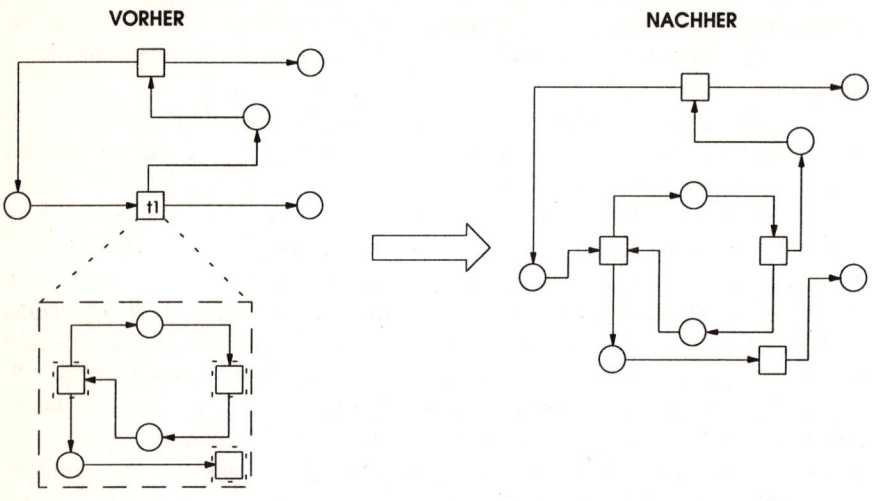

Abb. 7. Verfeinerung eines Netzes: Die Transition t1 wird durch ein Teilnetz ersetzt (die Randelemente des Teilnetzes sind gepunktet dargestellt)

Auch die Vergröberung ist einer Interpretation im Sinne der Modellbildung zugänglich. „Die Vergröberung eines Netzes bedeutet bezüglich des modellierten realen Systems meist eine lokale Abstraktion, eine Gruppierung von zusammenhängenden Zuständen und Ereignissen zu einem Ganzen, das nach außen nur noch Zustands- oder Ereigniycharakter hat" (Baumgarten, 1990, S. 59).

In der Regel gibt es nicht *die eine* Verfeinerung oder *die eine* Vergröberung. Nahezu immer stehen viele verschiedene Möglichkeiten zur Verfügung. Es ist eine Frage des Erkenntnisinteresses, wie verfahren wird.

Neben der Vergröberung und der Verfeinerung gibt es noch eine weitere interessante Netztransformation, die *Einbettung*. Einbettung meint die Ergänzung eines Netzes um weitere Stellen, Transitionen und Kanten. Selbst bei allgemeinen Einführungen in die Netztheorie wird hier zu Umweltbeispielen gegriffen. „Einen großen Vorrat von Beispielen für die schrittweise Einbeziehung der Umgebung bei der Analyse von Systemen liefert die Berücksichtigung von Umweltaspekten bei der Untersuchung der Auswirkungen menschlicher Tätigkeit" (Baumgarten, 1990, S. 64f).

Die Einbettung bezeichnet den systematischen Übergang von einem System, das ökonomisch relevante Stoffströme abbilden soll, zu einem, das die ökologischen einbezieht. Die Einbettung beschreibt also, begrifflich schon recht anschaulich, eine Vorgehensweise, die der Modellierer anwenden kann, um Schritt für Schritt zu einem vollständigen Netz der Stoff- und Energieströme zu kommen. Jeder Zwischenschritt ist selbst bereits ein Stoffstromnetz und steht, wenn es auch relevante Lücken enthält, ersten Auswertungen zur Verfügung. Diese inkrementelle Vorgehensweise kann zu einem generellen Modellierungsprinzip erhoben werden.

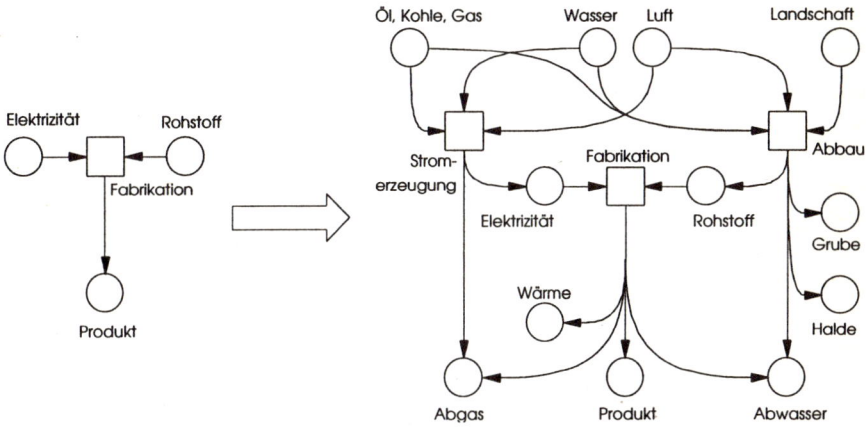

Abb. 8. Einbettung: Einbeziehung von Umweltaspekten (Baumgarten, 1990, S. 65)

Zusätzlich unterstützen auch Vergröberung und Verfeinerung eine inkrementelle Vorgehensweise bei der Modellierung. Man kann sich in einer Art Top-Down-Entwurf erst ein grobes Bild machen mit stark aggregierten Komponenten. Diese lassen sich dann, gegebenenfalls über mehrere Ebenen hinweg, verfeinern. Die Betrachtung der Stoff- und Energieströme auf unterschiedlichen Ebenen, mal in der Vergröberung, mal in der Verfeinerung, erlaubt es, trotz hohen Detaillierungsgrades den Überblick zu behalten. Der Blick auf das Ganze verknüpft sich über die Mechanismen mit der Betrachtung der Details.

Die Vergröberung bildet die Grundlage der Auswertung. Die sozusagen temporäre Vergröberung eines Netzes ermöglicht die Auswertung auf ganz unterschiedlichen Abstraktionsebenen. Mit der Vergröberung zu einer Transition ist man imstande, die Input- und Output-Ströme dieser Vergröberung anzugeben. Mit anderen Worten: Die Vergröberung ist die Grundlage unterschiedlichster Stoff- und Energiebilanzen. Die Transition wird als das System gesehen, dessen Stoffzu- und -abfluß bilanziert werden soll. Auch die internen Zustände und deren Veränderung können einbezogen werden. Dazu aber später mehr.

Kurz: Die Mittel der Netztransformation erlauben die Modellierung, die Betrachtung und die Auswertung auf verschiedenen Abstraktionsebenen, „ohne die Beschreibungssprache wechseln zu müssen" (Reisig, 1982, S. 1).

Transitionsspezifikationen

Die Ausführungen zu den flow charts haben gezeigt, daß die manuelle Erhebung von Stoff- und Energieflüssen in Stoffstromanalysen eher die Ausnahme ist. Statt dessen werden einzelne Prozesse mit Hilfe von Produktionskoeffizienten spezifiziert. Ähnliches ist auch in Stoffstromnetzen möglich. Atomarer Bestandteil eines Stoffstromnetzes ist die Transition, die nicht weiter verfeinert werden soll. Von ihr wird angenommen, daß es intern keine relevanten Bestandsänderungen gibt. Sie ist deshalb ein guter Kandidat für entsprechende Idealisierungen. Diese Submodelle eines Stoffstromnetzes sollen *Transitionsspezifikationen* heißen. Sie vervollständigen die Modellbildung mit Stoffstromnetzen. Die Datenerhebung wird drastisch reduziert. Aber nicht nur das, ganz neue Modelle und Modelltypen sind dann realisierbar.

Transformationen von Stoffen und Energie an Transitionen in einer bestimmten Betrachtungszeitraum, unabhängig davon, ob es sich um Produktion oder Konsum handelt: derartige Vorgänge sind der Ausgangspunkt der Transitionsspezifikationen. Der einfachste Fall einer Transformation ist die einzelne chemische Reaktion. Beispiel: Methan, Hauptbestandteil von Erdgas, reagiert mit Sauerstoff zu Kohlendioxid und Wasser.

$$CH_4 + 2\,O_2 \rightarrow CO_2 + 2H_2O$$

Ausgangsstoffe und Reaktionsprodukte sind linear voneinander abhängig. Wenn bekannt ist, wieviel Methan in die Reaktion eingegangen ist, zum Beispiel 16 kg im Bilanzjahr 1994, dann können alle anderen Stoffströme berechnet werden: 64 kg Sauerstoff, 44 kg Kohlendioxid und 36 kg Wasser. Man erhält bereits eine einfache Stoff- und Energiebilanz. Der Einfachheit halber werden hier die Energieströme nicht beachtet:

Stoff- und Energiebilanz einer Transition der Methanverbrennung			
Inputseite		**Outputseite**	
Methan	16 kg	Kohlendioxid	44 kg
Sauerstoff	64 kg	Endbestände	36 kg
Summe	80 kg	Summe	80 kg

Man spricht vom Gesetz der konstanten Proportionen (oder: Gesetz der konstanten Massenverhältnisse), 1780 von Antoine Lavoisier formuliert.

Dies kann nun auch in Stoffstromnetzen angewendet werden. Wie schon bei den Flußdiagrammen werden die Bilanzdaten der Stoff- und Energiebilanz in Koeffizienten der Prozeßspezifikation uminterpretiert. Zusätzlich muß die Spezifikation als Submodell in das Stoffstromnetz *eingehängt* werden. D.h. eine Beschreibung des Prozesses muß auch Informationen darüber enthalten, woher die Inputstoffe kommen und wohin die Outputstoffe gehen.

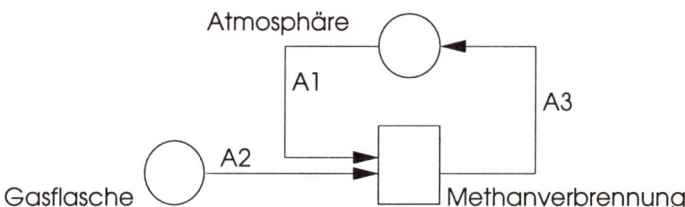

Abb. 9. Stoffstromnetz der Methanverbrennung (zur Verdeutlichung unterschiedlicher Wege von Stoffströmen)

Man führt deshalb Variablen ein, die einen Stoff und einen Stoffpfad, also eine Kante im Netz, bezeichnen. Im Beispiel: x_1 für (Methan, A2), x_2 für (Sauerstoff, A1), y_1 für (Kohlendioxid, A3), y_2 für (Wasser, A3). Diese Variablen erleichtern es dann, die Funktionen zur Spezifikation des Prozesses zu formulieren. Im linearen Fall reicht es, lediglich die Koeffizienten zu nennen.

Koeffizienten zur Transition der Methanverbrennung			
Inputseite		**Outputseite**	
x1	16	y1	44
x2	64	y2	36

Als Funktionen ergeben sich:

$$h = f_1(x_1,...,y_2,h) = x_1/16 \qquad h = f_2(x_1,...,y_2,h) = x_2/64$$
$$h = f_3(x_1,...,y_2,h) = y_1/44 \qquad h = f_4(x_1,...,y_2,h) = y_2/36$$
$$x_1 = f_5(x_1,...,y_2,h) = 16\,h \qquad x_2 = f_6(x_1,...,y_2,h) = 64\,h$$
$$y_1 = f_7(x_1,...,y_2,h) = 44\,h \qquad y_2 = f_8(x_1,...,y_2,h) = 36\,h,$$

wobei h eine Hilfsvariable ist. Diese Funktionen wiederum können als Zuweisungen eines Algorithmuses aufgefaßt werden. Der Prozeß kann nun mit Hilfe einer Folge von Zuweisungen spezifiziert werden:

$$Tg := \{((x_1,x_2),(y_1,y_2)) \mid$$
$$(h:=x_1/16,\ h:=x_2/64,\ h:=y_1/44,\ h:=y_2/36,\ x_1:=16\,h,\ x_2:=64\,h,\ y_1:=44\,h,\ y_2:=36\,h)\},$$

wobei „:"= ein Zuweisungssymbol ist: der links genannten Variablen soll das Ergebnis des rechts stehenden Funktionsausdrucks zugewiesen werden.

Wenn der Ressourceneinsatz für Methan bekannt ist, zum Beispiel 1 kg, können alle Input- und Outputströme des Transformationsprozesses bestimmt werden.

Allgemeiner kann man formulieren: Man kennt eine Reihe von Variablen, und mit Hilfe eines Algorithmus` soll es gelingen, alle noch unbekannten Variablen zu bestimmen. Diese Problemstellung kennt man aus den Datenflußsprachen (vgl. Horowitz, 1983, S. 373 ff). Ein Algorithmus besteht dort aus einem Satz von Zuweisungen, gegebenenfalls ergänzt um Kontrollstrukturen. Die Abarbeitungsreihenfolgen ergeben sich aus den Grundregeln für Datenflußsprachen:

1. Variablen, die einmal bekannt sind, werden nicht mehr geändert (single assignment).
2. Wenn das Resultat eines Funktionsausdrucks einer Variablen zugewiesen werden soll, die noch unbekannt ist, gilt: Der Ausdruck wird erst dann evaluiert, wenn alle Variablen, die in dem Ausdruck enthalten sind, bekannt sind.

Auch die Evaluation von Transitionsspezifikationen kann man sich als „… das Zusammenwirken von Funktionen, welches durch den Fluß der Daten zwischen ihnen gesteuert wird"(Jessen und Valk, 1987, S. 242), vorstellen. Wenn alle Stoff- und Energieströme bestimmt worden sind und keine Konflikte aufgetreten sind, kann die Transition als erfolgreich berechnet angesehen werden.

Bislang sind nur Produktionskoeffizienten bzw. lineare Funktionen betrachtet worden. Zugelassen sind jedoch alle berechenbaren Funktionen. Das erlaubt weitaus komplexere Spezifikationen. Dabei ist allerdings der Zeitaspekt einer Spezifikation zu beachten. Die nichtlineare Transitionsspezifikation muß auf einen spezifischen Zeitraum, in der Regel ein Jahr, bezogen sein.

Die Möglichkeit nichtlinearer Funktionen erlaubt dann auch den umfassenden Einsatz von sogenannten Parametern. Mit den Input- und Outputströmen eines Stoffstromnetzes erfaßt man nämlich nicht alles, was den realen Transformationsprozeß bestimmt. Auch Bedingungen, die außerhalb des Netzansatzes liegen, die aber dennoch die Transformation weiter konkretisieren, müssen in den Spezifikationen berücksichtigt werden. Das können bei einfachen chemischen Reaktionen Temperatur und Druck sein. Sie bestimmen dann das jeweilige chemische Gleichgewicht. Auf höherer Ebene mögen dies Transportentfernungen, Auslastungen etc. sein. Diese Nebenbedingungen gehen als Parameter in den Algorithmus ein. Sie sind also Konstanten und müssen vor Anwendung des Algorithmus` bekannt sein.

Der Einsatz von Parametern ermöglicht so eine Verallgemeinerung der Spezifikation. Mit Hilfe von Parametern wie Auslastung, Transportentfernungen, Wirkungsgrad etc. werden universeller einsetzbare Module geschaffen. Diese Module werden in der verallgemeinerten Form in einer Bibliothek abgelegt und können dann in verschiedenen Kontexten eingesetzt werden.

Die Stoffstromnetze selbst können dazu herangezogen werden, die Module in erster Näherung zu erzeugen, indem man die Stoff- und Energiebilanzen auswertet. Die Untersuchung der internen Bestandsveränderungen gibt Aufschluß darüber, inwieweit die Idealisierung erlaubt ist.

Transitionsspezifikationen und Bibliothekskonzept werden bei einem elementaren Bestandteil eines Stoffstromnetzes eingesetzt, bei den Transitionen. Ein praktisches Problem wird angegangen: das der Datenerhebung. Der Datenbedarf ist ganz deutlich der schwächste Punkt der Stoffstromnetze. Darin ist aber von nun an kein unüberwindliches Hindernis mehr zu sehen. Wir bewerkstelligen es, den Datenbedarf drastisch zu reduzieren, indem wir den Transformationsprozeß an Transitionen mit Funktionen beschreiben. Andere Beiträge in diesem Band zeigen, daß die Datenverfügbarkeit für derartige Spezifikationen stetig besser wird.

Mit dem hier vorgestellten Ansatz zur Transitionsspezifikation eröffnen sich interessante Perspektiven, die sehr wertvoll für das Gesamtkonzept Stoffstromnetze sind: Wir verlassen hier nämlich die Ebene eines reinen Beschreibungsmodells, des Museumsansatzes, wie Bossel ihn nennt (vgl. Bossel, 1994). Die Probleme werden dadurch angegangen, daß man das Systemwissen steigert. Wir glauben, gerade das Wechselspiel zwischen Stoffstromnetz-Gestaltung und Transitionsspezifikation ermöglicht, hier ein Stückchen weiterzukommen. Vom Modellkonstrukteur wird erwartet, daß er Kreativität, Intuition und Fingerspitzengefühl mitbringt. Gleichzeitig wird ihm zugestanden, daß er im Modell seine Weltsicht rekonstruiert. Treffender wäre es da vielleicht, ihn einen Modellgestalter zu nennen. Und dann? Bretzke schreibt: „Der 'entscheidende' Beitrag zur Problemlösung besteht [...] nicht in der Anwendung eines Algorithmus` auf das fertige Modell, sondern in der Konstruktion des Modells" – eine sehr feine und treffende Bemerkung (vgl. Bretzke, 1980, S. 35f). Transitionsspezifikationen und Bibliothekskonzept unterstützen, so gesehen, moderne Herangehensweisen der Modellbildung, die gerade auch im Umweltbereich diskutiert und eingefordert werden. Beim betrieblichen und gesellschaftlichen Umweltschutz ist viel von betrieblichen Lernen, Rückwirkungen von Werten, Normen und Leitbildern auf die Modellbildung die Rede. Mit den Bibliotheken erhalten wir einen sehr mächtigen Weg der Rückkopplung: Die Stoff- und Energieströme eines Systems werden untersucht und verallgemeinert in einer Bibliothek abgelegt. Die Transitionsspezifikation in der Bibliothek repräsentiert dann das Umweltwissen einer zurückliegenden Studie. Das in der Spezifikation steckende Know-how kann von einer Vielzahl von Anwendern für eine Vielzahl von Anwendungsfeldern genutzt werden. Das Resultat geht also in Form eines Submodells, einer Idealisierung in andere Modelle ein. Der Zyklus der Wissensvermehrung und des Lernens ist geschlossen. Kritik und Skepsis sind durchaus erwünscht; die Kritiker sind aufgefordert, es (noch) besser zu machen. Aus der Arbeit mit Stoffstromnetzen, Transitionsspezifikationen und Umweltbibliotheken leitet sich das Wissen ab, die Sache gut zu machen.

Auswertungen

Die Modellierung der Stoff- und Energieströme und der Bestände bildet die unterste Ebene einer Stoffstromanalyse, *allerdings nicht deren allein.* Die Vertreter der Betriebswirtschaften betonen, daß diese Rechnungen als Fundament der Produktionstheorie Grundlage vieler ökonomischer Betrachtungen sein können (vgl. Pfriem, 1992, S. 154f; Zahn und Steimle 1993, S. 228f, 245f; Dyckhoff, 1992, S. 59). Dennoch ist die periodenbezogene Stoff- und Energiebilanz das wichtigste Mittel zur Präsentation der Stoffstromdaten.

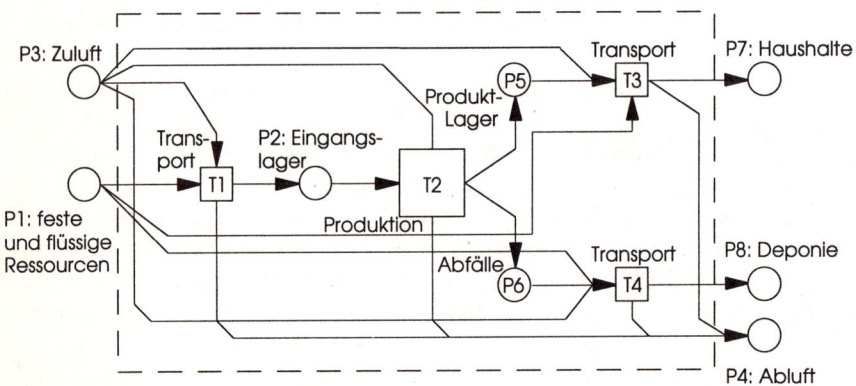

Abb. 10. Beispielnetz als Grundlage einer Stoff- und Energiebilanz

Aus der Definition der Stoff- und Energiebilanz kann nicht gefolgert werden, daß Input- und Outputseite der Bilanz massenmäßig ausgeglichen sein müssen. Genau dieses Problem hat Wagner skizziert (s.o.). Die Forderung der massenmäßigen Ausgeglichenheit gilt erst für die Transitionen der größten Verfeinerung: für diese nicht weiter unterteilten Transitionen können wir verlangen, daß Input und Output aufgrund von Gesetzen aus der Physik massenmäßig gleich sind. Wenn das nicht der Fall ist, müssen intern noch Puffer bestehen, und eine saubere Modellbildung beinhaltet, diese Puffer mit Hilfe von Stellen explizit zu machen.

Stoff- und Energiebilanz (Systemgrenze: Betrieb)					
Inputseite			**Outputseite**		
P3	Gas_2	29.069,70 kg	P7	Produkt_1	100.000,00 kg
	Sauerstoff	70.404,60 kg	P8	Abfall_1	120.000,00 kg
P1	Diesel	25.200,00 kg	P4	Abgas_2	46.511,60 kg
	Zwischen-			Kohlendioxid	77.711,60 kg
	produkt_1	300.000,00 kg		Wasser	20.800,00 kg
		424.674,30 kg			365.023,20 kg

In aller Regel werden aber nicht Transitionen auf unterster Ebene bilanziert. Gesucht ist eine Erweiterung der einfachen Stoff- und Energiebilanz, so daß die internen Bestandsänderung adäquat berücksichtigt werden kann. Die dafür notwendigen Daten liegen bei den Stoffstromnetzen bereits vor.

Stelle	Material	Anfangsbestand	Endbestand	Differenz
P2	Zwischen-produkt_1	5.670,00 kg	14.972,30 kg	9.302,30 kg
P5	Produkt_1	1.774,00 kg	26.774,00 kg	25.000,00 kg
P6	Abfall_1	2.891,10 kg	28.239,90 kg	25.348,80 kg
		10.335,10 kg	69.986,20 kg	59.651,10 kg

Stoffstromnetze enthalten nämlich nicht nur Stoffstromdaten sondern auch Beständedaten. Diese sind aufgrund der Buchungstechnik so mit den Stromdaten verknüpft, daß die Bestände an den internen Stellen direkt herangezogen werden können, den Ausgleich in der Bilanz herbeizuführen. Wir bezeichnen eine solche Bilanz als *erweiterte Stoff- und Energiebilanz*.

Den internen Input und Output kann man netto oder brutto ausweisen. Bei der Bruttobetrachtung erscheint auf der Inputseite der Anfangsbestand an den internen Stellen für den Betrachtungszeitraum, auf der Outputseite der Endbestand. Bei der Nettobetrachtung wird die Differenz aus End- und Anfangsbestand ausgewiesen. Das Vorzeichen entscheidet über die Bilanzseite.

Stoff- und Energiebilanz des Betriebes, erweitert um Anfangs- und Endbestände (brutto)						
Inputseite			**Outputseite**			
P3	Gas_2	29.069,70 kg	P7	Produkt_1		100.000,00 kg
	Sauerstoff	70.404,60 kg	P8	Abfall_1		120.000,00 kg
P1	Diesel	25.200,00 kg	P4	Abgas_2		46.511,60 kg
	Zwischen-produkt_1	300.000,00 kg		Kohlendioxid		77.711,60 kg
				Wasser		20.800,00 kg
P2	Zwischen-produkt_1	5.670,00 kg	P2	Zwischen-produkt_1		14.972,30 kg
P5	Produkt_1	1.774,00 kg	P5	Produkt_1		26.774,00 kg
P6	Abfall_1	2.891,10 kg	P6	Abfall_1		28.239,90 kg
		435.009,40 kg				435.009,40 kg

Wie auch immer man sich entscheidet: Die so entstehende erweiterte Stoff- und Energiebilanz muß nach dem Gesetz der Massenerhaltung massenmäßig ausgeglichen sein.

Stoff- und Energiebilanz des Betriebes, erweitert um Anfangs- und Endbestände (netto)					
Inputseite			**Outputseite**		
P3	Gas_2	29.069,70 kg	P7	Produkt_1	100.000,00 kg
	Sauerstoff	70.404,60 kg	P8	Abfall_1	120.000,00 kg
P1	Diesel	25.200,00 kg	P4	Abgas_2	46.511,60 kg
	Zwischen-			Kohlendioxid	77.711,60 kg
	produkt_1	300.000,00 kg		Wasser	20.800,00 kg
	Bestands-		P2	Zwischen-	
	minderungen	0,00 kg		produkt_1	9.302,30 kg
			P5	Produkt_1	25.000,00 kg
			P6	Abfall_1	25.348,80 kg
		424.674,30 kg			424.674,30 kg

Die Ausführungen zeigen, wie Datengewinnung und Datenpräsentation miteinander verschränkt sind. Stoffstromnetze erlauben es, Stoffbestände mit Stoff- und Energietransformationen zu verknüpfen. Sie liefern im Ergebnis Aussagen darüber, welche Stoffströme bei gegebenen Anfangsbeständen in einer bestimmten Betrachtungsperiode ein System durchströmen und welche Endbestände daraus resultieren. Die erweiterte Stoff- und Energiebilanz ist das wesentliche Mittel zur Darstellung der Stoffstromdaten und das auf verschiedenen Abstraktionsebenen.

Produktökobilanzen

Die Stoffstromnetze können als ein Verfahren des ökologischen Rechnungswesens bezeichnet werden. Es handelt sich im Kern um eine Periodenrechnung. Am Anfang dieses Beitrags ist angedeutet worden, daß analog dem Vorgehen bei der Kostenrechnung der Übergang zu einer produktbezogenen Rechnung möglich sein sollte.

Das große Problem der Produktbilanzierung ist, daß erstens in der Gesellschaft eine Vielzahl von Produkten hergestellt wird, daß zweitens die damit verbundenen Stoff- und Energieströme nicht völlig isoliert voneinander sind und daß drittens nicht nur Produkte hergestellt werden. Es ist typisch, daß in einem Produktionsverbund eine Mehrzahl von Produkten erzeugt werden, daß mit einem Produktionsschritt gleichzeitig mehrere Produkte entstehen (= Kuppelproduktion) und daß dabei viele verschiedene Abfälle entstehen. Es deutet sich die Dyckhoff'sche Kategorisierung nach Gütern, Übeln und Neutra an. Diese wird in einer Aufwands- und Ertragsrechnung durchgeführt. Aufwand sind eingesetzte Güter, inkl. natürlicher Ressourcen, und entstandene Übel. Der Ertrag besteht aus entstandenen Gütern und eingesetzten Übeln. Die Neutra fallen dabei aus der Betrachtung heraus. Grundlage dieser Rechnung sind die Stoff- und Energiebilanzen, gewonnen aus den Stoffstromnetzen.

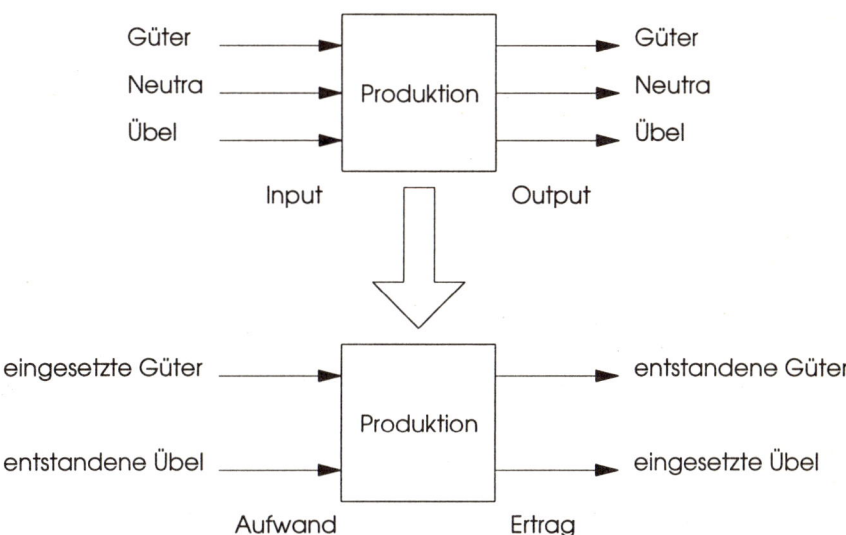

Abb. 11. Aufwands- und Ertragsrechnung als Grundlage der Produktbilanzierung

Das Zurechnungsproblem kann nun so formuliert werden: Wie sollen eingesetzte Güter und entstandene Übel auf eine Mehrzahl von entstandenen Gütern und eingesetzten Übeln verteilt werden?

Eine wichtigen Anhaltspunkt für die Zurechnung liefern die Stoff- und Energiebilanzen der Transitionen selbst. Oft wird der Aufwand nach dem relativen Gewichtsanteil auf die Erträge verrechnet. Sieht beispielsweise die Aufwands- und Ertragsrechnung einer Produktion folgendermaßen aus,

Aufwands- und Ertragsrechnung einer Produktion			
Aufwand		**Ertrag**	
Natürliche Ressourcen (Input)	50.000 kg	Endprodukte (Output)	25.000 kg
Abfälle (Output)	75.000 kg	Abfälle einer anderen Produktion (Input)	50.000 kg

dann erhalten wir ein Verhältnis 'Endprodukte' 33% zu 'Abfälle einer anderen Produktion' 67%. Somit werden 33% des Aufwands dem Endprodukt zugerechnet. Das macht 'Natürliche Ressourcen' 16.666 kg und für die 'Abfälle' 25.000 kg.

Aus diesen Daten läßt sich nun die Produktbilanz erstellen. Dies geschieht üblicherweise jedoch nicht in Form einer Aufwands- und Ertragsaufstellung, auf der Ertragsseite wäre ja auch nur das eine interessierende Produkt aufgeführt. Man erinnert sich an die Stoff- und Energieströme und verwendet das Input/Outputschema. Außerdem wird auf ein Stück des Produktes skaliert. Nehmen wir der Einfachheit halber an, daß ein Stück des Endprodukts 1 kg wiegt, dann erhalten wir die folgende Produktbilanz:

Produktbilanz 'Endprodukt'		
Input	**Output**	
Natürliche Ressourcen 0,67 kg	Endprodukte	1,00 kg
	Abfälle	1,00 kg

Die Bilanz ist nicht ausgeglichen. Der Ausgleich kann allerdings auch nicht verlangt werden, wenn man beliebige Zurechnungsfunktionen zuläßt. Diese Situation ergibt sich, weil im Beispiel Produktion und Reduktion eine Einheit bilden. Häufig ist heute noch die alleinige Produktion und die alleinige Reduktion. Wird in einer reinen Produktion nach relativen Gewichtsanteilen verrechnet, müssen die Produktbilanzen ausgeglichen sein. Dies ist heute oft anzutreffen, bleibt allerdings ein Spezialfall.

Die Skalierung nach dem relativen Gewichtsanteil ist zudem nur dann sinnvoll möglich, wenn auf der Ertragsseite alle Einträge in der gleichen physikalischen Einheit ausgewiesen sind. Wie, beispielsweise, sieht es bei einer Müllverbrennungsanlage aus, bei der neben elektrischem Strom mit Hilfe von Metallabscheidern auch wertvolle Metalle gewonnen werden?

Die Zurechnung nach Gewichtsanteil ist, wenn möglich, sicher der erste und in den meisten Fällen akzeptable Schritt der Zurechnung. Sie kann automatisch aus den Stoff- und Energiebilanzen der Transitionen gewonnen werden.

Die Zurechnung für eine Produktionsstufe ist nur ein Schritt der Produktbilanzierung von der Wiege bis zur Bahre. Auf der Grundlage der Stoffstromnetze, sie liefern die Informationen über die Wege der Stoffströme, können die einzelnen Produktionsstufen miteinander verknüpft werden. Ein Beispiel:

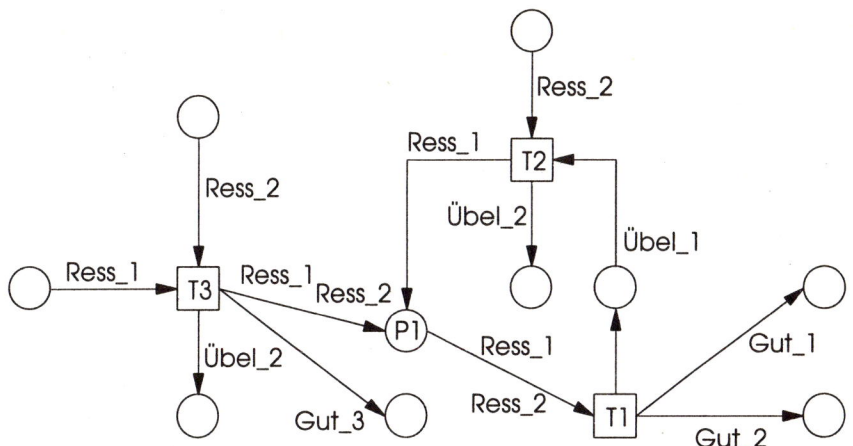

Abb. 12. Stoffstromnetz eines Produktionsverbundes, der drei Produkte erzeugt

In der graphischen Darstellung stehen neben den Kanten die Stoffe, die dort fließen. Die Stoffe Ress_1, Ress_2, Gut_1, Gut_2, Gut_3 sind Güter, die Stoffe Übel_1 und Übel_2 sind Übel. Aus dem Netz läßt sich nun ein Aufwands- und Ertragsgraph gewinnen, einmal dargestellt mit den Stoffen, einmal in Vorbereitung auf die folgenden Rechnungen versehen mit Indizes:

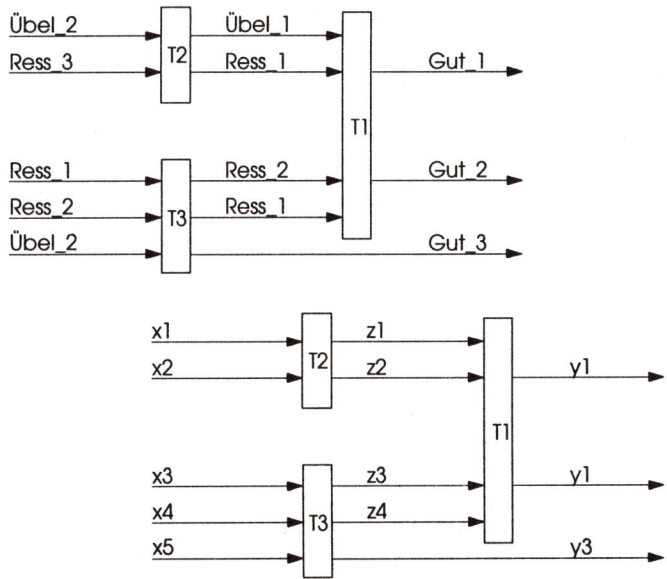

Abb. 13. Aufwands- und Ertragsgraphen des Produktionsverbundes

Führt man Konstanten als Gewichtungsfaktoren wie oben beschrieben ein, also beispielsweise $t1_{1.1}$=(Übel_1,Gut_1) an T1, $t1_{1.2}$=(Übel_1,Gut_2) an T1, erhält man für jede Transition eine Matrix, die Auskunft gibt über die Zurechnung. Vor der Formulierung von Gleichungen ist dann noch zu beachten, daß T1 die Ressource Ress_1 von zwei verschiedenen Transitionen bezieht. Über das Verhältnis gibt das Stoffstromnetz Auskunft. Sei a1 der Stoffstrom von Ress_1 zwischen T2 und P1 und a2 der Stoffstrom von Ress_1 zwischen T3 und P1. Dann bestimmt sich der dem Gut_1 zuzurechnende Aufwand nach den folgenden Gleichungen:

$$y1 = t1_{1.1}*z1 + t1_{2.1}*a1/(a1+a2)*z2 + t1_{3.1}*z3 + t1_{2.1}*a2/(a1+a2)*z4$$
$$z1 = t2_{1.1}*x1 + t2_{2.1}*x2$$
$$z2 = t2_{1.2}*x1 + t2_{2.2}*x2$$
$$z3 = t3_{1.1}*x3 + t3_{2.1}*x4 + t3_{3.1}*x5$$
$$z4 = t3_{1.2}*x3 + t3_{2.2}*x4 + t3_{3.2}*x5.$$

Mit anderen Worten: Man hat ein lineares Gleichungssystem zu lösen, was in diesem Fall kein Problem ist. Ist das Gleichungssystem gelöst, sind die Einträge der einzelnen Produktbilanzen bestimmt.

Bisweilen lösen Aktivitäten Stoff- und Energieströme aus, die Serviceleistungen für andere sind. Innerhalb eines Betriebes mögen das die Verwaltung, ein Lager oder ein zentraler Reparaturdienst sein. Diese erbringen Leistungen für die verschiedenen Produktionsprozesse. Solche Servicestellen werden in der Kostenrechnung Nebenkostenstellen genannt. Analog der Kostenrechnung müssen die ausgelösten Aufwendungen auf die Produktionsprozesse umgelegt werden. Neu gegenüber den Zurechnungen oben ist, daß man es nicht mit einer Kuppelproduktion zu tun hat. Das erschwert, einen Zurechnungsschlüssel festzulegen. Neu ist aber auch, daß es nicht unbedingt einen Stoff- und Energieaustausch zwischen den Servicestellen und den Produktionsprozessen gibt. Bei der Verwaltung ist das oft der Fall. Die Erträge der Verwaltung haben keine stoffliche Basis, zumindest können sie nicht danach gemessen werden. Es fließen lediglich Informationen. Um trotzdem zurechnen zu können, müssen diese besonderen Erträge der Servicestellen und ihre Verteilung auf die Produktionsprozesse ergänzt werden.

Diese Skizze zeigt, daß man ausgehend von den Stoffstromnetzen auch zu Produktbilanzen kommen kann. Mit anderen Worten: analog zum Vorgehen in der Kostenrechnung sind nach den Periodenrechnungen letztlich auch Stückrechnungen möglich.

Der letzte Schritt wird dann drastisch vereinfacht, wenn sich das gesamte Stoffstromnetz bereits auf die Produktion eines einzelnen Stoffes bezieht und wenn es keine relevanten internen Bestandsveränderungen gibt. Dann muß nämlich die normale periodenbezogene Stoff- und Energiebilanz nur noch auf eine Einheit des Produktes skaliert werden. Dies bedeutet allerdings oft, daß man bereits bei den Transitionsspezifikationen Zurechnungen vorgenommen hat, um nicht interessierende Erträge gänzlich aus dem Netz herauszuhalten. Dieses Vorgehen mag akzeptabel sein, die Zurechnungen in den Spezifikationen müssen allerdings explizit gemacht werden. Immerhin ist es so möglich, mit den Stoffstromnetzen auch direkt Stückrechnungen durchzuführen.

Schluß

Die Ausführungen dieses theoretischen Teils könnten den Eindruck erweckt haben, die Stoffstromnetze seien furchtbar kompliziert, ein nettes theoretisches Gedankenspiel ohne jede Praxisrelevanz. Dem ist nicht so. Schon von der Grundidee her trägt der Netzansatz praktischen Gesichtspunkten erheblich mehr Rechnung als viele andere Theorien. Petri selbst läßt keinen Zweifel aufkommen: „Net theory has incorporated a touch of Pragmatics from its very beginning: it demands respect for e.g.
- limitation of all resources
- inherent imprecision of measurement
- partial independence of actions and decisions
- existence of illusions ('discrete' and 'continuous' models)

as the core of its 'pragmatic' attitude" (Petri und Smith, 1987). Die Liste läßt ahnen, daß pragmatisch nicht mit einfach, naiv oder simpel verwechselt werden darf. Es kommt nicht darauf an, wie einfach ein Konzept ist sondern ob es der zugrundeliegenden Problemstellung angemessen ist. Erst wenn diese Frage geklärt ist, kann überlegt werden, wie der Arbeitsaufwand bei der Modellierung und Auswertung in vernünftigen Grenzen zu halten ist.

Allerdings ganz so nachrangig ist die Frage der praktischen Modellierung auch wieder nicht. „Gutbewährte Theorien sind eine große Hilfe bei der Modellkonstruktion" (Dyckhoff, 1994, S. 40), eine große Hilfe jedoch nicht nur bei der konkreten Gestaltung der Modelle selbst, sondern auch bei der Entwicklung von softwaretechnischen Hilfsmitteln. Jetzt wird klar, warum auch diese methodischen Überlegungen für ein ökologisches Rechnungswesen ihre Berechtigung haben: um den Weg zu einer effizienten Rechnerunterstützung zu weisen. Der folgende Beitrag wird darauf eingehen.

Literatur

Baumgarten, B. (1990): Petri-Netze. Mannheim, Wien, Zürich

Bossel, H. (1994): Umweltproblematik und Informationsverarbeitung. In: Page, B. und Hilty, L.M.: Umweltinformatik. München, Wien

Bretzke, W.-R. (1980): Der Problembezug von Entscheidungsmodellen. Tübingen

Dyckhoff, H. (1994): Betriebliche Produktion. 2. Auflage, Berlin, Heidelberg, New York

Dyckhoff, H. (1992): Organisatorische Integration des Umweltschutzes in die Betriebswirtschaftstheorie. In: Seidel, E. (Hrsg.): Betrieblicher Umweltschutz. Wiesbaden

Enquête-Kommission „Schutz des Menschen und der Umwelt" (Hrsg.) (1994): Die Industriegesellschaft gestalten. Bonn

Hauff, V. (Hrsg.) (1987): Unsere gemeinsame Zukunft. Greven

Horowitz E. (1983): Fundamentals of Programming Languages. Berlin, Heidelberg, New York

Hummel, S. und Männel, W. (1986): Kostenrechnung 1, 4. Auflage, Wiesbaden

Jessen, E. und Valk, R. (1987): Rechensysteme. Berlin, Heidelberg, New York

Petri, C. A. und Smith, E. (1987): The Pragmatic Dimension of Net Theory. In: Proceedings of the Eight European Workshop on Application and Theory of Petri-Nets, Universidad de Zaragoza

Pfriem, R. (1987): Zur Integration ökologischer Belange in die Betriebswirtschaftstheorie. In: Hauff, M. von und Schmidt, U. (Hrsg.): Ökonomie und Ökologie. Stuttgart

Rausch, L., Simon, K.-H. und Fritsche, U. (1993): GEMIS-2.0: Objektorientierte Energie-, und Materialfluß-Bilanzierung zur Berechnung von Umweltbeeinträchtigungen. In: Jaeschke, A. et al. (Hrsg.): Informatik für den Umweltschutz. Symposium, Ulm, 31.3.-2.4.1993, Berlin, Heidelberg, New York

Reisig, W. (1987): Petri Nets in Software Engineering. In: Brauer, W., Reisig, W. und Rozenberg, G. (Hrsg.): Petri Nets – Central Models and their Properties, Advances in Petri Nets. Part II, Berlin, Heidelberg, New York

Reisig, W. (1982): Petrinetze. Berlin, Heidelberg, New York

Wagner, B. (1992): Vom Öko-Audit zur betrieblichen Öko-Bilanz. In: Lehmann, S. und Clausen, J. (Hrsg.): Umweltberichterstattung von Unternehmen. Schriftenreihe des IÖW 57/92, Berlin

Zahn, E. und Steimle, V. (1993): Umweltinformationssysteme und umweltbezogene Strategieunterstützungssysteme. In: Wagner, G. R. (Hrsg.): Betriebswirtschaft und Umweltschutz, Stuttgart

Die Bilanzierungssoftware Umberto und mögliche Einsatzgebiete

Andreas Häuslein, Jan Hedemann, Hamburg

1   Vom Stoff- und Energiestromsystem zur Ökobilanz

Die Wechselwirkungen eines Unternehmens mit der Umwelt bestehen im Kern aus den stofflichen und energetischen Strömen, die durch seine Aktivitäten ausgelöst werden. Wenn es gelingt, diese Ströme durch Stoffstromanalysen zu erfassen und auszuwerten, ist eine wesentliche Informationsgrundlage für das Umweltmanagement des Unternehmens geschaffen.

Die Stoff- und Energiestromsysteme, die im Rahmen des Umweltmanagements zu untersuchen und zu bilanzieren sind, entziehen sich in den meisten Fällen aufgrund ihrer Komplexität einer direkten Untersuchung. Ein grundlegender Ansatz, komplexe Systeme einer Untersuchung zugänglich zu machen, ist die *Modellbildung*. Die Eigenschaften des zu untersuchenden Stoff- und Energiestromsystems, die im Rahmen der jeweiligen Problemstellung relevant sind, werden in einem Modell abgebildet, das anstelle des realen Systems analysiert wird.

Die Modellbildung mit angemessenen Methoden und entsprechender Software zu unterstützen, ist eine wesentliche Herausforderung für die Informatik. Ein leistungsfähiger methodischer Ansatz zur Modellierung ist die Petri-Netztheorie. Dieser Ansatz bildet auch die Basis für die Abbildung von Stoff- und Energiestromsystemen in abstrakte netzartige Strukturen, die sogenannten *Stoffstromnetze*[1]. Ein Stoffstromnetz gibt die beteiligten Komponenten und ihre Verknüpfungen unmittelbar wieder (vgl. Beitrag von Möller u. Rolf in diesem Band und Möller, 1995). Da die modellierten Systeme sowohl Produktionsstätten beliebiger Ausmaße, aber auch Stationen auf dem Lebensweg von Produkten sein können, sind Stoffstromnetze sowohl bei der Erstellung von Betriebsbilanzen als auch für Produktbilanzen (LCAs) eine geeignete Modellierungsmethodik.

In Stoffstromnetzen werden weitere Angaben, die über die Strukturinformationen hinausgehen, den einzelnen Elementen des Netzes zugeordnet. Diese An-

---

[1] In diesen Netzen werden Stoffe und Energie nach einem gemeinsamen Konzept behandelt. Trotz der gleichberechtigten Berücksichtigung von Energie ist die Bezeichnung "Stoffstromnetz" gebräuchlich (Möller, 1994a).

Mario Schmidt, Achim Schorb (Hrsg.)
Stoffstromanalysen in Ökobilanzen und
Öko-Audits
© Springer-Verlag Berlin Heidelberg 1995

gaben spezifizieren Eigenschaften der Elemente, die u.a. zur Berechnung von unbekannten Werten (Stoff- und Energieströme, Materialbestände) im Netz verwendet werden können.

Wenn Stoffstromnetze zur Erstellung von Ökobilanzen eingesetzt werden, sind die vier Stufen: Zieldefinition, Sachbilanz, Wirkungsbilanz und Bewertung, die bei der Bilanzierung im allgemeinen unterschieden werden (vgl. Umweltbundesamt 1992 und andere Beiträge in diesem Band), in unterschiedlicher Weise betroffen.

Die Zieldefinition hat mit ihren Vorgaben entscheidenden Einfluß auf den Detaillierungsgrad und die Bilanzgrenzen des Stoffstromnetzes, ebenso auf die Auswahl der zu berücksichtigenden Materialien.

Stoffstromnetze decken im wesentlichen die Anforderungen von Sachbilanzen ab. Für vollständige Netze oder Netzausschnitte liefern sie die Werte der Input- und Output-Mengen, die als Bilanz zusammengestellt werden. Stoffstromnetze erfüllen auch die Forderung nach Transparenz und Disaggregation der Daten auf Sachbilanzebene, indem sie einen direkten Zugriff auf die einzelnen Werte der Stoff- und Energieströme gestatten.

Schon auf der Sachbilanzebene lassen sich in Stoffstromnetzen verschiedene Auswertungen vornehmen, ohne dabei auf die Bewertungsebene überzugehen. Beispielsweise können Emissionen den Entstehungsorten zugeordnet werden, unerwünschte Bestände werden erkennbar oder Diskrepanzen beim Massenausgleich in Prozessen lassen sich aufdecken.

Die Stoffstromnetze liefern darüber hinaus die entscheidenden Sachgrößen, die für eine Wirkungsbilanzierung und abschließende Bewertung erforderlich sind. Dafür ist jedoch eine nachgeschaltete methodische Ebene erforderlich, die auf den disaggregierten Stoff- und Energiestromdaten aufsetzt.

2　Anforderungen an Softwareunterstützung

Der Umfang und die Komplexität der Informationen, die zur Erstellung von Ökobilanzen erfaßt, verarbeitet und ausgewertet werden müssen, machen eine Unterstützung durch Software, die speziell auf diesen Anwendungsbereich ausgerichtet ist, unverzichtbar. Aus den Erfahrungen bei der praktischen Durchführung umfangreicher Bilanzierungen ergeben sich die folgenden allgemeinen Anforderungen an Ökobilanz-Software, wobei zwischen eher methodisch/ inhaltlich orientierten und softwaretechnischen Anforderungen unterschieden wird (vgl. Schmidt et al., 1994a):

Methodisch/inhaltlich orientierte Anforderungen:

- Die Software muß die direkte Erfassung und Wiedergabe der Struktur von Stoffstromsystemen ermöglichen. Die Systemstruktur sollte als Diagramm angezeigt und direkt manipuliert werden können.
- Die Verknüpfung von unternehmensspezifischen Daten mit generalisierten Datensätzen innerhalb eines Stoffstromsystems muß möglich sein. Dies ist insbesondere zur Einbeziehung von Vor- und Nachketten erforderlich.
- Durch die Wiederverwendbarkeit von Daten soll der Aufwand der Ökobilanzerstellung reduziert werden (z.b. bei regelmäßigen Fortschreibungen der Bilanzierung).
- Die Berechnungs- und Auswertungsverfahren sollten sich an der Semantik der modellierten Zusammenhänge orientieren und – falls gewünscht – die Einhaltung von inhaltlichen Restriktionen durch Konsistenzprüfungen sicherstellen (z.b. die Invarianz der Gesamtheit der Energie- und Massenströme).
- Über die eigentlichen Struktur- und Prozeßinformationen hinaus muß die Software die Erfassung von dokumentierenden Informationen erlauben, die beispielsweise über die getroffenen Annahmen und Vereinfachungen Auskunft geben.
- Die Modellierung und Berechnung dynamischer zeitabhängiger Prozesse sollte möglich sein.
- Die Software soll eine klare Trennung der Sach- von der Bewertungsebene gewährleisten und zwischen beiden Ebenen einen definierten Übergang bieten.
- Die Strukturierung der Stoff- und Energiedaten (z.b. in Kontenrahmen) soll möglich sein.

Softwaretechnisch orientierte Anforderungen:

- Die Software sollte geeignete Verfahren zur Bewältigung der hohen Komplexität bei der Modellierung und Bilanzierung bereitstellen.
- Flexibilität ist eine entscheidende Eigenschaft der Software, um beispielsweise die nachträgliche Modifikation der Netzstruktur oder die Änderung von Bilanzgrenzen zu ermöglichen.
- Die Bearbeitung von großen Systemen mit Hunderten von Prozessen, Stoffen und Energieformen sowie relevanten Parametern muß möglich sein.
- Die Software muß durch geeignete Selektionsverfahren die Fokussierung der Betrachtung auf eine Auswahl von relevanten Parametern unterstützen.
- Für die Bewertungsebene sollten austauschbare Bewertungssysteme auf die Daten der Sachbilanz anwendbar sein.
- Bewertungssysteme müssen transparent und nachvollziehbar sein; sie sollen wiederverwendbar abgelegt werden können.
- Ein flexibler Austausch von Daten über Import- und Export-Schnittstellen ist erforderlich.

- Die Benutzeroberfläche sollte grafisch und interaktiv sowie an den Aufgabenbereich der Bilanzerstellung angepaßt sein. Sie muß insbesondere den Anforderungen von gelegentlichen Benutzern entsprechen.

Diese Liste von Anforderungen, die sich bei einer detaillierteren Betrachtung wesentlich verlängert, macht deutlich, daß Standardsoftware keine adäquate Unterstützung bei größeren Bilanzierungsvorhaben bieten kann. Notwendig ist die Entwicklung spezieller Bilanzierungssoftware, die von vornherein an den genannten Anforderungen ausgerichtet ist.

3   Die Bilanzierungssoftware Umberto®

Der konkrete Bedarf an spezieller Software zur Unterstützung der Ökobilanzerstellung war der Ausgangspunkt für die Entwicklung einer Methodik zur Modellierung von Stoff- und Energiestromsystemen und der darauf basierenden Software Umberto[2]. Umberto wurde in einer Kooperation zwischen dem ifu Institut für Umweltinformatik Hamburg GmbH und dem ifeu-Institut für Energie- und Umweltforschung Heidelberg GmbH entwickelt.

Den im vorigen Abschnitt dargestellten Anforderungen, die sich aus der Praxis der Ökobilanzierung ergeben, wird Umberto mit Hilfe einer soliden theoretischen Fundierung und der daraus resultierenden Flexibiltät sowie der benutzerfreundlichen, komfortablen Umsetzung in die Software weitgehend gerecht.

3.1   Methodische Grundlagen und inhaltliche Konzepte des Programms Umberto

Umberto basiert auf dem Konzept der *Stoffstromnetze*, wie sie im Beitrag von Möller und Rolf in diesem Band beschrieben werden. Die Petri-Netztheorie bildet das formale Rückgrat von Umberto, ohne daß sich der Benutzer mit den Inhalten der Theorie direkt auseinandersetzen müßte. Die Nutzung dieses theoretischen Ansatzes bringt zahlreiche Vorteile mit sich. Sie gewährleistet beispielsweise eine methodisch saubere Modellierung der Stoff- und Energieströme, bei der konsequent zwischen Umwandlungsprozessen (als Transitionen bezeichnet) sowie Stoff- und Energielagern (den sogenannten Stellen) unterschieden wird. Des weiteren stellt sie eindeutige Schnittstellen zwischen Prozessen des betrachteten Systems und zur Umgebung sicher. Für die Abarbeitung von Berechnungsvorgängen lassen sich leistungsfähige und flexible Verfahren aus der Netztheorie ableiten.

---

[2] Umberto® wurde 1994 noch unter dem Namen EcoNet eingeführt.

Um die Komplexität, die sich mit der Erstellung von Ökobilanzen verbindet, handhabbar zu machen, wurden bei der Konzeption des Programms allgemeine Prinzipien zugrunde gelegt, die sich in der Informatik in anderen Zusammenhängen zur Reduzierung von Komplexität bewährt haben. An verschiedenen Stellen des Programms kommen Prinzipien der Modularisierung, Hierarchisierung, Aggregation, Selektion und Visualisierung zur Anwendung. Ein Beispiel ist die grafische Darstellung der Netzstruktur, die auch bei komplexen strukturellen Zusammenhängen ein hohes Maß an Übersichtlichkeit gewährleistet.

In Umberto werden Stoffe und Energieformen unter dem Begriff *Material* zusammengefaßt. Alle Materialien, die in einem Bilanzierungsvorhaben auftreten, werden zentral in einer Materialliste geführt. Ein Beispiel für eine Hierarchisierung ist die Möglichkeit zur Festlegung von Materialgruppen in der Materialliste, in denen Stoffe und Energieformen sowie andere Materialgruppen zusammengefaßt werden können. Auf diese Weise läßt sich die Materialliste hierarchisch strukturieren (zum Beispiel in Form eines Kontenplans). Diese Strukturierung kann in die resultierenden Bilanzen übernommen werden und trägt zu deren Übersichtlichkeit bei.

Die zusätzlichen Angaben zur weiteren Spezifikation der Netzelemente sind in Abhängigkeit vom Typ der Elemente unterschiedlicher Art. Für Stellen, die Lager darstellen, sind Anfangsbestände von Materialien anzugeben, sofern die Bestände größer Null sind. Für Verbindungen können die Mengen der dort fließenden Materialien angegeben werden.

Die Transitionsspezifikationen beinhalten Angaben zur Art der Materialien, die als Input bzw. Output eines Prozesses auftreten, sowie Angaben zu den Mengenverhältnissen zwischen den einzelnen Strömen, die durch diesen Prozeß verursacht werden. Die Mengenverhältnisse werden als Verhältniszahlen oder in Form von mathematischen Funktionen beschrieben. Die Transitionsspezifikationen können ebenso wie Bewertungssysteme (s.u.) in einer Bibliothek gespeichert werden und damit in beliebigen anderen Projekten wiederverwendet werden. Eine Weitergabe dieser erarbeiteten Informationen an andere Umberto-Nutzer ist mit Hilfe entsprechender Import- und Export-Funktionen möglich.

Alle Mengenangaben zu Materialbeständen oder -strömen werden intern in den Basiseinheiten kg und kJ geführt und verrechnet. Zu jedem Material können jedoch von den Basiseinheiten ausgehend beliebige spezifische Maßeinheiten mit den notwendigen Umrechnungsfunktionen definiert werden. Diese Einheiten sind bei der Eingabe und der Anzeige von Werten in Verbindung mit dem jeweiligen Material nutzbar.

Das Programm Umberto beinhaltet ein Berechnungsverfahren, das die vom Benutzer vorgegebenen Spezifikationen auswertet und versucht, noch unbekannte Werte von Materialströmen und -beständen daraus zu errechnen.

Die Konzeption von Umberto gewährleistet eine klare Trennung von Sachebene und Wirkungs-/Bewertungsebene. Dazu beinhaltet Umberto eine gesonderte Auswertungskomponente. In dieser Auswertungskomponente können Kennzahlendefinitionen erstellt werden, die ausgehend von den Daten der Sachebene zusätzliche Werte (Kennzahlen) errechnen und auf diese Weise die Sachdaten hinsichtlich ihrer Wirkungen und Relevanz auswerten und aggregieren. Die einzelnen Kennzahlendefinitionen können zu Kennzahlensystemen verbunden werden, in denen eine Vielzahl von miteinander verknüpften Kennzahlendefinitionen ein vollständiges Bewertungsverfahren realisieren. Die Ergebnisse der Anwendung von Kennzahlensystemen auf Sachdaten können in numerischer Form oder als Präsentationsgrafiken ausgegeben werden.

Der gesamte Datenbestand im Programm Umberto ist in Projekte, Szenarien und Perioden strukturiert. Diese Strukturierung ist auch für die Datenerfassung und -auswertung maßgeblich. Ein Projekt umfaßt dabei alle Informationen, die für eine thematisch abgegrenzte Energie- und Stoffstromanalyse notwendig sind. Es beinhaltet eine Materialliste und beliebig viele Szenarien. Jedes Szenario enthält genau ein Stoffstromnetz und alle zeitunabhängigen Daten (z.B. die Angaben zu Stromverhältnissen in den Prozessen) sowie eine beliebige Zahl von Perioden. Einer Periode wiederum sind alle zeitabhängigen Daten zugeordnet, die sich auf den Zeitraum der Periode beziehen (z. B. Ströme und Bestände).

3.2   Softwaretechnische Konzepte von Umberto

Das Programm Umberto basiert aus softwaretechnischer Sicht auf einem Datenbanksystem, das die Datenhaltung auf der untersten Ebene übernimmt. Das Datenbanksystem ist jedoch vollständig in das Gesamtsystem integriert und aus Benutzersicht nicht als Programmkomponente erkennbar.

Umberto ist als interaktives Programm mit einer grafischen Benutzeroberfläche konzipiert. Es läuft unter Microsoft Windows und orientiert sich hinsichtlich der Gestaltung der Benutzeroberfläche und die Art der Bedienung an den gängigen Standards von Windows-Anwendungen. Dieser Standard und die eingängige, weitgehend intuitiv erschließbare Gestaltung der Oberflächenelemente erleichtern dem gelegentlichen Benutzer den Zugang zu den Programmfunktionen.

Umberto unterstützt die interaktive, grafische Modellierung der zu untersuchenden Systeme. Die Stoffstromnetze können vom Benutzer mit Hilfe eines komfortablen Editors direkt am Bildschirm als Diagramm aufgebaut werden. Die einzelnen Symbole bieten durch einheitliche Zugriffsfunktionen den Zugang zur darunterliegenden Spezifikationsebene. In übersichtlichen Dialogfenstern können zu einem Symbol entweder neue Spezifikationen eingegeben oder vorhandene angezeigt werden.

Die Bilanzen, deren Bilanzraum interaktiv wählbar ist, werden in einem gesonderten Fenster angezeigt. Die in ihnen enthaltenen Daten können zur Weiterverarbeitung außerhalb von Umberto exportiert werden. Eine Import-Schnittstelle gestattet es, Daten, die bereits außerhalb von Umberto vorliegen, in den Datenbestand aufzunehmen und zur Spezifikation von Prozessen zu verwenden.

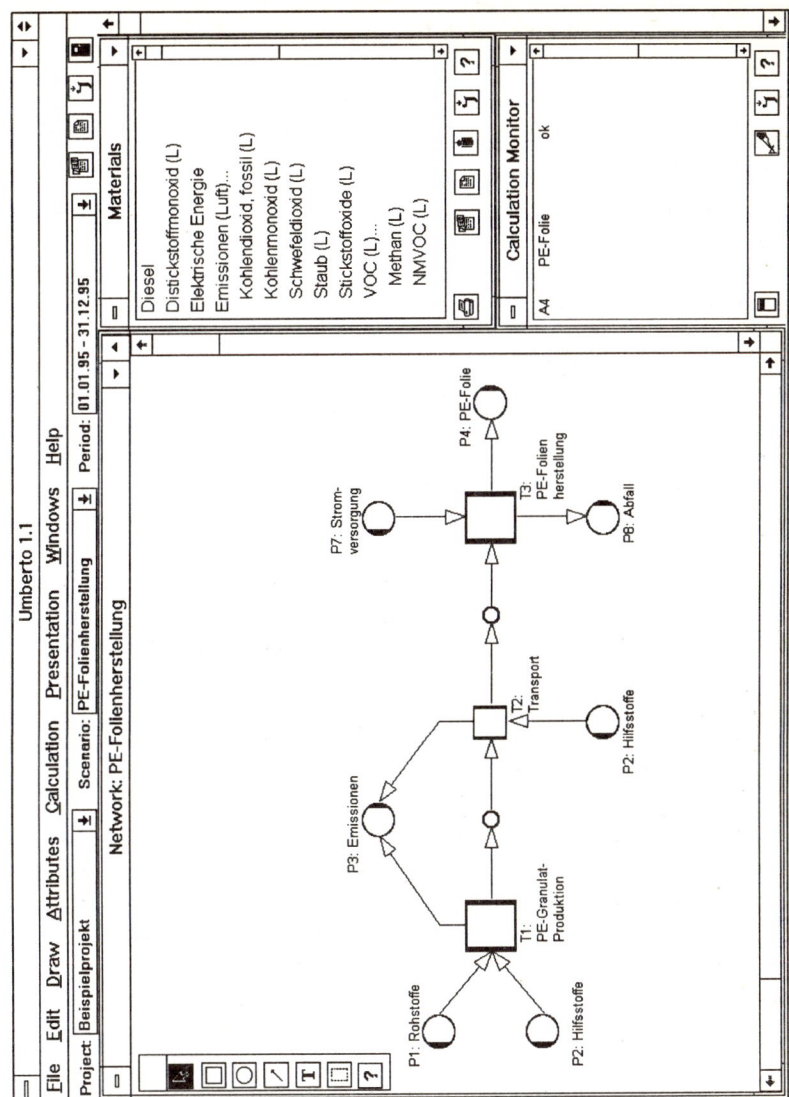

Abb. 1. Benutzeroberfläche des Programms Umberto mit einfachem Netzbeispiel

Umberto beinhaltet ein kontextsensitives Hilfesystem, das abhängig von der jeweiligen Bearbeitungssituation und dem Programmzustand ausführliche Erläuterungen zu allen Programmfunktionen anbietet.

Im folgenden Abschnitt werden Eigenschaften, die die Software Umberto besonders auszeichnen, aus der Sicht des Benutzers erläutert. Ein Schwerpunkt der Darstellung liegt dabei auf den Einsatzmöglichkeiten, die aus diesen Eigenschaften resultieren.

4   Einsatzmöglichkeiten des Programms Umberto

Bei der Beurteilung der Einsatzmöglichkeiten eines Programms stellen sich zwei generelle Fragen:

1. Welches inhaltliche Aufgabenspektrum kann der Benutzer mit dem Programm bearbeiten?
2. Welche Unterstützung bietet das Programm dem Benutzer über unverzichtbare Grundfunktionen hinaus?

Die Antworten auf diese Fragen werden im wesentlichen dadurch geprägt, in welchem Maß das Programm die Merkmale Anwendungsflexibilität und Benutzerkomfort aufweist. Bei der Konzeption des Programms Umberto wurde angestrebt, diese Eigenschaften zu vereinigen, obwohl bei der Software-Entwicklung zwischen ihnen ein potentieller Konflikt besteht. Große Flexibilität eines Programms wird häufig mit einem Verzicht auf Benutzerkomfort erkauft und umgekehrt.

Unter *Anwendungflexibilität* eines Programms werden einerseits die Möglichkeiten gefaßt, die das Programm dem Benutzer bietet, die Reihenfolge der Arbeitsschritte selbst zu bestimmen. Andererseits bezieht sich die Flexibilität auf die Breite des Spektrums von inhaltlichen Fragestellungen, die mit dem Programm bearbeitet werden können.

Der *Benutzerkomfort* eines Programms ergibt sich durch Funktionen, die über die unverzichtbare Grundfunktionalität hinaus Aufgaben übernehmen, die ansonsten der Benutzer außerhalb des Programms selbst bearbeiten müßte.

Zwischen der Flexibilität und dem Benutzerkomfort von Programmen bestehen Überschneidungen, die eine eindeutige Zuordnung von Programmerkmalen zu einer der beiden Kategorien erschweren. Die strikte Trennung der Eigenschaften Flexibilität und Benutzerkomfort, die in der folgenden Darstellung vorgenommen wird, ist eine Vereinfachung zur Hervorhebung der wesentlichen Aspekte.

4.1   Anwendungsflexibilität durch frei gestaltbaren Arbeitsablauf

Bei der Erstellung von Ökobilanzen mit Umberto wird der Arbeitsablauf durch die folgenden Aufgabenbereiche geprägt:

- Modellierung der Systemstruktur als Stoffstromnetz
- Spezifikation der Netzelemente durch Eingabe von Daten und Funktionen
- Berechnung unbekannter Stoff- und Energiedaten im Stoffstromnetz
- Ausgabe von Ergebnisdaten in Form von Bilanzen und Einzelwerten

Diese Tätigkeiten sind beim Einsatz von Umberto nicht als eine starre Folge von Arbeitsphasen zu betrachten, sondern der Benutzer kann den Arbeitsablauf mit großer Flexibilität selbst bestimmen. Er hat die Möglichkeit, zu beliebigen Zeitpunkten und beliebig häufig zwischen den Aufgabenbereichen zu wechseln. Dies erlaubt ihm, den Aufbau des Stoffstromnetzes seinem Kenntnisstand und der Datenverfügbarkeit entsprechend vorzunehmen.

Umberto unterstützt damit eine *inkrementelle Modellerstellung*, bei der der Umfang und der Detaillierungsgrad des Stoffstromnetzes und der Spezifikationen schrittweise erhöht werden. In einem Untersuchungszyklus entstehen zunächst einfache Modellprototypen. Diese können durch Ergänzungen der existierenden Netze mit geringem Aufwand in mehreren Schritten zur vollständigen Endversion eines Stoffstromnetzes weiterentwickelt werden.

Aufgrund dieser Möglichkeiten kann Umberto auch bei Fragestellungen eingesetzt werden, bei denen zu Beginn der Untersuchung noch lückenhafte und ungenaue Kenntnisse über das zu untersuchende System vorliegen und eine explorative Arbeitsweise erforderlich ist.

4.2   Anwendungsflexibilität durch breites Einsatzspektrum

Im folgenden wird eine Reihe von Programmeigenschaften vorgestellt, die einen Beitrag zur Breite des Einsatzspektrums von Umberto leisten.

Keine inhaltlichen Einschränkungen der Einsatzmöglichkeiten

Es war eines der vorrangigen Entwicklungsziele von Umberto, Einschränkungen hinsichtlich des inhaltlichen Anwendungsbereiches so weit wie möglich zu vermeiden. Erreicht wurde dieses Ziel, indem zunächst eine umfassende und generell anwendbare Methodik zur Modellierung und Untersuchung von Stoff- und Energiestromsystemen entwickelt wurde (vgl. Beitrag von Möller und Rolf in diesem Buch).

Die Funktionen des Programms und seine Struktur werden ausschließlich von den Anforderungen dieser allgemeinen Methodik bestimmt. Alle anwendungsspezifischen Aspekte werden durch den Datenbestand abgedeckt, auf dem das Programm arbeitet. Es besteht eine klare Trennung zwischen dem anwendungsunabhängigen Programm und dem anwendungsbezogenen Datenbestand. Das Programm Umberto ist damit prinzipiell für alle Fragestellungen einsetzbar, bei denen es um die Erfassung, Modellierung und Auswertung von Stoff- und Energieströmen geht.

Diese inhaltliche Flexibilität ist beispielsweise für den Einsatz des Programms bei Consultings unverzichtbar, da Consultings typischerweise in völlig unterschiedlichen Anwendungsbereichen Bilanzen erstellen müssen.

Einsatz zur Erstellung von Produkt- und Betriebsbilanzen

Die Allgemeinheit der Methodik, die dem Programm Umberto zugrunde liegt, macht es für Produkt- und für Betriebsbilanzen gleichermaßen einsetzbar. Die einheitliche Methodik schafft die Voraussetzung dafür, daß die einmal erhobenen

Daten bei der jeweils anderen Bilanzierungsform wiederverwendet werden können. Die notwendigen Änderungen an den Stoffstromnetzen bleiben auf ein Minimum beschränkt.

Damit ist der Einsatz von Umberto gerade für die Betriebe interessant, die sowohl einzelne Produkte bilanzieren als auch Bilanzen für den gesamten Betrieb erstellen wollen.

Einsatz unabhängig vom Detaillierungsgrad der Untersuchung

Das Programm macht keine Vorgaben hinsichtlich des Detaillierungsgrades, mit dem ein untersuchtes System abgebildet werden muß. Es können auch Systeme untersucht werden, zu denen bisher keine detaillierten Angaben/Daten vorliegen. Häufig besteht für einige Systemausschnitte eine gute Datenlage, während für andere Teile nur aggregierte oder ungenaue Angaben vorliegen. Die Zusammenführung unterschiedlicher Detaillierungsgrade in einem Stoffstromnetz ist mit Umberto ebenfalls kein Problem.

Ein Beispiel für die Freiheiten bezüglich des Detaillierungsgrades ergibt sich aus den Möglichkeiten, Transportvorgänge im Stoffstromnetz abzubilden. Wenn ein Transportvorgang für die Bilanzierung als wesentlich betrachtet wird, kann er als ein eigenständiger Prozeß im Stoffstromnetz berücksichtigt werden. Soll ein Transport jedoch nicht explizit ausgewiesen werden, wird er als Bestandteil des Prozesses, den er mit Material versorgt, modelliert. Wird der Transportvorgang als nicht relevant betrachtet, kann er auch völlig vernachlässigt werden, und die Prozesse werden ohne zwischengeschalteten Transportvorgang direkt durch Materialströme verbunden.

Die Freiheiten hinsichtlich des Detaillierungsgrades der Untersuchung erlauben es, die Untersuchungen an der jeweiligen Datenlage auszurichten. Damit kann auch der Aufwand jeder Untersuchung exakt an die Rahmenbedingungen (z.B. Finanzen, Zeitrahmen) angepaßt werden.

Beliebige Materialien und Einheiten

Das Programm beinhaltet keine Einschränkungen hinsichtlich der Stoffe und Energieformen, die bei den Untersuchungen auftreten; der Benutzer ist in der Wahl der Stoffe und Energieformen und ihrer Bezeichnung völlig frei. Es können sowohl homogene, chemisch eindeutig festgelegte Stoffe wie Polyethylen berücksichtigt werden als auch inhomogene Materialien, deren genaue Zusammensetzung nicht bekannt ist oder im Rahmen der konkreten Untersuchung nicht näher betrachtet werden soll. So können beispielsweise unspezifische Materialien wie "Abfall", "Verpackungsmaterial" und "Abgas" in der Untersuchung betrachtet werden, ohne daß der Zwang zur Auflösung dieser Materialien in ihre konkreten Bestandteile besteht. Hier ist ein weiterer Ansatzpunkt für eine schrittweise Detaillierung einer Untersuchung gegeben: ein unspezifisches Material kann im Ablauf der Untersuchung durch mehrere spezifischere ersetzt werden, um eine größere Genauigkeit und Aussagekraft der Ergebnisse zu erzielen.

Die Flexibilität bei der Bezeichnung der Materialien ist eine notwendige Programmeigenschaft für die Sicherstellung der inhaltlichen Unabhängigkeit des Programms. Weitere Freiheitsgrade ergeben sich durch die Möglichkeit, zu jedem Material ausgehend von den Basiseinheiten kg und kJ weitere beliebige Einheiten zu definieren. Durch Definition von Einheiten, die im Rahmen einer Anwendung relevant und gebräuchlich sind, wird das Programm an diesen Kontext angepaßt.

Abbildung beliebiger Systemstrukturen

Hinsichtlich der Systemstrukturen, die mit dem Programm Umberto abgebildet werden können, bestehen keine Einschränkungen. Umberto bietet eine Vielzahl von Möglichkeiten, komplexe Strukturen in entsprechende Stoffstromnetze abzubilden. Grundelemente dieser Strukturen sind drei charakteristische Konstellationen:

- Verzweigung von Flüssen
- Zusammenführung von Flüssen
- Rückführung von Flüssen

Die Verzweigung und die Zusammenführung von Flüssen kann sowohl an Transitionen als auch an Stellen erfolgen. Sie wird an Transitionen erfolgen, wenn die Verzweigung ein Prozeß ist, an dem andere als die zu verzweigenden bzw. zusammenzuführenden Ströme aktiv beteiligt sind. Die folgende Abbildung zeigt beispielhaft eine solche Systemstruktur (die verwendete Symbolik ist im Beitrag Möller und Rolf beschrieben).

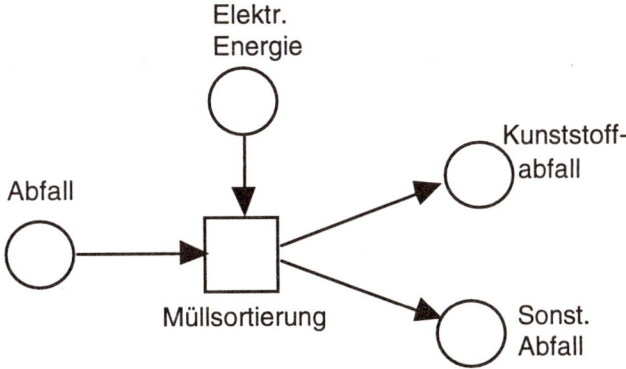

Abb. 2. Verzweigung von Materialströmen an Transitionen

Eine "passive" Verzweigung/Zusammenführung kann an Stellen erfolgen. Dies ist beispielsweise sinnvoll, wenn ein Lager von unterschiedlichen Orten gefüllt wird oder unterschiedliche Prozesse mit Materialien versorgt.

Eine Besonderheit ergibt sich bei den sogenannten Verbindungsstellen, die durch Doppelkreise dargestellt werden. Es handelt sich um *unechte* Lager, da kein Material gelagert wird, sondern der Output gleich dem Input ist. Damit können direkte Verbindungen zwischen Prozessen dargestellt werden. Diese Stellen sind so definiert, daß ein unbekannter Strom ermittelt werden kann, sofern alle anderen Ströme an dieser Stelle bekannt sind. Der unbekannte Strom ergibt sich aus der ohne ihn vorhandenen Differenz zwischen Zu- und Abfluß an dieser Stelle. Diese Möglichkeit wird bei der Rückführung von Flüssen ausgenutzt (s.u.).

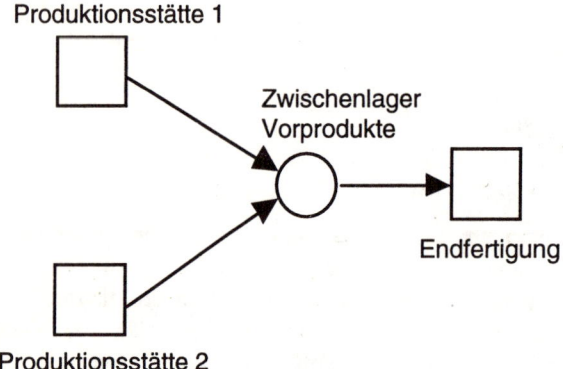

Abb. 3. Zusammenführung von Materialströmen an Stellen

Beliebige Berechnungsrichtung

Die Berechnungsrichtung ist im Programm Umberto nicht auf die Richtung der Materialströme festgelegt. Der Berechnungsalgorithmus kann sowohl entgegen der Stromrichtung arbeiten als auch in Richtung der Materialströme. Die Berechnungsrichtung kann bei der Ermittlung von Stoffströmen innerhalb eines Netzes beliebig oft wechseln.

Die folgende Abbildung zeigt ein Beispiel für eine Netzstruktur, in der die Berechnungsrichtung bei bestimmten Konstellationen wechseln kann.

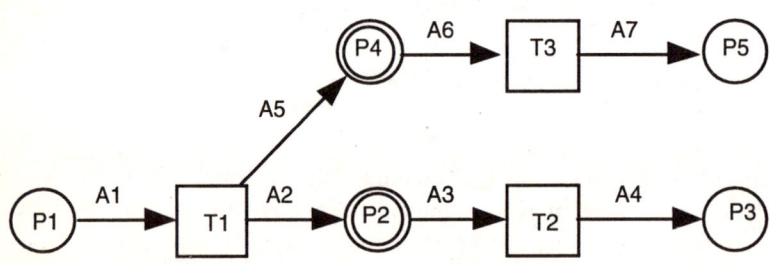

Abb. 4. Netzstruktur mit wechselnder Berechnungsrichtung

Erfolgt die Berechnung beispielsweise ausgehend von einem bekannten Materialstrom A4, wird zunächst entgegen der Stromrichtung Transition T2 und Transition T1 ausgewertet. Ausgehend von Transition T1 und dem nun errechneten Materialstrom in A5 erfolgt die Berechnung nun in Stromrichtung: A6 wird ermittelt, dann T3 ausgewertet, um die Materialströme in A7 zu berechnen. Generell ist festzustellen, daß eine Berechnung in Richtung der Materialströme meist bei Betriebsbilanzen auftritt, während die Berechnung entgegen der Materialströme für Produktbilanzen charakteristisch ist. Die Flexibilität hinsichtlich der Berechnungsrichtung ist somit die Voraussetzung für die Eignung des Programms für Produkt- und Betriebsbilanzen.

Materialrückführungen oder Recyclingloops
Die Rückführung von Strömen dient meist dazu, Recycling von Materialien zu modellieren (vgl. Beitrag von Schmidt in diesem Buch). Das Programm Umberto erlaubt die unmittelbare Abbildung von Recyclingstrukturen in entsprechende Netzstrukturen. Abhängig von der geplanten Vorgehensweise zur Ermittlung der Werte der Recyclingströme, können unterschiedliche Netzstrukturen zur Modellierung des Rückflusses aufgebaut werden. Werden beispielsweise die Materialströme ausgehend von Endprodukten entgegen der Stromrichtung ermittelt, kann die folgende Netzstruktur eingesetzt werden:

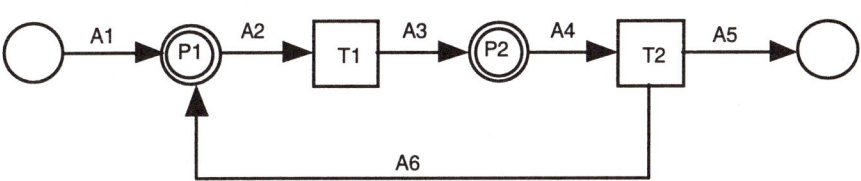

Abb. 5. Rückführung von Materialströmen zur Modellierung von Recycling

Wenn vom Benutzer ein Materialstrom in A5 eingegeben wird, kann damit, eine entsprechende Transitionsspezifikation vorausgesetzt, neben dem Strom A4 auch der Recyclingstrom A6 errechnet werden. Wenn die Transition T1 berechnet ist, sind an der Stelle P1 sowohl A6 als auch A2 bekannt. Da es sich um eine Verbindungsstelle handelt, bestimmt sich der noch fehlende Strom als Ausgleich der Differenz zwischen Abfluß A2 und Zufluß A6 (A1 = A2 - A6).
Zur automatischen Errechnung der Recyclingströme in der beschriebenen Weise müssen Informationen über den stationären Zustand der Recyclingströme verfügbar sein. Wenn der stationäre Fall für den Recyclingstrom nicht bekannt ist, muß die Berechnung über mehrere Betrachtungszeiträume fortgeschaltet werden, um die auftretende Einschwingphase nachzubilden. Auf eine detaillierte Darstellung der dazu notwendigen Arbeitsschritte wird hier jedoch verzichtet.

Berücksichtigung von nichtlinearen Zusammenhängen

Bei der Modellierung von Prozessen in Stoff- und Energieflußsystemen wird häufig davon ausgegangen, daß die Flüsse, die durch einen Prozeß verursacht werden, lineare Abhängigkeiten aufweisen. Für viele Prozesse ist diese vereinfachende Betrachtungsweise ausreichend. Von zahlreichen Prozessen ist jedoch bekannt, daß die Annahme der Linearität nicht zutreffend ist. Beispielsweise gilt dies für alle Prozesse, deren Verhalten sich an Schwell- und Grenzwerten ändert. Eine Abbildung auf lineare Abhängigkeiten führt in diesen Fällen zu einer Verfälschung der Ergebnisse.

Das Programm Umberto bietet daher zusätzlich die Möglichkeit, nichtlineare Zusammenhänge zwischen Prozeßströmen zu beschreiben. Der Benutzer kann die Abhängigkeiten mit der üblichen mathematischen Notation als Funktionen adäquat beschreiben. Die Funktionen werden zur Ermittlung unbekannter Stoffströme interpretiert und berechnet. Der Benutzer hat in Umberto somit die Wahl zwischen der verbreiteten linearen Betrachtungsweise und einer nichtlinearen Beschreibungsform, die den Eigenschaften zahlreicher Prozesse angemessener ist.

Erfassung und Nutzung unterschiedlicher Datenkategorien und -qualitäten

Das Programm und die zugrundeliegende Methodik erlauben es, nicht nur Prozeßdaten zu erfassen, sondern auch Fluß- und Bestandsdaten. Jede Datenkategorie kann zur Ableitung der jeweils anderen Datenkategorien genutzt werden. Beispielsweise können Materialströme mit Hilfe eingegebener Prozeßdaten errechnet werden. Es kann aber auch durch Angabe von Materialströmen ein Prozeß spezifiziert werden.

Das Berechnungsverfahren macht keine prinzipiellen Annahmen über die Art der verfügbaren Daten. Es wertet alle beim Start der Berechnung vorliegenden Daten aus und versucht, diese, soweit möglich, in die Berechnung weiterer Daten einzubeziehen.

Die Daten, die als Basis für eine Bilanzierung vorliegen, können sehr unterschiedlicher Qualität sein. Umberto ermöglicht es, Angaben zur Qualität der Einzeldaten zu dokumentieren. Im Zusammenhang mit der Darstellung von Ergebnisdaten liefert Umberto eine Übersicht über die Datenqualitäten, die in die Ergebnisse eingeflossen sind.

Wahl der Bilanzgrenzen und -struktur

Das Programm Umberto gestattet eine flexible Auswahl der Punkte in einem Stoffstromnetz, an denen die Werte für die Bilanzen erfaßt werden sollen. Diese Auswahl kann auch nachträglich verändert werden, ohne daß eine erneute Berechnung der Stoffströme erfolgen muß. Dies erlaubt die Nutzung einer Netzstruktur für mehrere Fragestellungen, die sich hinsichtlich des Bilanzraumes unterscheiden.

Diese Möglichkeiten kommen dem Bedarf von Betrieben entgegen, die einerseits den Gesamtbetrieb bilanzieren möchten, andererseits bei bestimmten Fragestellungen jedoch nur Ausschnitte aus dem Betrieb bilanzieren möchten. Die Möglichkeiten, Stoffströme nach Bedarf auf unterschiedliche Input- bzw. Outputstellen zu leiten, erlauben eine flexible zusätzliche Strukturierung der Bilanzen (s.u.).

Wahl des Detaillierungsgrades bei der Ergebnisdarstellung

Die Bilanzen, die mit dem Programm Umberto erstellt werden, listen typischerweise die Inputs und Outputs für das gesamte Stoffstromnetz auf. Dabei werden die Mengen hinsichtlich der auftretenden Materialien aggregiert. Im Programm Umberto bestehen jedoch Möglichkeiten, die Ergebnisse der Modellierung und Berechnung auch detaillierter anzuzeigen. So kann die Bilanz hinsichtlich der Input- bzw. Outputstellen aufgeschlüsselt werden, damit für jedes Material erkennbar ist, an welchen Stellen es in das System eintritt bzw. es verläßt.

Eine weitere Möglichkeit zu einer detaillierteren Betrachtung ist es, zu einzelnen Prozessen in einem Stoffstromnetz Bilanzen hinsichtlich ihrer Input- und Outputströme aufstellen zu lassen.

Den detailliertesten Blick auf die Ergebnisse erhält der Benutzer, wenn er direkt auf die einzelnen Verbindungen zugreift und sich die dort vorhandenen Materialströme anzeigen läßt.

Aufbau und Auswahl beliebiger Bewertungsverfahren

Über die Sachbilanzierung hinaus wird das Programm Umberto von der Version 2 an durch Funktionen zur Wirkungsbilanzierung und Bilanzbewertung ergänzt. Durch die Möglichkeit zur Definition von beliebigen Kennzahlen und ihrer freien Verknüpfung zu Kennzahlensystemen durch den Benutzer ist Umberto nicht auf einen speziellen Ansatz zur Wirkungsanalyse bzw. Bilanzbewertung festgelegt. Die Vorhaltung von mehreren vorbereiteten Kennzahlensystemen für alternative Bewertungsverfahren in einer Bibliothek spiegelt diese Offenheit auf der Bewertungsebene ebenfalls wider.

Die Flexibilität hinsichtlich der Bewertungsverfahren ist von besonderer Bedeutung, solange in diesem Bereich keine Standardisierung erfolgt ist. Umberto unterstützt die Anwendung von alternativen Bewertungsverfahren und den Vergleich der Ergebnisse, was angesichts der kontroversen Diskussionen um adäquate Bewertungsverfahren die Einsatzmöglichkeiten des Programms deutlich erweitert.

Die flexible Wahl von Bewertungsverfahren ist auch die Voraussetzung für den Einsatz des Programms in der Ausbildung, da in diesem Einsatzkontext unterschiedliche Bewertungsverfahren vorgestellt werden müssen.

4.3 Benutzerkomfort des Programms Umberto

Im folgenden werden eine Reihe von Programmeigenschaften vorgestellt, die in besonderer Weise zum Benutzerkomfort des Programms beitragen und damit die Einsatzbereiche für das Programm eröffnen, bei denen ein hohes Maß an Benutzerkomfort unverzichtbar ist.

Grafische Netzdarstellung

Durch die grafische Darstellung der Stoffstromnetze wird es möglich, auch bei großen Untersuchungen einen Überblick über die strukturellen Zusammenhänge zu behalten. Die grafische Darstellung bietet eine zusätzliche Abstraktionsebene, die den Benutzer nicht beim ersten Zugang zum Datenbestand mit einer großen Menge von Detaildaten konfrontiert, sondern ihm grundsätzliche Zusammenhänge deutlich macht, die in der Fülle des Datenmaterials untergehen würden.

Die Netzdarstellung bzw. die in ihr enthaltenen Elemente dienen neben der Visualisierung der Netzstruktur zur Modularisierung des Datenbestandes aus Benutzersicht. Über jedes Netzelement ist nur der Ausschnitt aus dem Datenbestand zugänglich, der diesem Netzelement zugeordnet ist. Das Programm Umberto stellt automatisch die Konsistenz zwischen Netzdarstellung und dem zugeordneten Datenbestand sicher. Die Netzdarstellung ist somit keine separat geführte Repräsentation des untersuchten Systems, sondern systemtechnisch mit den Daten zu einer Einheit und Gesamtrepräsentation verbunden.

Die grafische Netzdarstellung dient darüber hinaus der Visualisierung von weiteren Sachverhalten, die nur indirekt die Systemstruktur betreffen. Beispielsweise wird der Fortschritt des Berechnungsvorganges im Netz optisch deutlich gemacht. Ferner ist es möglich, Ergebnisse spezieller Anfragen durch optische Hervorhebung einzelner Netzelemente zu vermitteln. Auf diese Weise kann u.a. angezeigt werden, in welchen Netzelementen ein bestimmtes Material vorhanden ist.

Die Visualisierung und die damit einhergehende Modularisierung führen zu einer Reduzierung der Komplexität, die der Benutzer bewältigen muß. Dies ist insbesondere für Benutzer von Bedeutung, die den Datenbestand nicht selbst aufgebaut haben. Die Visualisierung erlaubt ihnen einen einfacheren Zugang zu den zunächst unbekannten Daten. Damit ist das Programm Umberto in einer Form einsetzbar, die eine Vorarbeit durch Consultings mit einer Nutzung und Pflege der erarbeiteten Daten in Betrieben kombiniert.

Die Visualisierung macht das Programm darüber hinaus für den Einsatz im Ausbildungsbereich besonders geeignet, da es hier auf einen besonders einfachen Zugang zu den Inhalten von Untersuchungen und die Vermittlung von strukturellen Sachverhalten ankommt.

Prozeßbibliothek

Eine besonders komfortable Möglichkeit, Transitionen zu spezifizieren, wird durch die mitgelieferte Bibliothek eröffnet, in der vollständige Prozeßdefinitionen für wichtige Standardprozesse enthalten sind. Diese Module dienen dazu, zusätzlich zum Kern des betrachteten Untersuchungsgegenstandes wichtige Vor- und Nachketten der Prozesse zu berücksichtigen. Der Systemausschnitt, der in die Bilanzierung einbezogen wird, kann damit erweitert werden, ohne daß der Benutzer zusätzlichen Aufwand in Form von Datenrecherchen betreiben muß.

Die Prozeßbibliothek bietet darüber hinaus einen wichtigen Ansatzpunkt für eine anwendungsspezifische Anpassung des Programms, ohne daß seine allgemeine Grundfunktionalität verändert werden muß. Die mitgelieferte Standardbibliothek kann durch Spezialbibliotheken ersetzt werden, die ausschließlich vorbereitete Module für einen ganz speziellen Anwendungsbereich enthält.

Die Bibliothek ist einerseits für den Einsatz bei Consultings unverzichtbar, damit Arbeitsergebnisse vielfältig wiederverwendbar abgelegt werden können. Andererseits erleichtert die Bibliothek den Einsatz in Betrieben, wo der Aufwand einer Untersuchung von Vor- und Nachketten nicht in Kauf genommen werden kann.

Dokumentationsmöglichkeiten

Bei der Abbildung von Stoff- und Energiestromsystemen in ein Modell auf dem Rechner müssen zahlreiche Informationen einbezogen und Entscheidungen getroffen werden, die aus dem resultierenden Stoffstromnetz nicht wieder zu erschließen sind. Sie sind implizit in der Netzstruktur oder den Daten enthalten. Dies gilt beispielsweise für vereinfachende Annahmen wie etwa die Entscheidung, bei einem Prozeß bestimmte Emissionen aufgrund ihrer geringen Relevanz bzw. Menge nicht zu berücksichtigen.

Für diese Art von Informationen stellt Umberto gesonderte Repräsentationsmöglichkeiten bereit. Zu jedem wichtigen Objekt des Programms kann dokumentierender Text eingegeben werden. Dieser Text ist dem Objekt unmittelbar zugeordnet, ist über dieses direkt zugreifbar und erscheint in den Reports, die zu dem jeweiligen Objekt ausgegeben werden können. Diese Dokumentationsmöglichkeiten befreien einerseits den Modellierer davon, derartige Informationen separat führen zu müssen, andererseits stellen sie für andere Betrachter wichtige Informationen unmittelbar bereit und erleichtern somit den Zugang zu den modellierten Sachverhalten.

Die Dokumentationsmöglichkeiten werden beispielsweise auch genutzt, um die Module der Bibliothek hinsichtlich ihrer Inhalte und Einschränkungen zu beschreiben.

Umfangreiche Prüfungen

Der Datenbestand, der im Verlauf einer Stoffstromanalyse entsteht, ist in seiner Gesamtheit nur schwer überschaubar. Dies gilt insbesondere für die vielfältigen Abhängigkeiten, die zwischen den einzelnen Angaben bestehen. Ohne gesonderte Unterstützung durch das Programm besteht die Gefahr, daß der Datenbestand fehlerhafte Angaben enthält, die unentdeckt bleiben.

Das Programm Umberto beinhaltet daher eine Vielzahl von Prüfungen, die im Zusammenhang mit unterschiedlichen Arbeitsschritten aufgerufen werden und den Benutzer auf Unstimmigkeiten und Abweichungen von der Methodik hinweisen. Dazu gehört beispielsweise der Hinweis, wenn die Input- und Outputströme eines Prozesses hinsichtlich der Massenbilanz nicht ausgeglichen sind, ebenso wie die Prüfung der Eingabe von Materialströmen und -beständen auf negative Werte.

Ein Großteil der Prüfungen findet während des Berechnungsvorganges bei der Ermittlung von unbekannten Stromgrößen statt. Ein Beispiel für diese Prüfungen ist der Vergleich von Eingaben des Benutzers für einen Stoffstrom mit den für die gleiche Verbindung errechneten Werten. Werden Abweichungen oberhalb eines einstellbaren Schwellwertes festgestellt, wird diese Inkonsistenz dem Benutzer mitgeteilt. Er kann dann entscheiden, mit welchem der Werte die Berechnung fortgesetzt werden soll. Der Benutzer erhält auch Mitteilungen des Programms, wenn in den Spezifikationen Unstimmigkeiten hinsichtlich der Materialien festgestellt werden, die in benachbarten Netzelementen auftreten.

Auch wenn diese (abschaltbaren) Prüfungen die Berechnungszeit verlängern, sind sie unverzichtbar, da durch sie viele Fehlerquellen identifiziert werden können, die ansonsten unentdeckt blieben und die Ergebnisse verfälschen würden. Bei der weitreichenden Bedeutung, die Bilanzierungsuntersuchungen bereits besitzen und zukünftig noch verstärkt erlangen werden, ist eine derartige Intransparenz in Verbindung mit der hohen Fehleranfälligkeit nicht akzeptabel.

Protokollierung und Visualisierung bei der Berechnung

Der Berechnungsvorgang in einem komplexen Stoffstromnetz ist ohne Hilfsmittel nicht nachvollziehbar und prüfbar. Um die Fehlersuche zu unterstützen, bietet Umberto die Protokollierung der einzelnen Auswertungsschritte. Anhand dieses Protokolls kann im Detail nachvollzogen werden, welche Werte auf welche Weise entstanden und in die Berechnungen eingeflossen sind. Damit werden sowohl Fehler als auch Lücken in den Angaben wesentlich einfacher identifizierbar. Einen Überblick über den Berechnungszustand des Stoffstromnetzes bietet auch die Visualisierung des Berechnungszustandes in Form einer Farbänderung der jeweils berechneten Verbindungen.

Berücksichtigung von Beständen

Bei der Bilanzierung von Stoff- und Energiestromsystemen werden häufig nur die Materialströme berücksichtigt und in den Bilanzen ausgewiesen. Dabei wird vernachlässigt, daß sich im realen System Bestände bilden, die das Bild hinsichtlich der Ströme gravierend beeinflussen können. Um ein valides Gesamtbild zu bekommen und die Materialströme angemessen bewerten zu können, ist es notwendig, die Bestände ebenfalls zu berücksichtigen.

Das Programm Umberto stellt die Erfassung und Errechnung von Beständen durch seine methodische Grundlage unmittelbar sicher. Die Bestände, die in einem Betrachtungszeitraum aufgetreten sind, können in den Ergebnisreports ausgegeben werden.

Übernahme von existierenden Szenarien und Vergleich von alternativen Szenarien

Bei der Modellierung von mehreren Szenarien, die evtl. Alternativen eines untersuchten Systems darstellen, sind von Szenario zu Szenario typischerweise nur punktuelle Modifikationen erforderlich. Das Programm Umberto erleichtert die Erzeugung derartiger Alternativszenarien, indem es beim Neuanlegen von Szenarien die Möglichkeit bietet, die Inhalte eines bereits existierenden zu übernehmen. Ausgehend von den vorhandenen Inhalten kann der Benutzer die notwendigen Modifikationen mit geringem Aufwand vornehmen.

Das Programm Umberto unterstützt von der Version 2 an den direkten Vergleich zwischen alternativen Szenarien. Durch Funktionen, die auf vollständige Bilanzen anwendbar sind, ist eine komfortable Auswertung hinsichtlich der Unterschiede in den Bilanzierungsergebnissen möglich. Beispielsweise kann die Differenz zwischen vollständigen Bilanzen gebildet werden, um die Unterschiede der Szenarien unmittelbar deutlich zu machen.

Abgestuftes Leistungsangebot

Bei der Konzeption des Programms wurde davon ausgegangen, daß es von Benutzern mit sehr unterschiedlichen Ansprüchen an die Funktionalität des Programms eingesetzt wird. So ist im Programm das Prinzip zugrunde gelegt, daß der Benutzer nach Möglichkeit nicht zwangsläufig mit dem vollen und notwendigerweise komplexen Funktionsumfang des Systems konfrontiert wird. Teilweise werden eingeschränkte und vereinfachte Teilfunktionen als eigenständige Funktionen angeboten. Beispiel ist die Transitionsspezifikation, die der Benutzer sowohl linear als auch nichtlinear durchführen kann. Für den einfacherer linearen Fall kann er die Spezifikation mit einer gesonderten und nur auf diesen Fall spezialisierten Funktion ausführen, bei der ihm zahlreiche Details der vollen Spezifikationsfunktionalität verborgen werden.

Diese Möglichkeiten sind auch für den Einsatz in der Ausbildung unverzichtbar, um ein didaktisch sinnvolles Hinführen auf die volle Komplexität der Bilanzerstellung zu unterstützen.

Grafische Benutzeroberfläche

Das Programm Umberto verfügt über eine grafische Benutzeroberfläche, die am Bedarf von gelegentlichen Programmbenutzern ausgerichtet ist. Dies ist für die Einsatzmöglichkeiten des Programms von großer Bedeutung, da davon auszugehen ist, daß gerade beim Einsatz des Programms in Betrieben kein Benutzer ausschließlich und kontinuierlich mit dem Programm arbeitet. Wichtig ist insbesondere eine einheitliche Gestaltung der Benutzeroberfläche, um den Einarbeitungsaufwand so gering wie möglich zu halten. Soweit möglich und sinnvoll, werden Funktionen nach dem Prinzip der direkten Manipulation angeboten.

Die komfortable Benutzbarkeit des Programms steigert seine Eignung bei Ausbildungsvorhaben. Es erlaubt eine Konzentration auf die Vermittlung der Inhalte, da das Erlernen der Programmbenutzung nur geringe Zeit beansprucht.

5   Literatur

Giegrich, J. und Mampel, U. (1993): Ökologische Bilanzen in der Abfallwirtschaft. ifeu-Studie im Auftrag des Umweltbundesamtes Berlin, F+E-Vorhaben 103 10 606/01

Häuslein, A., Möller, A. und Schmidt, M. (1995): Umberto - ein Programm zur Modellierung von Stoff- und Energieflußsystemen. In: Hilty, L. M. et al. (Hrsg.): Betriebliche Umweltinformationssysteme – Projekte und Perspektiven. Metropolis-Verlag, Marburg

Hilty, L. M. et al. (1994): Informatik für den Umweltschutz. Anwendungen für Unternehmen und Ausbildung. Bd. 2, Marburg

Kytzia, S. und Siegenthaler, C. (1994): Ökobilanzen für Unternehmungen. In: Hilty et al. (1994), S. 89-100

Möller, A. (1993): Datenerfassung für das Öko-Controlling: Der Petri-Netz-Ansatz. In: Arndt, H.-K. (Hrsg.), Umweltinformationssysteme für Unternehmen. Schriftenreihe des Instituts für Ökologische Wirtschaftsforschung (IÖW) Nr. 69/93, Berlin

Möller, A. (1994a): Stoffstromnetze. In: Hilty et al. (1994), S. 223-230

Möller, A. (1994b): Datenerfassung für den diskursorientierten betrieblichen Umweltschutz: Stoffstromnetze. In: Rolf (1994), S. 26-39

Möller, A. (1995): Stoffstromnetze Konzeption eines rechnergestützten Rechnungswesens. Diplomarbeit, Fachbereich Informatik, Hamburg

Rolf, A. (1994): Stoffstrommanagment und Informatik. Fachbereichsbericht Informatik FBI-HH-B-171/94, Hamburg

Rolf, A. und Möller, A. (1994): Ökobilanzen, Stoffstromnetze und die Rolle der Informatik. In: Rolf (1994), S. 4-25

Schmidt, M., Giegrich, J. und Hilty, L.M. (1994a): Experiences With Ecobalances and the Development of an Interactive Software Tool. In: Hilty et al. (1994), S. 101-108

Schmidt, M., Meyer, U. und Möller, A. (1994b): Neue Möglichkeiten der Ökobilanzierung mit Computerprogrammen auf der Basis von Petrinetzen. In: Totsche, K. et al. (1994), S. 123-134

Schorb, A. (1994): Von der betrieblichen Ökobilanz zum Öko-Audit. In: Totsche, K. et al. (1994), S. 343-352

Totsche, K. et al. (1994): Eco-Informa-´94. 3. Fachtagung und Ausstellung für Umweltinformation und Umweltkommunikation an der TU Wien, Bd. 7

Umweltbundesamt (1992): Ökobilanzen für Produkte, Bedeutung, Sachstand, Perspektiven. UBA Texte 38/92, Berlin

Modellansatz und Algorithmus zur Berechnung von Ökobilanzen im Rahmen der Datenbank ECOINVENT

Rolf Frischknecht, Zürich, Petter Kolm, Stockholm

1   Einführung

Im Rahmen des schweizerischen Forschungsprojektes "Ökoinventare für Energiesysteme" wurde der Grundstein für eine zentrale, nationale Datenbank gelegt, welche kontinuierlich erweitert und auf aktuellem Stand gehalten werden soll. Insbesondere sollen die Ergebnisse der laufenden Forschungsprojekte im Ökoinventarbereich integriert und einem breiten Anwendungspublikum zur Verfügung gestellt werden.

Das Nachschlagewerk "Ökoinventare für Energiesysteme" (Frischknecht et al., 1994) und die parallel dazu entwickelte Datenbank enthält Ökoinventare für die in der Schweiz relevanten Energiesysteme im In- und europäischen Ausland, die auf folgenden Energiequellen beruhen:

- Erdöl
- Erdgas
- Kohle
- Kernenergie
- Wasserkraft
- Sonnenenergie
- Holz
- Erdwärme

Die Nachschlagewerk enthält für jeden einzelnen Teilprozeß Angaben zum Bedarf an Halbfabrikaten und Dienstleistungen, zu Standortemissionen, zum kumulierten Verbrauch von energetischen und nichtenergetischen Ressourcen sowie zu kumulierten Emissionen in Luft und Wasser. Insgesamt werden mehr als 300 Ressourcen und Emissionen unterschieden.

Das Erstellen und Betreiben eines Energiesystem erfolgt in einem komplexen und stark vernetzten Gesamtprozeß. Bei der Berechnung der kumulierten Ressourcenverbräuche und Emissionen wurde diesen gegenseitigen Abhängigkeiten der verschiedenen Energiesysteme (die Bereitstellung von Heizölprodukten zu Heizzwecken benötigt selber Erdölprodukte etc., siehe Abb. 1) Rechnung getragen, indem die Bilanzierung dieser Systeme und Produkte durch die Verknüp-

Mario Schmidt, Achim Schorb (Hrsg.)
Stoffstromanalysen in Ökobilanzen und
Öko-Audits
© Springer-Verlag Berlin Heidelberg 1995

fung von knapp 500 Teilprozessen erfolgte, welche für sich abgeschlossen bilanziert wurden.

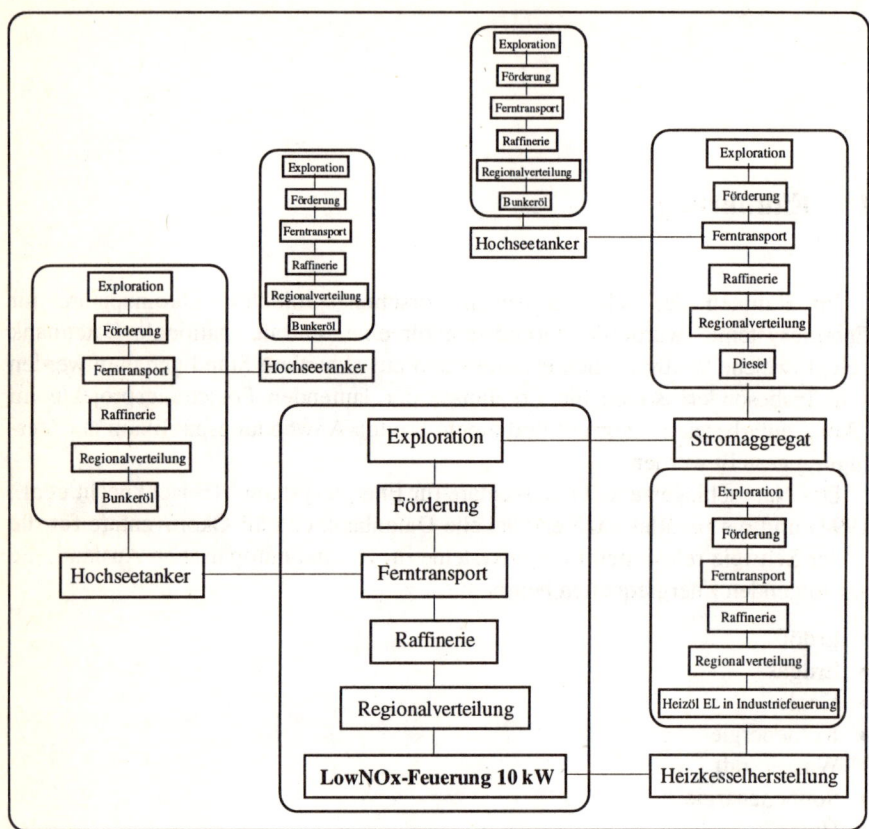

Abb. 1. Graphische Darstellung der sequentiellen Methode anhand des Beispiels LowNO$_x$-Feuerung 10 kW, wie sie in (Frischknecht et al., 1994) modelliert wurde (Ausschnitt).

Durch einen modularen Charakter der Teilökoinventare kann dieser Gegebenheit adäquat Rechnung getragen werden. Es existieren

- Module für Basismaterialien wie Glas, Stahl, Zement;
- Module für Basisdienstleistungen wie Lastwagen- oder Schiffstransporte;
- Module für Entsorgungsprozesse wie Kehrichtverbrennung oder Inertstoffdeponie;
- Module für das Erstellen von Systemkomponenten wie Solarzellen, Wechselrichter und

- Module für Teilprozesse innerhalb einer Energieprozeßkette wie Erdölförderung und Raffinerie.

Die Vorgehensweise der Bilanzierung dieses durch die obengenannten Module modellierten kleinen Ausschnitts des Weltwirtschaftssystems soll im Zentrum der folgenden Ausführungen stehen.

2   Der Software-Cluster "ECOINVENT"

2.1   Grundsätzliches

Für die große Datenmenge, welche durch die Bilanzierung mehrerer hundert Teilprozesse und das Erfassen von mehr als 300 verschiedenen Emissionen und Ressourcen zustande gekommen ist, ist eine leistungsfähige Software unumgänglich. Ein effizientes Verwalten und Verarbeiten derartiger, in einem Ökoinventar erfaßten Datenmengen erfordern deshalb:

- ein strukturiertes, benutzerfreundliches Ablegen der teilprozeßspezifischen Informationen betreffend Emissionen, Bedarfe an Energie, Hilfsstoffen, Halbzeugen etc. und
- ein effizientes Berechnen der kumulierten Ressourcenverbräuche und Emissionen, d.h. des Inventarvektors resp. der Wirkungsbilanz eines Produktes oder einer Dienstleistung.

Diese unterschiedlichen aber bezüglich Wichtigkeit äquivalenten Anforderungen führen, falls beide optimal gelöst sein wollen, zu einer zweiteiligen Struktur einer Ökobilanz-Software mit:

- einer Datenbank und
- einem Berechnungsteil

in je geeigneter Umgebung. Entscheidend für die Effizienz der Software ist somit, neben einer zeitoptimierten Rechenroutine, die Schnittstelle zwischen Datenbank und Berechnungsteil.

Der Software-Cluster ECOINVENT[1] basiert auf diesem Prinzip der Funktionstrennung, indem die Datenverwaltung in einer relationalen Datenbank erfolgt, die Berechnungen aber in einer Umgebung für numerische Mathematik durchgeführt werden. Er stellt ein Hilfsmittel sowohl für das Ökoinventar als auch für die Wirkungsbilanz und teilweise die Vollaggregation dar (siehe Abb. 2).

---

[1] Bezeichnung der Ökobilanzsoftware am Laboratorium für Energiesysteme, Gruppe Energie - Stoffe - Umwelt.

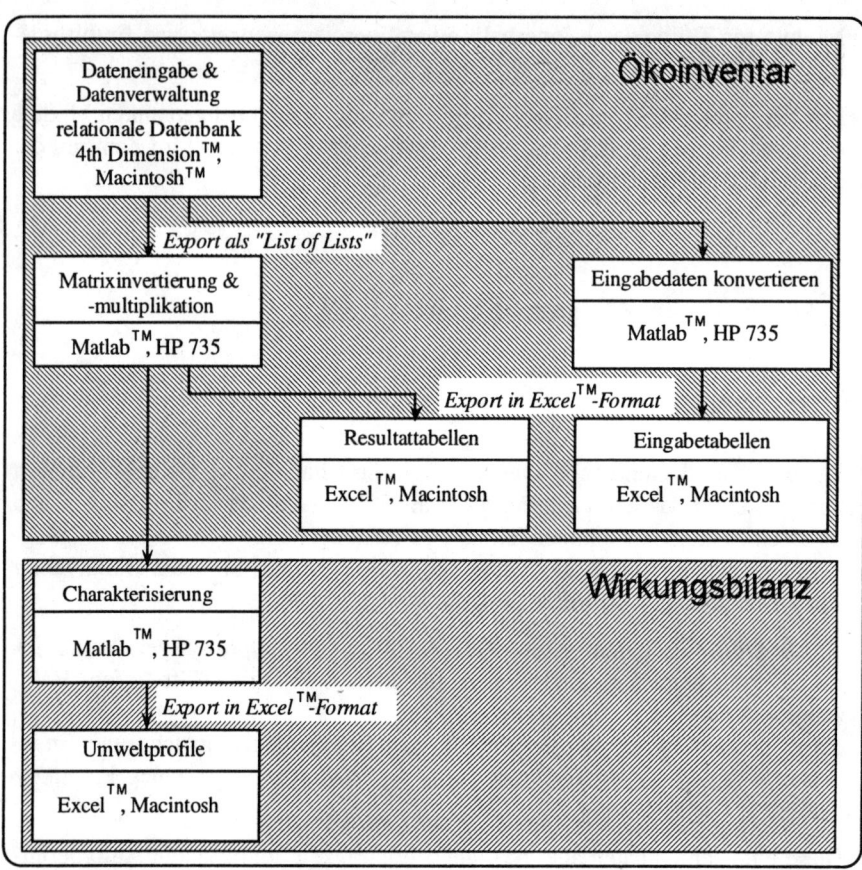

Abb. 2. Struktur der Datenbank ECOINVENT, Klassifizierung gemäß Heijungs et al., 1992

1. Eingeben und Verwalten der Daten

   Das Eingeben und das Verwalten der Daten erfolgt mithilfe einer auf Macintosh™ betriebenen und auf 4th Dimension™ basierenden relationalen Datenbank.

2. Berechnung der Inventarmatrix

   Das Berechnen der Inventarmatrix und der Wirkungsbilanz erfolgt mithilfe von Matrixoperationen. Die Routinen sind in Matlab™ geschrieben, in eine Unix™-Umgebung eingebettet und werden auf einer Workstation (HP 735) ausgeführt.

3. Auswertung

   Erste einfache Auswertungen, wie z.B. das gewichtete Zusammenfassen einzelner Emissionen zu den zusammenfassenden Resultattabellen des Schlußberichts "Ökoinventare für Energiesysteme" (siehe z.B. in Frischknecht et al., 1994, Teil XIII), erfolgen ebenfalls in Matlab™.

Alle weiteren Auswertungsschritte werden zur Zeit dezentral auf Macintosh mithilfe des Tabellenkalkulationsprogramms EXCEL™ durchgeführt. Darunter fällt beispielsweise die Relevanzanalyse oder dominance analysis (Heijungs, 1994), mithilfe derer die Prozeßschritte eruiert werden können, welche eine Prozeßkette maßgeblich beeinflussen. Innerhalb des Projektes "Ökoinventare für Energiesysteme" wurde die Relevanzanalyse für einzelne Systeme und ausgewählte Umwelteinwirkungen durchgeführt.

2.2   Die relationale Datenbank

Innerhalb der relationalen Datenbank werden drei Ebenen unterschieden, welche zum Aufbau eines Systemmodells benötigt werden. Es sind dies:

- Kategorien
- Module
- Verknüpfungen

Um eine möglichst universelle Anwendung zu ermöglichen, werden alle Austauschbeziehungen (Produkte, Dienstleistungen, Ressourcenentnahme und Emissionen) mithilfe einer einheitlichen "Karteikarte" (Modul) beschrieben. Darin werden einerseits der Name, die Einheit (wie Stk, kg, TJ, tkm etc.) und die Zugehörigkeit zu einer Kategorie festgelegt. Anderseits bestehen deskriptive Möglichkeiten, mit welchen z.B. die Bezugsgröße des Moduls (z.B. Verknüpfungen bezogen auf End- oder Nutzenergie), ein Verweis auf die Dokumentation oder eine Beschreibung des Produktes resp. des dazugehörigen Prozesses eingegeben werden können.

Im Sinne eines schlanken Konzeptes wird keine Unterscheidung zwischen Prozeß und Produkt vorgenommen. Der gewünschte Output eines Prozesses gibt dem entsprechenden Modul den Namen. Dadurch vereinfacht sich die Struktur der Datenbank und der Speicherbedarf wird minimiert. Bei multifunktionalen Prozessen mit mehr als einem Output wird die notwendige Allokation in der ohnehin notwendigen Dokumentation durchgeführt, so daß alle Module jeweils nur einen einzigen gewünschten ökonomischen Output aufweisen. Diese Vorgehensweise birgt auf der andern Seite den Nachteil, daß die Auswirkungen einer Änderung der Allokationsfaktoren auf das Ökoinventar nicht automatisiert erfolgen kann.

Die Kategorien ermöglichen eine Grobstrukturierung der Datenbank. Da nicht zwischen Austauschbeziehungen innerhalb des ökonomischen Systems und zwischen dem ökonomischen und dem ökologischen System unterschieden wird, wird eine ökonomisch und ökologisch orientierte Kategorisierung vorgenommen. So sind neben Kategorien wie "Erdöl", "Erdgas", "Photovoltanik", "Transporte", "nichtbehandelte Abfälle" auch die Kategorien "energetische Ressourcen", "nichtenergetische Ressourcen", "Emissionen in Luft", Emissionen in Wasser" und "Direkteinträge in den Boden" vorhanden.

Mithilfe der Eingabemaske "Verknüpfungen" werden die zu analysierenden Systeme aufgebaut. Es werden die Austauschbeziehungen innerhalb der definierten Moduln (Produkte, Dienstleistungen, Ressourcenentnahmen und Emissionen) für jeweils ein Modul eingegeben. Die Datenbank legt die entsprechenden Informationen in einer Matrixstruktur an. Die Austauschbeziehungen zwischen verschiedenen Moduln werden lediglich auf der Basis numerischer Größen hergestellt. Es können zur Zeit keine Funktionen (z.B. Trend des Heizölbedarfs eines Prozesses über mehrere Jahre in Funktion der Zeit) eingegeben werden.

Innerhalb eines Moduls wird keine Energie- resp. Massenbilanz erstellt. Da weder Luft noch Stickstoff oder Sauerstoff als Input bzw. Output erfaßt werden, ist dies in automatisierter Form nicht notwendig. Ebensowenig werden die Emissionsfaktoren für Luftschadstoffe durch das Programm berechnet (z.B. als Funktion von Prozeß- und Brennstoffdaten). Diese müssen, wie diejenigen der Wasserschadstoffe, durch die Bilanzierenden festgelegt bzw. eingegeben werden.

2.3   Der Berechnungsalgorithmus

Für die Berechnung der Inventarmatrix gibt es grundsätzlich zwei Möglichkeiten (Heijungs, 1994)[2]:

- die sequentielle Methode oder
- die Matrixmethode.

Das sequentielle Verfahren lehnt sich strukturell stark an die Prozeßkettenschemata der zu bilanzierenden funktionalen Einheiten an (siehe Abb. 1). Es berechnet sukzessive die gesamte Prozeßkette mit ihren Verästelungen. Da innerhalb der Prozeßketten Iterationen[3] auftreten können, wächst die Prozeßkette theoretisch ins Unendliche. Für die Software-Anwendung dieses Verfahrens ist es deshalb unerläßlich, genauigkeitsabhängige Abbruchkriterien zu definieren, um die Rechenkapazität des PC nicht unnötig lange zu beanspruchen. Die meisten heute verfügbaren PC-Programme basieren auf diesem iterativen Verfahren wie beispielsweise GEMIS (Fritsche et al., 1992).

Beim sequentiellen Vorgehen muß für jedes Produkt, jede Dienstleistung, dessen Wirkungsbilanz berechnet werden soll, ein neuer Prozeßbaum aufgebaut werden, wodurch eine Hierarchisierung der einzelnen den Prozeßbaum bildenden Teilprozesse stattfindet. Steht die Bilanzierung verschiedener Heizsysteme im Vordergrund, so sind die dazu benötigten Basismaterialien wie Stahl und Zement bezüglich atmosphärischer Emissionen von untergeordneter Bedeutung. Demge-

---

[2] Siehe auch Beitrag von Mario Schmidt in diesem Buch.

[3] Iterationen treten bei selbstreferierenden Prozessen auf, d.h., wenn Produkte einer Prozeßkette (K_I) innerhalb einer andern Prozeßkette (K_{II}) benötigt werden, welche ihrerseits ein Produkt liefert, das in die erste Prozeßkette (K_I) einfließt.

genüber stehen sie jedoch im Zentrum der Betrachtung, sollen unterschiedliche Tragkonstruktionen (Massivbau, Stahlskelettbau) bilanziert werden.

Im weiteren muß entschieden werden, welche Prozesse den eigentlichen Stamm des Prozeßbaumes darstellen und deshalb einer genaueren Analyse unterliegen sollten. Dies läßt sich kaum in einer für alle Umwelteinwirkungen gültigen, verallgemeinernder Form bestimmen. Für die Ressource "Kies" wird der Straßenbau, welcher für die Regionalverteilung von Heizöl EL benötigt wird (siehe Abb. 1), zur Hauptprozeßkette, da dort der größte Teil des Kiesbedarfs anfällt. Für atmosphärische Emissionen wie CO_2, SO_X und NO_X ist die Erdölkette, von der Exploration zur LowNO$_x$-Feuerung, die Hauptprozeßkette, während für Emissionen radioakiver Isotope die Strombereitstellung ab UCPTE[4]-Netz und darin die Kernenergiekette zur bestimmenden und damit zentralen Prozeßkette wird.

Verfahren, welche sich der Matrixdarstellung und -operationen bedienen, haben demgegenüber den Vorteil, daß eine Hierarchisierung wegfällt und somit alle Teilprozesse bezüglich Berechnungsweise äquivalent behandelt werden. Dadurch, daß mittels Matrixoperationen geschlossene Lösungen möglich werden, kann für jeden, aus der Sicht des zu bilanzierenden Produktes (funktionale Einheit) unbedeutenden Teilprozeß dessen Ökoinventar und Wirkungsbilanz unter Berücksichtigung aller Rückkopplungseffekte errechnet werden.

Bei der Matrixmethode wird die Inventarmatrix durch das Lösen von linearen Gleichungssystemen ermittelt. Man kann dies mit sogenannten direkten oder iterativen Methoden bewerkstelligen. Für LCA-Probleme haben sich direkte Methoden, die auf dem Prinzip der Gauß-Elimination beruhen, als zweckmäßig gezeigt, weil dieser Zugang auch eine effiziente Ermittlung der kumulierten Inventardaten bei komplexeren Systemen mit vielen Prozessen ermöglicht.

Der am Laboratorium für Energiesysteme in Zusammenarbeit mit dem Institut für wissenschaftliches Rechnen (beide ETH Zürich) entwickelte und angewandte Berechnungsteil im Software-Cluster ECOINVENT ermöglicht das Ermitteln der Inventarmatrix sowie der Wirkungsbilanzen ganzer Wirtschaftsmodelle in einem Rechengang. Dies kommt der Zielsetzung der Koordinationsgruppe "Energie- und Ökobilanzen" des Bundes entgegen, die jetzige Datenbank "Ökoinventare für Energiesysteme" zu einer zentralen, gesamtschweizerischen Datenbank zu erweitern.

Im folgenden soll auf die Theorie und die Operationalisierung der im ECO-INVENT-Berechnungsteil gewählten Vorgehensweise eingegangen werden.

---

[4] UCPTE: Union pour la Coordination de la Production et du Transport de l'Electricité, Belgien, Deutschland (1990 nur alte Bundesländer), Frankreich, Griechenland, Italien, Ex-Jugoslawien, Luxemburg, Niederlande, Österreich, Portugal, Schweiz und Spanien Nettoproduktion 1990: 49% fossil, 15% hydro, 36% nuklear, Detailinformation siehe (Frischknecht et al., 1994).

2.4   Das Modell

Ein Prozeßschritt als kleinste Untersuchungseinheit innerhalb einer Ökobilanz steht über Energie- und Stoffflüsse mit zwei verschiedenen Systemen,

- der Technosphäre (ökonomisches System) und
- der Ökosphäre (ökologisches System) in Verbindung.

Die eine Verbindung umfaßt die Wechselbeziehungen mit dem übrigen (Welt-) Wirtschaftssystem wie z.B. den Bezug von Halbfabrikaten (Generatoren, Eisenchlorid, Weizen etc.) oder die Entsorgung von Abfällen durch eine KVA, die andere die Beziehungen mit der das Wirtschaftssystem umfassenden Umwelt, wie beispielsweise den Bezug von Flußwasser oder Emissionen in die Atmo- resp. Hydrosphäre.

Entsprechend kann der Energie- und Stoffflußvektor eines Prozeßschrittes in einen ökonomischen und einen ökologischen Sektor (Heijungs, 1994) eingeteilt werden. Es resultiert ein Eingabevektor mit einer Anzahl m ökonomischer Grö-ßen a_i (Anthroposphäre) und einer Anzahl n ökologischer Größen b_j (Biosphäre).

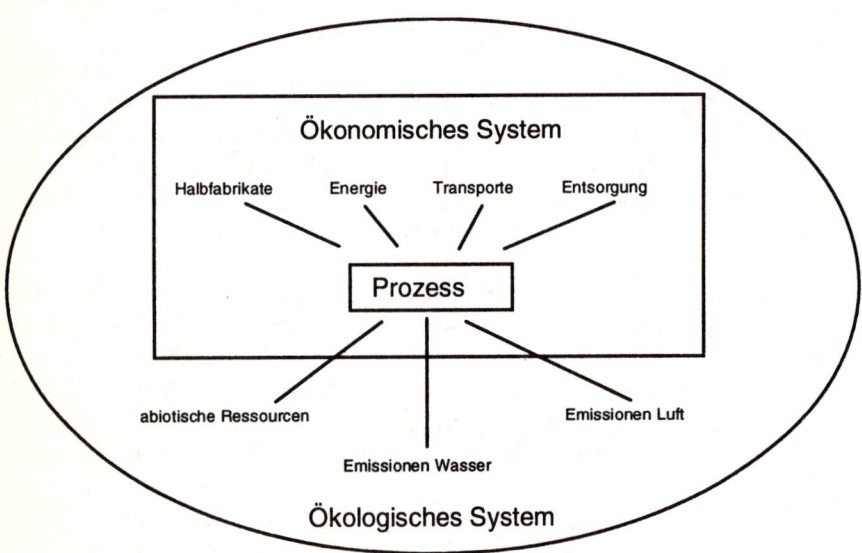

Abb. 3. Wechselbeziehungen eines Prozeßschrittes mit dem ökonomischen und dem übrigen ökologischen System

Eingabe-Vektor einer funktionalen Einheit:

$$\begin{pmatrix} a \\ b \end{pmatrix} = \begin{pmatrix} a_1 \\ \dots \\ a_i \\ \dots \\ a_m \\ b_1 \\ \dots \\ b_j \\ \dots \\ b_n \end{pmatrix} \tag{1}$$

Wird nun ein Wirtschaftsmodell aus Energiebereitstellungs-, Transport-, Materialherstellungs-, Entsorgungs- und weiteren Dienstleistungsprozessen entwickelt, so ergibt sich eine Vielzahl von Vektoren, welche zu einer Eingabematrix angeordnet werden können. Infolge der gegenseitigen Verflechtungen (Rekursionen) ist diese Matrix im Bereich A quadratisch, wobei darauf geachtet werden muß, daß die Reihenfolge der Zeilenköpfe des ökonomischen Teils der Eingabematrix mit derjenigen der Spaltenköpfe übereinstimmt.

Eingabematrix eines Wirtschaftsmodells mit m funktionalen Einheiten:

$$\begin{bmatrix} A \\ B \end{bmatrix} = \begin{bmatrix} a_{11} & \dots & a_{1m} \\ \dots & \dots & \dots \\ a_{m1} & \dots & a_{mm} \\ b_{11} & \dots & b_{1m} \\ \dots & \dots & \dots \\ b_{n1} & \dots & b_{nm} \end{bmatrix} \tag{2}$$

Durch Berechnen der Inversen der Teilmatrix A erhält man den ökonomischen Teil C der Inventarmatrix, deren Elemente die Summe aller direkt und indirekt verursachten Bedarfe an Produkten und Dienstleistungen repräsentieren. Durch Multiplikation des ökologischen Teils B der Eingabematrix mit der so erhaltenen ökonomischen Inventarmatrix C resultiert der ökologische Teil D der Inventarmatrix, deren Elemente die Summe aller direkt und indirekt verursachten (kumulierten) Wechselwirkungen mit der Biosphäre enthalten.

Da die Verknüpfung eines Prozesses mit sich selbst eins zu eins ist, kann A geschrieben werden als

$$A = I - Z$$

wo $Z \in R^{m \times m}$ und deren Diagonalen aus lauter Nullen besteht. Somit ist

$$C = A^{-1} = (I - Z)^{-1} = \sum_{k=0}^{\infty} Z^k \tag{3}$$

und

$$D = BC = B\,(I - Z)^{-1} \tag{4}$$

Die Inventarmatrix P, bestehend aus C und D,

$$P = \begin{bmatrix} C \\ D \end{bmatrix} ,$$

enthält somit Angaben zum totalen (kumulierten) Bedarf ökonomischer Größen (Produkte/Dienstleistungen, Elemente in C) sowie über die totalen (kumulierten) Flüsse ökologischer Größen (Ressourcenentnahmen/Emissionen, Elemente in D) aller Prozesse (funktionaler Einheiten), aus denen das verwendete Wirtschaftsmodell gebildet ist.

2.5   Numerische Umsetzung

Prinzipiell ist es mit den Formeln (3) und (4) in Abschnitt 2.4 klar, wie die Inventarmatrix, P, bestimmt werden kann. Für die praktische numerische Umsetzung ist aber ein effizientes, stabiles Verfahren erwünscht. Wie dies gewährleistet werden kann, soll, gegliedert in die folgenden Punkte, detaillierter beschrieben werden:

- Umstrukturierung des Modells
- Lösungsalgorithmus
- Stabilitäts- und Genauigkeitsfragen

Mit einer Umstrukturierung des Modells versteht man eine Umformulierung des Problems, so daß es eine für die Numerik günstigere Form annimmt. Zu diesem Zweck sieht man, daß die Formeln (3) und (4) mit

$$CA = I$$
$$DA = B$$

und somit auch mit

$$A^T \begin{bmatrix} C \\ D \end{bmatrix}^T = \begin{bmatrix} I \\ B \end{bmatrix}^T$$

äquivalent sind. Hier bezeichnet A^T die Transponierte der Matrix A und

$$\begin{bmatrix} C \\ D \end{bmatrix}^T = \begin{bmatrix} C^T, D^T \end{bmatrix} \quad \text{und} \quad \begin{bmatrix} I \\ B \end{bmatrix}^T = \begin{bmatrix} I, B^T \end{bmatrix}.$$

Setzt man $X := P^T = \begin{bmatrix} C \\ D \end{bmatrix}^T$ und $R := \begin{bmatrix} I \\ B \end{bmatrix}^T$, so erhält man

$A^T X = R$,

was ein lineares Gleichungssystem darstellt. Die ursprüngliche Aufgabe der Berechnung dieser Matrizen C und D hat sich somit auf das Lösen eines einzigen linearen Gleichungssystems mit mehreren rechten Seiten reduziert.

In der numerischen Mathematik werden häufig sogenannte direkte Methoden zur Lösung von linearen Gleichungssystemen eingesetzt. Implementationen dieser Algorithmen sind in vielen öffentlich zugängliche Programmbibliotheken verfügbar. Diese Methoden basieren auf der klassischen Gauß-Elimination und werden mittels der LU-Zerlegung (Golub et al., 1991) effizient durchgeführt:

1. Faktorisiere A^T in eine links untere Dreiecksmatrix, L, und eine rechts obere Dreiecksmatrix, U, so daß

   $A^T = LU$

2. Löse

   $LY = R$

   mittels Vorwärtseinsetzen für Y.
3. Löse

   $UX = Y$

   mittels Rückwärtseinsetzen für X.

Dabei ist es wichtig, daß die Faktorisierung in Schritt 1 mittels einer sogenannten partiellen Pivotstrategie durchgeführt wird, um die numerische Stabilität zu gewährleisten. Für die Stabilität ist es manchmal auch zweckmäßig, die Zeilen und Spalten der Systemmatrix so zu skalieren, daß die neuen Elemente alle etwa die gleiche Größenordnung erhalten. Der Rechenaufwand des oben beschriebenen Algorithmus ist natürlich von der Struktur der Systemmatrix abhängig. Wenn A vollbesetzt ist, dann ist einerseits der Berechnungsaufwand der LU-Zerlegung proportional zu m^3, $O(m^3)$, und das Vorwärts- und Rückwärtseinsetzen andererseits proportional zu m^2, $O(m^2)$, wo m die Dimension von A ist. Da für LCA-Probleme die Systemmatrix häufig aber schwach besetzt ist, kann eine deutliche Reduktion des Rechenaufwandes erreicht werden durch Verwendung von Umnumerierungs- und Eliminationsstrategien die diese spezielle Struktur berücksichtigen und ausnützen.

Unter Verwendung von partiellem Pivotieren und evtl. auch einer Umskalierung der Systemmatrix, wie sie oben diskutiert ist, ist die algorithmische Stabilität garantiert. Diese Anforderungen werden von modernen, numerischen Programmbibliotheken gewährleistet. Bei numerischen Berechnungen muß man aber auch den Einfluß der Rundungs- und Meßfehler der Eingabedaten, hier A und R, analysieren, um die Genauigkeit der Lösung zu bestimmen. Falls X die exakte Lösung und $\hat{X}$ die durch den Algorithmus berechnete Lösung sind, dann ist der relative Fehler der Lösung proportional zur Kondition der Systemmatrix,

$$\frac{\|\hat{X} - X\|_\infty}{\|X\|_\infty} \approx u\kappa_\infty(A),$$

wo u der Rundungsfehler in A und R ist; d.h., falls die Daten in A und R auf vier signifikante Ziffern gerundet sind, dann ist $u=10^{-4}$. $\kappa(A)_\infty := \|A\|_\infty \|A^{-1}\|_\infty$ bezeichnet hier die Konditionszahl von A in der Maximumnorm. Da der relative Fehler viel kleiner als eins sein soll, erhält man folgende, einfache Daumenregel: *Falls die Kondition der Systemmatrix etwa 10^q ist und die Eingabedaten zu d signifikanten Ziffern gegeben sind, dann liefert der obige Lösungsalgorithmus eine Lösung die etwa d-q signifikante Ziffern hat.* Mit anderen Worten kann unter gewisse Umständen die 'Lösung' vollständig falsch sein! Es ist deswegen zu empfehlen, daß die Genauigkeit der Rechnung des Lösungsalgorithmus` mindestens durch obige Schätzung kontrolliert wird.

Eine allgemeine Möglichkeit die Genauigkeit der berechneten und approximierten Lösung zu verbessern, besteht in der sogenannten iterativen Verbesserung durch Anwenden der vorhandenen LU-Zerlegung. Dabei wird das Residuum, $\hat{R} := R - A^T X$, in doppelter Rechengenauigkeit bestimmt, wonach die Schritte 2 und 3 mittels $\hat{R}$ statt R wiederholt werden. Dadurch erhält man die Korrektur

$$Z = U^{-1}L^{-1}\hat{R}$$

und nach einer Addition die verbesserte Lösung, $X+Z$. Dabei werden die Anzahl der signifikanten Ziffern etwa verdoppelt wobei der Rechenaufwand proportional zu m^2, $O(m^2)$ steigt.

Für den Software-Cluster ECOINVENT ist der oben beschriebene Algorithmus mittels Matlab realisiert worden. Matlab bietet dabei durch eine mathematische Subroutinenbibliothek und eine übersichtliche Programmierumgebung gute Flexibilität und einfache Möglichkeiten zur Implementation und Weiterentwicklung. Durch die Matlabschnittstelle werden auch Vor- und Nachbearbeitungen der Daten unterstützt und effizient durchgeführt, wie Abb. 2 zeigt. Durch die Optimierung des Lösungsalgorithmus` in ECOINVENT hat man erreicht, daß die Berechnung der Ökoinventare und Wirkungsbilanzen von etwa 500 Teilprozesse innerhalb von 2 Minuten durchgeführt sind, wogegen andere Systeme in dieser Zeit nur einzelne Prozesse behandeln können.

3   Beispiel

Als Beispiel soll eine vereinfachte Erdöl-Prozeßkette einer Feuerung mit Bedarf an Strom und Stahl dienen. Die Prozeßkette besteht aus sieben Prozessen (m = 7) und zehn ökologischen Größen (n = 10). Die Erdöl-Prozeßkette wird in die Schritte Feuerung, Regionalverteilung, Raffinerie, Ferntransport und Förderung aufgeschlüsselt. Die Prozeßkette des Stahls wie auch der Strombereitstellung wurden je in einem Modul zusammengefaßt. Die Ressourcenentnahmen und Emissionen für die einzelnen hier ausgewiesenen Prozeßschritte wurden entsprechend zusammengefaßt.

Tab. 1. Beispiel der Eingabetabelle einer vereinfachten, unvollständigen Erdöl-Prozeßkette bestehend aus sieben Prozessen und zehn Umwelteinwirkungen

		Nutzwärme ab Heizölfeuerung	Heizöl EL ab Regionalverteilung	Heizöl EL ab Raffinerie	Rohöl ab Ferntransport	Rohöl ab Förderung	Stahl	Elektrizität ab Netz
Ökonomischer Teil:		TJ	t	t	t	t	kg	TJ
Nutzwärme ab Heizölfeuerung	TJ	0	0	0	0	0.00021	8E-7	0.0005
Heizöl EL ab Regionalverteilung	t	26.9	0	0	0.012	0.0009	0	0.009
Heizöl EL ab Raffinerie	t	0	1	0	0	0	0	6.48
Rohöl ab Ferntransport	t	0	0	1.04	0	0	0	0
Rohöl ab Förderung	t	0	0	0	1.0008	0	0	0
Stahl	kg	21	0.074	0.19	0.95	3.1	0	91
Elektrizität ab Netz	TJ	3.60E-7	4.3E-5	7E-5	2.6E-5	2.26E-5	3E-6	0
Ökologischer Teil:								
Rohöl	kg	0	0	0	0	1000	0	8600
Steinkohle	kg	0	0	0	0	0	0	34200
Braunkohle	kg	0	0	0	0	0	0	44500
Uran	kg	0	0	0	0	0	0	3
CO_2	kg	85000	27.1	308	36	32	1.58	125000
SO_x	kg	80	0.023	2.5	0.85	0.6	0.002	600
NO_x	kg	29	0.39	0.53	0.22	0.053	0.0016	235
Vanadium	kg	0	0	0.0056	0.004	0	0	0.4
Benzo(a)Pyren	kg	0	4.70E-6	0	0	3.80E-8	2.74E-8	6.5E-6
Radon total	kBq	0	0	0	0	0.17	0	1.448E8

Wird nun der ökonomische Teil der Matrix in Tab. 1 als Z in (3) eingesetzt und die Inverse ermittelt (siehe Tab. 2), resultiert so der ökonomische Teil der Inventartabelle mit den kumulierten Bedarfen an Produkten und Dienstleistungen C. Dabei zeigt sich zum Beispiel, daß die indirekten Anteile am Stahlbedarf vor allem aus Förderung und Ferntransport um einen Faktor 6 höher sind als der Bedarf der Feuerung selbst (total 145 kg).

Tab. 2. Inventartabelle derselben vereinfachten Erdöl-Prozeßkette. Darin erkennbar einerseits der kumulierte Bedarf an Produkten und anderseits die kumulierte Ressourcenentnahme und die kumulierten Emissionen

		Nutz-wärme ab Heizöl-feuerung	Heizöl EL ab Regional-ver-teilung	Heizöl EL ab Raffine-rie	Rohöl ab Fern-transport	Rohöl ab Förde-rung	Stahl	Elektrizi-tät ab Netz
Ökonomischer Teil:		TJ	t	t	t	t	kg	TJ
Nutzwärme ab Heizölfeuerung	TJ	1.01	2.27E-4	2.27E-4	2.18E-4	2.14E-4	8.11E-7	0.00205
Heizöl EL ab Regionalverteilung	t	27.4	1.02	0.0198	0.019	0.00675	2.24E-5	0.153
Heizöl EL ab Raffinerie	t	27.5	1.02	1.02	0.0194	0.00697	4.19E-5	6.64
Rohöl ab Ferntransport	t	28.6	1.06	1.06	1.02	0.00725	4.36E-5	6.91
Rohöl ab Förderung	t	28.6	1.06	1.06	1.02	1.01	4.36E-5	6.91
Stahl	kg	145	4.59	4.51	4.15	3.14	1	120
Elektrizität ab Netz	TJ	0.00492	1.81E-4	1.37E-4	6.42E-5	3.31E-5	3.01E-6	1
Ökologischer Teil:								
Rohöl	kg	28800	1070	1060	1020	1010	0.0696	15500
Steinkohle	kg	168	6.18	4.7	2.2	1.13	0.103	34200
Braunkohle	kg	219	8.04	6.12	2.86	1.48	0.134	44600
Uran	kg	0.0148	5.42E-4	4.12E-4	1.93E-4	9.94E-5	9.02E-6	3
CO2	kg	97500	463	431	109	62.1	2.04	128000
SOx	kg	194	4.25	4.2	1.59	0.671	0.00404	628
NOx	kg	63.6	1.29	0.885	0.324	0.0803	0.00237	241
Vanadium	kg	0.27	0.01	0.01	0.00422	8.13E-5	1.61E-6	0.465
Benzo(a)Pyren	kg	1.34E-4	4.96E-6	2.58E-7	2.42E-7	1.56E-7	2.75E-8	1.08E-5
Radon total	kBq	713000	26200	19900	9300	4800	435	1.45E8

Wird der ökologische Teil der Eingabetabelle (B in Formel (4)) mit dieser Inventartabelle C multipliziert, resultiert der ökologische Teil der Inventartabelle D. Daraus läßt sich erkennen, daß beispielsweise die CO_2-Emissionen bei der

Stahlherstellung von 1.58 kg auf 2.04 kg pro kg Stahl zunehmen. Die Zeile "Rohöl" zeigt sehr schön, wie der Rohölbedarf im Verlauf der Verarbeitung des Öls zunimmt, von 1'010 kg pro t gefördertem Rohöls über 1'020 kg pro t transportierten Rohöls bis hin zu 28'600 kg pro TJ durch die Feuerung gelieferte Nutzwärme.

In Tab. 2 sind für jeden der hier aufgelisteten sieben Prozesse die kumulierten Werte enthalten, womit für diese sieben funktionalen Einheiten deren Ökoinventarvektor in einem Schritt ermittelt werden konnte.

4   Ausblick

Der im Rahmen des Projektes "Ökoinventare für Energiesysteme" entwickelte Software-Cluster soll im Hinblick auf den erweiterten Aufgabenbereich ergänzt und flexibilisiert werden.

Es hat sich gezeigt, daß der gewählte Lösungsansatz grundsätzlich richtig ist, indem die rationelle Lösung großer Gleichungssysteme kombiniert wird mit der Verwendung einer relationalen Datenbank für den Aufbau des betrachteten Wirtschaftsmodells. Mit dem hier vorgestellten numerischen Ansatz können Wirtschaftsmodelle mit bis zu 2000 Prozessen problemlos bearbeitet werden. Somit erlaubt das implementierte Programm eine Erweiterung des bestehenden Wirtschaftsmodells, das zur Zeit vor allem im Bereich der Energiebereitstellung eine relativ feine Auflösung aufweist, indem einerseits neue Wirtschaftsbereiche integriert (z.B. Bauwesen) und andererseits bestehende Bereiche verfeinert werden. Letzteres ist z.B. im Bereich der Entsorgungsprozesse der Fall.

Folgende Erweiterungen und Flexibilisierungen des bestehenden Softwaresystems sind vorgesehen:

- Erweiterung der Möglichkeiten bezüglich Datenimport und -export.
  Um den Datenaustausch mit anderen Datenbanken zu erleichtern, sollen für Datenformate wichtiger europäischer Datenbanken die Möglichkeiten des Einlesens resp. der Ausgabe ganzer Datensätze geschaffen werden. Es bestehen Kontakte zur Arbeitsgruppe "LCA Data Exchange" in den Niederlanden, welche sich um die Standardisierung von Substanznamen und Austauschformaten auf internationaler Ebene bemühen.
- Implementieren ökobilanzorientierter Klassifizierungs- und Bewertungsmöglichkeiten.
  Durch das Einfügen operationalisierter Wirkungsbilanzen (Characterization, hier vor allem Heijungs et al., 1992) und verschiedener Möglichkeiten der Vollaggregation (Valuation, siehe z.B. Braunschweig et al., 1994, Hofstetter u. Braunschweig, 1994) kann die Datenmenge erheblich komprimiert und deren Aussagekraft z.T. stark gesteigert werden. Dies erlaubt einerseits ein effizienteres Eliminieren grober Eingabefehler und gibt andererseits einen ersten

Überblick über die Relevanz der einzelnen funktionalen Einheiten bezüglich der verschiedenen Wirkungskategorien. Dadurch daß verschiedene Vollaggregationsmodelle implementiert werden, soll der Methodenvielfalt und der Widersprüchlichkeit der Ergebnisse im Bereich der Bewertung Rechnung getragen werden.

• Implementieren ökobilanzorientierter Auswertungsmöglichkeiten wie die Relevanzanalyse und die Marginal- oder Sensitivitätsanalyse.

Mithilfe der Relevanzanalyse können diejenigen Teilprozesse der Prozeßkette einer funktionalen Einheit eruiert werden, welche dessen Inventar-Vektor maßgeblich beeinflussen. Die Relevanzanalyse gibt damit z.B. einer Unternehmensleitung Anhaltspunkte dafür, wo angesetzt werden muß, um eine effiziente Verbesserung des Inventar-Vektors zu erreichen. Dabei läßt sich unterscheiden, ob die Verbesserung inner- oder außerhalb des Verantwortungsbereichs des Unternehmens liegt. Sie ist somit Grundlage der Optimierung, welche auf der Basis sowohl der unaggregierten Inventardaten als auch der Wirkungsbilanz durchgeführt werden kann.

Eine Marginal- oder Sensitivitätsanalyse demgegenüber erlaubt Aussagen zur Fortpflanzung der in den Eingabe-Vektoren auftretenden Unsicherheiten und Ungenauigkeiten in den Daten d.h. in den Wechselbeziehungen eines Prozesses sowohl mit andern Prozessen als auch mit der Umwelt. Damit kann der Einfluß dieser Unsicherheiten auf die Genauigkeit des Ökoinventar-Vektors resp. einzelner Größen daraus ermittelt werden.

Dank

Die Autoren möchten Ivo Knoepfel und Patrick Hofstetter (beide ETH Zürich) für ihre wertvollen Kommentare und Kritik zu früheren Versionen dieses Manuskripts herzlich danken. Ein spezieller Dank geht an Lukas Knecht und Dr. Michael Monagan vom Institut für Wissenschaftliches Rechnen der ETH Zürich, die die erste für das Projekt entscheidende Operationalisierung ermöglicht haben, sowie an Philippe Bolgiani (stud. Informatik ETHZ), der im Rahmen einer Semesterarbeit die Adaption auf Matlab™ vorgenommen hat.

Die Arbeiten, welche diesem Beitrag zugrunde liegen, sind finanziell vom Bundesamt für Energiewirtschaft BEW, vom Nationalen Energie-Forschungsfonds NEFF und vom Projekt- und Studienfonds der Schweizerischen Elektrizitätswirtschaft PSEL unterstützt worden. Die finanzierenden Institutionen sind in keiner Weise an die in diesem Beitrag gemachten Äußerungen gebunden.

Literatur

Braunschweig, A. et al. (1994): Evaluation und Weiterentwicklung von Bewertungsmethoden - erste Ergebnisse. Zwischenbericht, IWÖ Diskussionsbeitrag Nr. 19, St. Gallen

Frischknecht, R. et al. (1994): Ökoinventare für Energiesysteme – Grundlagen für den ökologischen Vergleich von Energiesystemen und den Einbezug von Energiesystemen. In: Ökobilanzen, Laboratorium für Energiesysteme, ETH Zürich/PSI Villigen, 1. Auflag

Fritsche, U. et al. (1992): Gesamt-Emissions-Modell Integrierter Systeme (GEMIS) Version 2.0. Endbericht. Darmstadt, Freiburg, Kassel, Berlin

Golub, G. H. und van Loon, C. F. (1991): Matrix Computations. 2nd edition, John Hopkins Univ. Press

Heijungs, R. et al. (1992): Environmental Life Cycle Assessment of Products, Guide resp. Backgrounds. Leiden, Apeldoorn, Rotterdam

Heijungs, R. (1994): A Generic Method for the Identification of Options for Cleaner Products. In: Ecological Economics 10, S. 69-81

Hofstetter, P. und Braunschweig, A. (1994): Bewertungsmethoden in Ökobilanzen - ein Überblick. In GAIA 3, Nr. 4, S. 227-236

SETAC (ed.) (1993): Guidelines for Life-Cycle Assessment: A "Code of Practice". Brussels

Die Modellierung von Stoffrekursionen in Ökobilanzen

Mario Schmidt, Heidelberg

1   Einleitung

Spätestens seit Einführung des Begriffs der *Kreislaufwirtschaft* in der Umweltpolitik spielen Stoff- und Energierückführungen, etwa in der Gestalt eines Materialrecyclings, eine zentrale Rolle bei der Modellierung von Stoffströmen in Ökobilanzen. Diese Rückführungen werden auch Rekursionen oder Loops genannt, weil sie z. B. im Sinne eines Produktlebensweges *von der Wiege bis zur Bahre* das sequentielle Vorgehen bei der Berechnung eines solchen Lebensweges durchbrechen: Produkte, die am Ende einer Prozeßkette entstehen, fließen ganz oder teilweise wieder zum Beginn der Kette zurück.

Die Probleme bei der Behandlung dieser Rekursionen liegen sowohl im Bereich der Sachbilanz, also bei der Berechnung der Stoff- und Energieströme, als auch im Bereich der Allokation, bei der eine Zurechnung von Stoff- oder Energieströmen auf zu bilanzierende Produkte oder Leistungen erfolgt. Zu der Frage der Allokationen sei auf (Huppes u. Schneider, 1994) verwiesen[1]. Im folgenden soll auf die Sachbilanzebene näher eingegangen werden.

Typischerweise treten die Probleme der Stoffrekursionen bei Produktökobilanzen, also bei Produktlebenswegbilanzen (Life Cycle Assessment = LCA) auf. Sie können aber auch in Umweltbetriebsbilanzen, bezogen auf ganze Unternehmen oder Produktionseinheiten, von Bedeutung sein.

Die Erstellung einer Ökobilanz für ein Produkt oder für ein Unternehmen ist – trotz des Einsatzes von Computern – nur scheinbar leichter geworden. Die Tükken liegen im Detail oder genauer: in der praktischen Umsetzung und werden oft unterschätzt. Gerade die Stoffrekursionen stellen den Modellierer vor besondere Probleme.

Folgende Aufgaben stellen sich dem Modellierer einer Ökobilanz:

1. Abstraktion und Modellierung einer Prozeßstruktur oder eines Produktlebensweges auf Sachbilanzebene, in Aufwand und Detaillierung dem gewünschten Ziel der Bilanz entsprechend.
2. Bereitstellung der erforderlichen Daten, entweder als verallgemeinerte oder als einzelfallbezogene Daten zu den jeweiligen Prozessen.

---

[1] Siehe auch Beitrag von Ulrich Mampel in diesem Buch.

Mario Schmidt, Achim Schorb (Hrsg.)
Stoffstromanalysen in Ökobilanzen und
Öko-Audits
© Springer-Verlag Berlin Heidelberg 1995

3. Falls erforderlich Allokation und schließlich Wirkungsanalyse und Bewertung, evtl. durch Aggregation der Ergebnisse aus der Sachbilanz[2].

Bei den ersten beiden Punkten ist wesentlich, welche Aufgabe die geplante Bilanz zu erfüllen hat. Geht es z. B. um die Optimierung der umweltrelevanten Stoff- und Energieströme bei der Herstellung eines speziellen Produktes eines Unternehmens, so interessieren hauptsächlich interne Produktionsabläufe, Produktionsstrukturen der Vorlieferanten und produktspezifische Erfahrungswerte bei Distribution, Nutzung und Entsorgung. Prozeßbereiche, die durch das Unternehmen optimierbar sind, wird man dann durch spezifische Daten möglichst gut beschreiben wollen. Viele Randbedingungen werden aber als konstant angenommen, z. B. die Emissionsverhältnisse bei der Erzeugung des elektrischen Stroms, den der Betrieb verbraucht; entscheidend ist hier nur, *wieviel* Strom der Betrieb verbraucht.

Stoffrekursionen durch Produktrecycling, durch innerbetriebliches Recycling, Abwärmenutzung oder Kraftwärmekopplung spielen für das Unternehmen nur im speziellen und damit im begrenzten Rahmen eine Rolle, können aber entscheidende Aussagen über Verbesserungsmöglichkeiten in einem Produktlebensweg oder einer Produktionsstruktur liefern.

Soll dagegen die strategische Bedeutung von Produktgruppen (z. B. Verpakkungen, PVC, Papiere ...) für die Umwelt im gesamtwirtschaftlichen Kontext berücksichtigt werden, müssen die mengenmäßig relevanten Kuppelproduktionen und Prozeßverflechtungen umfassend und richtig modelliert werden. Hier können Abhängigkeiten zwischen ganz verschiedenen Prozessen auftreten, bei denen auch Stoff- und Energierekursionen eine zentrale Rolle spielen. Der Papieranteil im Hausmüll kann beispielsweise Auswirkungen auf die Zusammensetzung der Emissionen einer Müllverbrennungsanlage haben. Wird deren Abwärme zur Stromerzeugung genutzt, und erreicht sie relevante Mengen, muß dies beim Stromverbrauch der Papierfabriken und den dadurch verringerten fossilen CO_2-Emissionen berücksichtigt werden.

Werden sogar Materialvorleistungen für die Bereitstellung von Produktionsstrukturen und Infrastrukturen einbezogen, wie dies neuerdings in Ökobilanzen versucht wird (Frischknecht et al., 1994; Stiller, 1993), werden die Systeme ausgesprochen komplex. Dann muß der Stahl und Beton eines Kraftwerkes über die Betriebsdauer *abgeschrieben* und dem Produkt *Strom* angerechnet werden. Es ergeben sich dadurch zahlreiche Rekursionen, da viele Produkte wieder in die Produktionsstruktur zurückfließen. Beispielsweise muß die Stahlerzeugung für die Produktion von Eisenbahnschienen berücksichtigt werden, die ihrerseits notwendig sind, um das Eisenerz zur Eisenhütte zu transportieren.

Aber auch in diesen Fällen empfiehlt es sich, klare Ziele der Untersuchung zu benennen und entsprechende Subsysteme mit der Absicht einer Reduzierung der Prozeßabhängigkeiten zu bilden. Die Kunst des Modellierens liegt darin, das System so einzugrenzen und zu vereinfachen, daß es einerseits überschaubar und

---

[2]   Zur Bewertung siehe auch Beitrag von Jürgen Giegrich in diesem Buch.

begreifbar bleibt und andererseits mengenmäßig bedeutsame Abhängigkeiten nicht vernachlässigt werden.

2 Die gebräuchliche Modellierung von Stoffrekursionen

Heijungs (1992b) beschreibt sehr anschaulich das Problem, das sich bei der sequentiellen Berechnung von Prozessen unter Anwesenheit von Stoff- und Energierekursionen ergibt. Angenommen ein Produktionsprozeß benötigt 5 MJ Strom. Diese Energie erhält er von einem Prozeß „Stromproduktion", der z. B. durch einen Output von 1 MJ bei einem Input von 0,1 kg Kohle und 0,1 MJ Strom– etwa dem Stromeigenbedarf dieses Prozesses – definiert ist. Bei der sequentiellen Modellierung müßte der Prozeß „Stromproduktion" sich selbst nochmals mit einem Bedarf von 0,5 MJ, dann mit 0,05 MJ usw. *aufrufen.* Insgesamt werden so für den Produktionsprozeß 5,555.. mal 0,1 kg Kohle benötigt. Dies ist in diesem einfachen Beispiel sofort einsichtig, da der effektive oder der Netto-Output des Prozesses „Stromproduktion" 0,9 MJ beträgt. Der Bedarf von 5 MJ dividiert durch 0,9 MJ führt dann aber zu einem Verbrauch von 5,5555.. kg Kohle.

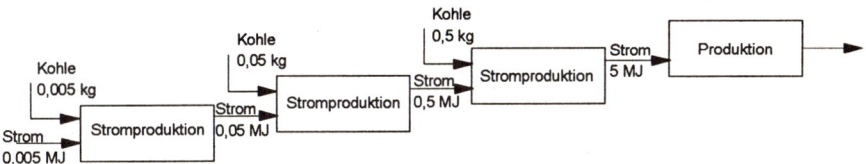

Abb. 1. Modellierung einer Rekursion mit sequentieller Prozeßberechnung

Schwieriger wird die Berechnung für komplexere Systeme und darin vorkommende Rekursionen. Dann bietet sich ein Matrixberechnungsverfahren an, bei dem ein System gekoppelter linearer Gleichungen gelöst wird. Ein Matrixverfahren wurde z. B. für die *Ökobilanz Verpackungssysteme* der Projektgemeinschaft Lebenswegbilanzen (1991) zwischen ILV, dem ifeu-Institut und GVM im Auftrag des Umweltbundesamtes verwendet (Möller, 1992). Heijungs (1992b) erläutert ausführlich ein etwas modifizierteres und anschaulicheres Verfahren, das im folgenden wiedergegeben wird.

2.1 Das Matrixverfahren zur Berechnung von LCA

Ein Prozeß wird als ein System mit In- und Outputströmen, die zueinander in linearem Verhältnis stehen, verstanden. Unterschieden werden wirtschaftsfähige

In- und Outputströme sowie In- und Outputströme, die mit der Umwelt in Verbindung stehen. Ein Prozeß kann dann als ein Spaltenvektor dargestellt werden, in dem diese In- und Outputströme von einzelnen Stoffen oder Energieformen quantifiziert sind.

$$\begin{pmatrix} \vec{a} \\ \vec{b} \end{pmatrix} = \begin{pmatrix} a_1 \\ \dots \\ a_r \\ b_1 \\ \dots \\ b_s \end{pmatrix} \tag{1}$$

a_1 bis a_r stellen die wirtschaftsfähigen In- und Outputs dar, wobei Inputs negativ und Outputs positiv gezählt werden. b_1 bis b_s stehen für die In- und Outputs zur Umwelt. Wenn das System aus q Prozessen besteht, so ergibt sich eine Matrix mit q Spaltenvektoren.

Dazu muß nun noch ein Vektor definiert werden, der die funktionelle Einheit, also das erwünschte Gut in der entsprechenden Menge, beschreibt. Dazu dient der Spaltenvektor mit den Koeffizienten α_i und β_i.

$$\begin{pmatrix} A \\ B \end{pmatrix} = \begin{pmatrix} a_{11} & \dots & a_{1q} \\ \dots & & \dots \\ a_{r1} & \dots & a_{rq} \\ b_{11} & \dots & b_{1q} \\ \dots & & \dots \\ b_{s1} & \dots & b_{sq} \end{pmatrix} \qquad \begin{pmatrix} \vec{\alpha} \\ \vec{\beta} \end{pmatrix} = \begin{pmatrix} \alpha_1 \\ \dots \\ \alpha_r \\ \beta_1 \\ \dots \\ \beta_s \end{pmatrix} \tag{2}$$

Es wird nun angenommen, daß jedes wirtschaftsfähige Gut einem Prozeß entspringen muß bzw. wieder in einen Prozeß (z. B. Müllverbrennung) fließt. Für jede Zeile i muß dann ein Erhaltungssatz, etwa eine Massen- oder eine Energieerhaltung, gelten, wobei die p_j die Anteile der jeweiligen Prozesse darstellen:

in Koeffizientenschreibweise: in Matrixschreibweise:

$$\sum_{j=1}^{q} a_{ij} p_j = \alpha_i \qquad\qquad A\,\vec{p} = \vec{\alpha} \tag{3}$$

Dies ergibt ein lineares Gleichungssystem, das üblicherweise lösbar ist, wenn die Anzahl der wirtschaftsfähigen Güter gleich der Anzahl der berücksichtigten Prozesse ist, also r = q und damit die Matrix A eine quadratische Form hat. Hierbei werden also Einzelproduktprozesse betrachtet, bei dem einem Prozeß stets die Herstellung eines wirtschaftsfähigen Produktes zugeordnet wird.

Durch Matrixinversion kann das Gleichungssystem gelöst werden. Damit erhält man den Vektor $\vec{p}$. Durch Multiplikation der Teilmatrix B, die übrigens nicht quadratisch sein muß, mit $\vec{p}$ erhält man die mit der funktionellen Einheit verbundenen Input- und Outputströme mit der Umwelt.

$$\vec{p} = A^{-1} \, \vec{\alpha} \quad \text{und} \quad \vec{\beta} = B \, \vec{p} \tag{4}$$

Dieses Verfahren soll an einem fiktiven Beispiel praktisch erläutert werden, das Heijungs (1992a) formuliert hat. Es geht um die Produktion von 10 Verpakkungseinheiten aus Aluminiumfolie. In der folgenden Tabelle stehen in den Spalten die berücksichtigten Prozesse, in den Zeilen die verschiedenen Stoffe und Energien – oben die wirtschaftsfähigen Güter, unten die berücksichtigten Rohstoffe und Emissionen oder Abfälle.

Tab. 1. Die Darstellung der Produktion von 10 Verpackungseinheiten aus Aluminiumfolie. Die 4 x 4-Matrizen sind oben die Matrix A und unten die Matrix B. Rechts oben ist der Vektor $\vec{\alpha}$ dargestellt, der Vektor $\vec{\beta}$ ist unbekannt. Nach Heijungs (1992a).

	Strom-produktion	Aluminium-produktion	Alu-Folie-Produktion	Alu-Folie-Verwendung	Funktionelle Einheit
MJ Strom	1	- 50	- 1	0	0
kg Alu	- 0.01	1	- 1	0	0
kg Alu-Folie	0	0	1	- 1	0
100 Ver-packungen	0	0	0	1	0.1
kg Bauxit	0	- 5	0	0	?
kg Rohöl	- 0,5	0	0	0	?
kg CO$_2$	3	0	0	0	?
kg Abfall	2	10	0	1	?

In diesem Beispiel ist auch eine Stoffrekursion dargestellt. Das Aluminium, das für seine Produktion Strom (nämlich 50 MJ pro 1 kg Alu) benötigt, wird ebenfalls zur Stromproduktion benötigt – z. B. zur Bereitstellung der Produktionsinfrastruktur. In der Matrix A wird das durch den Koeffizienten - 0,01 quantifiziert.

Durch Lösung der Gleichungen (4) ergibt sich als Lösung:

$$\vec{\beta} = \begin{pmatrix} -1{,}01 \\ -5{,}1 \\ 30{,}6 \\ 22{,}52 \end{pmatrix}$$

Diese Ergebnisse sind so zu deuten, daß für die Produktion der 10 Verpackungen 1,01 kg Bauxit und 5,1 kg Rohöl benötigt und 30,6 kg CO_2 und 22,52 kg Abfall produziert werden.

Erwähnenswert ist noch der etwas anders formulierte Ansatz von Frischknecht et al. (1994), der eine interessante Interpretation zuläßt. Dabei kann die invertierte Matrix A^{-1} abgewandelt als Reihenentwicklung dargestellt werden[3]:

$$A^{-1} = 1 + Z + Z^2 + Z^3 + Z^4 + \ldots \tag{5}$$

1 ist hier die Einheitsmatrix mit den Werten 1 in der Diagonalen, und es gilt $A = 1 - Z$. Diese Reihe kann nun als eine Entwicklung nach den Kopplungen verschiedener Prozesse miteinander verstanden werden.

$$\vec{\beta} = B\,\vec{p} = B\,(A^{-1}\,\vec{\alpha})$$
$$= B\,(1\,\vec{\alpha}) + B\,(Z\,\vec{\alpha}) + B\,(Z^2\,\vec{\alpha}) + B\,(Z^3\,\vec{\alpha}) + \ldots \tag{6}$$

Die Einheitsmatrix symbolisiert die Emissionen nur des einzelnen Prozesses, der für die eigentliche Produktion der funktionellen Einheit verantwortlich ist, unabhängig von anderen Prozessen. Die verschiedenen Potenzen von Z koppeln dann an die anderen Prozesse an, wobei nun auch Rekursionen verschiedener Ordnung auftreten können.

3   Lösungsmöglichkeiten mit Stoffstromnetzen

Will man ein solches Beispiel, wie unter 2.1 beschrieben, mit Stoffstromnetzen lösen, so muß sich die Erklärung des Verfahrens von dem rein sequentiellen Vorgehen oder von dem Matrixverfahren lösen. In einigen besonders komplexen Fällen müssen hierbei Rekursionen – ähnlich wie in sequentiellen Verfahren – iterativ (siehe unten) gelöst werden. Aber es gibt auch zahlreiche Fälle, in denen Rekursionen in Stoffstromnetzen geschlossen gelöst werden können. Zum weiteren Verständnis seien aber zuerst einige wichtige modelltechnische Besonderheiten des Programms Umberto beschrieben.

---

[3] Siehe Gleichung (3) im Beitrag von Rolf Frischknecht und Petter Kolm in diesem Buch.

3.1 Hilfestellungen durch das Programm Umberto®

Für die Beschreibung von Stoffstromnetzen mit Stoff- oder Energierekursionen können in dem Programm Umberto, das auf der Basis von Stoffstromnetzen arbeitet, mehrere hilfreiche Programmeigenschaften ausgenutzt werden.

* Umberto ermöglicht durch die beliebige Verknüpfung von Prozessen den Aufbau von komplexen Modellsystemen einschließlich der Rekursionen. Das System mit seiner Netzstruktur ist dabei sehr anschaulich, kann intuitiv erfaßt werden und auch mit der Zeit erweitert oder verändert werden.
Der Modellierer muß allerdings sicherstellen, daß das System bestimmt ist, d. h., daß ausreichend Daten oder Informationen zur Verfügung stehen, mit denen das Stoffstromnetz lokal und schließlich insgesamt berechenbar ist. Das Programm versucht, unbestimmte Größen – Stoffströme, Stoffbestände oder Prozeßbilanzen – aus bekannten oder bereits berechneten Größen zu berechnen. Insbesondere die Rechenrichtung im Netz ist dabei frei (siehe Kap. 3.2). Wichtige Eingangsdaten können somit an jeder Stelle des Netzes festgelegt werden.
* Neben den gewöhnlichen Stellen[4], die zeitlich veränderliche Stoff- und Energiebestände darstellen, können zum Netzaufbau noch sogenannte *Verbindungsstellen* verwendet werden. Verbindungsstellen enthalten keine zeitabhängigen Bestände, sondern setzen den Output gleich dem Input oder umgekehrt. Sie sollen auf diese Weise die direkte Weitergabe von Strömen an den nächsten Prozeß darstellen. Ein unbekannter Strom eines Stoffes läßt sich aus den bekannten Zu- und Abflüssen dieser Stelle errechnen. Damit können als eine Entwicklung nach den Kopplungen verschiedener Prozesse miteinander auf elegante Weise Rekursionen dargestellt werden.
* In Umberto können Input-/Outputbilanzen von Teilsystemen oder des gesamten Systems auf beliebige Stoffströme skaliert werden. Damit lassen sich – im linearen Fall – alle Input- und Outputströme z. B. auf 1 kg des Endproduktes beziehen.
* Stoffstromnetze sind eine Art Periodenrechnung; Ströme und Bestände sind zeitabhängig. Damit sind aber quasi Iterationen über die Zeit möglich. Z. B. werden Stoffrückflüsse durch Recycling bei den Rohstoffbeständen gebucht und bei der Berechnung der nächsten Periode berücksichtigt (siehe Kap. 3.3).

3.2 Upstream- und Downstream-Berechnung von Stoffstromnetzen

Wie bereits an anderer Stelle in diesem Buch erläutert wurde, eignen sich Stoffstromnetze als eine Periodenrechnung vorrangig für Stoffstromanalysen in Betrieben, z. B. für Umweltbetriebsbilanzen. Es wurde aber auch darauf hinge-

---

[4] Zur Definition von Transitionen, Stellen und Verbindungen siehe Beitrag von Andreas Möller und Arno Rolf.

wiesen, daß mit Stoffstromnetzen ein Stückbezug und damit die Aufstellung einer Produkt-Ökobilanz möglich ist. Das Programm Umberto bietet dazu eine wesentliche Voraussetzung: Die Berechnung eines Stoffstromnetzes kann sowohl mit (downstream) als auch entgegen (upstream) der physischen Flußrichtung der Stoff- und Energieströme erfolgen – vorausgesetzt, die Transitionen sind umkehrbare Funktionen. Das Programm *sucht* selbst die unbestimmten Größen im Stoffstromnetz, etwa an eine Transition anschließende Input- oder Outputströme, und versucht, sie aus vorhandenen Informationen, z. B. aus den bekannten Strömen oder Prozeßdefinitionen, zu berechnen.

Werden Transitionen im einfachsten Fall als Produktionseinheiten mit einer festen Relation der Input- und Outputströme zueinander aufgefaßt – etwa als Produktionskoeffizienten –, so stellen die Transitionen rein lineare und umkehrbare Funktionen dar. Damit ist praktisch die Möglichkeit gegeben, an beliebiger Stelle im Lebensweg eines Produktes eine funktionelle Einheit als Strom zu definieren, auf die die Bilanz bezogen werden soll: z. B. ein Stück oder 1 kg eines Produktes unmittelbar vor seiner Nutzung oder am Ende des Produktionsweges.

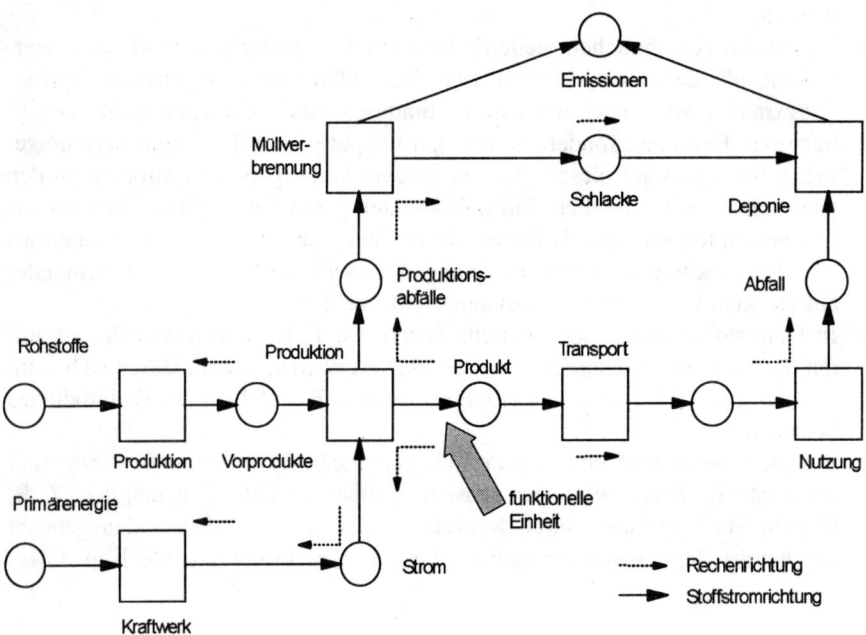

Abb. 2. Beispiel für die zum Stoffstrom gegenläufige Rechenrichtung in Stoffstromnetzen von Produktbilanzen. Die Rechnung beginnt bei der funktionellen Einheit von einem Produkt und läuft dann sowohl upstream als auch downstream weiter. In diesem Beispiel wird die Deponie übrigens als Prozeß mit Emissionen und nicht als ein *Endlager* aufgefaßt. Nach Schmidt et al. (1994)

Das in Abb. 2 abgebildete Beispiel zeigt sogar eine Besonderheit. Bei einer LCA wird die funktionelle Einheit eines Produktes üblicherweise nach der Produktion bzw. vor der Nutzung festgelegt. Bei sogenannten „Downstream-Prozessen", die stromabwärts davon liegen, tritt praktisch nie eine zur Stromrichtung entgegengesetzte Rechenrichtung auf. Gerade für komplexe Prozesse, wie z. B. eine Müllverbrennung, besteht damit keine Verpflichtung zur linearen Beschreibung der Stoffumwandlungsprozesse, sondern es können auch aufwendigere Funktionen verwendet werden, die z. B. stöchiometrische Rechnungen ermöglichen.

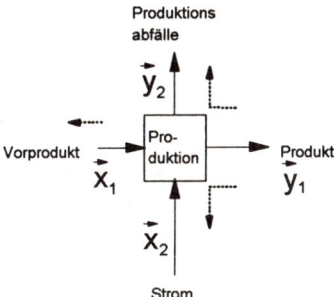

Abb. 3. Ausschnitt aus Abb. 2 mit Zuweisung der Input- und Outputvektoren zu der Transition „Produktion"

Die Bedingung eines rein linearen Zusammenhangs – etwa durch die Verwendung von Produktionskoeffizienten – zwischen Input und Output einer Transition für die Beliebigkeit der Rechenrichtung kann somit fallengelassen werden. Betrachtet man in Abb. 2 die Transition „Produktion" und weist den Input- und Outputströmen Variablen zu (siehe Abb. 3), so läßt sich die Transition in „downstream"-Richtung so beschreiben:

$$\vec{y}_i = f(\vec{x}_1, \vec{x}_2) \text{ für } i = 1,2 \tag{6}$$

$\vec{x}_1$ und $\vec{x}_2$ sind dabei die Inputströme der Transition und f eine Funktion, die die Transition beschreibt. Für die Lösung des oben geschilderten Beispiels reicht nun die Bedingung aus, daß eine Funktion g existiert, mit der sich $\vec{x}_j$ eindeutig aus dem Output $\vec{y}_1$ berechnen läßt:

$$\vec{x}_j = g(\vec{y}_1) \quad \text{für } j = 1,2 \tag{7}$$

$\vec{y}_2$ muß dagegen zur Berechnung der Inputströme nicht bekannt sein.

3.2 Geschlossene Lösung von Rekursionen

In Abb. 4 ist die einfachste Form der Rekursion in einem Stoffstromnetz dargestellt. Stoffe oder Energieformen[5], die als Output den Prozeß T1 verlassen, werden zu einem Teil wieder von diesem Prozeß als Input angefordert. Damit läßt sich z. B. auch das Problem aus Abb. 1 berechnen, bei dem die Stromproduktion selbst einen gewissen Anteil an Strom verbraucht.

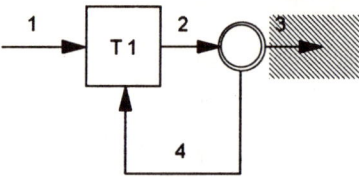

Abb. 4. Einfachstes Beispiel einer Rekursion in einem Stoffstromnetz. Die schraffierte Fläche symbolisiert den Bereich, von dem aus das System nicht berechenbar ist.

Vorausgesetzt, die Transition T1 ist – z. B. mittels Produktionskoeffizienten oder Emissionsfaktoren – definiert und als lineare Funktion in der Rechenrichtung frei, so kann das System durch Vorgabe eines Materialstroms an den Verbindungen 1, 2 oder 4 berechnet werden. Nicht berechenbar ist das System dagegen, wenn nur der Materialstrom in der Verbindung 3 bekannt ist. Das Programm kann dann nicht das Verhältnis der Materialströme in 2 und 4 bestimmen, ohne vorher T1 berechnet zu haben. Deshalb ist diese Verbindung in der Abb. 4 mit einer Schraffur unterlegt.

In der Praxis interessiert aber genau dieser Materialstrom mit einem bestimmten Wert. Im Beispiel in Abb. 1 wurden z. B. von der Produktion 5 MJ Strom angefordert. Seine Berechnung ist trotzdem möglich, da Umberto das Ergebnis eines mit beliebigen Startwerten in den Verbindungen 1, 2 oder 4 berechneten Netzes auf diesen bestimmten Wert skalieren kann.

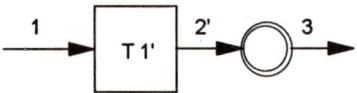

Abb. 5. Modifiziertes Netz aus Abb. 4 ohne Rekursion. In 2' wird nur der effektive oder Netto-Output ausgewiesen

---

[5] Die rechnerische Behandlung von Stoffen und Energieformen in Stoffstromnetzen ist die gleiche. Die Ströme oder Flüsse werden nur in anderen Einheiten berechnet. Im folgenden ist synomym für beide Formen auch von Materialströmen die Rede.

Einfacher wäre in diesem trivialen Fall allerdings eine Modifikation der Netz-struktur (siehe Abb. 5). Als Output in T1' würde man besser nur den effektiven bzw. Netto-Output ausweisen. Die Rekursion wäre dann überflüssig.

Nach dem Prinzip von Abb. 4 lassen sich nun beliebig komplexe Netzstruktu-ren mit Rekursionen aufbauen. In Abb. 6 sind Beispiele mit einfachen Rekursio-nen dargestellt. Das Programm kann seinen Rechenprozeß durch die Vorgabe eines Materialstroms an einer belieben Stelle im Netz beginnen. Die Bereiche, von denen aus das Netz mit Anfangswerten nicht berechenbar sind, ergeben sich aus der Lage der Verbindungsstellen, für deren Berechnung stets alle heranrei-chenden Ströme außer einem bestimmt sein müssen. Diese Bereiche werden erst berechnet, wenn das Restnetz bestimmt ist.

a)

b)

c)

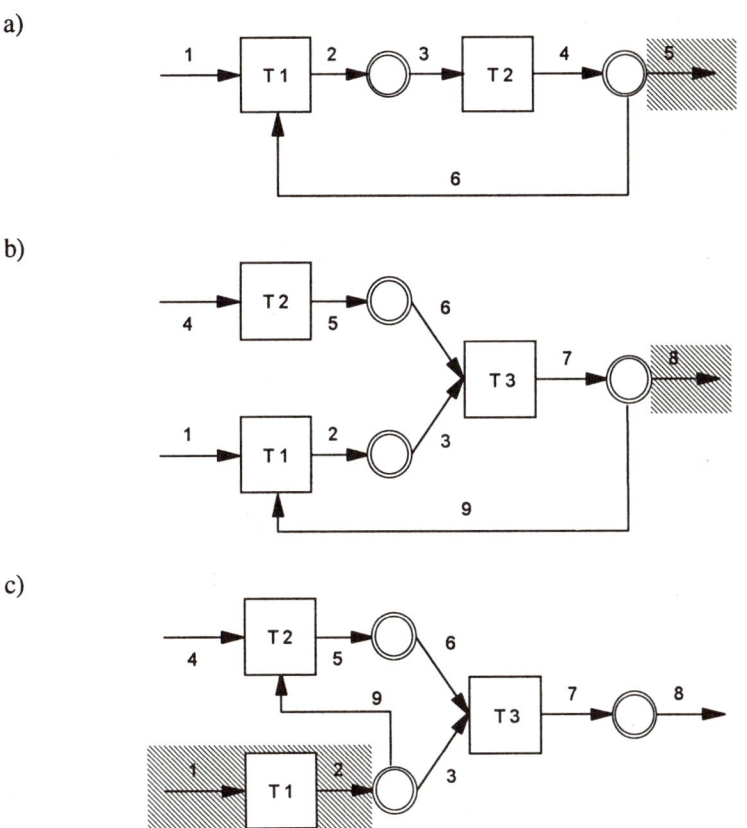

Abb. 6. Einfachrekursionen in Einstrang- und Mehrstrang-Stoffstromnetzen. Die schraffierten Flächen symbolisieren die Bereiche, von denen aus das jeweilige System nicht berechenbar ist

Interessanter sind die Fälle, bei denen mehrere Rekursionen miteinander verschachtelt sind. Im Fall a) von Abb. 7 ist das System noch gut mit einem Startwert in einer der Verbindungen 1 bis 4 und 8 u. 9 berechenbar. Im Fall b), bei dem eine Rekursion mit einer Materialverzweigung kombiniert wurde, läßt sich das System lediglich von den Verbindungen 1 und 6 aus nicht berechnen.

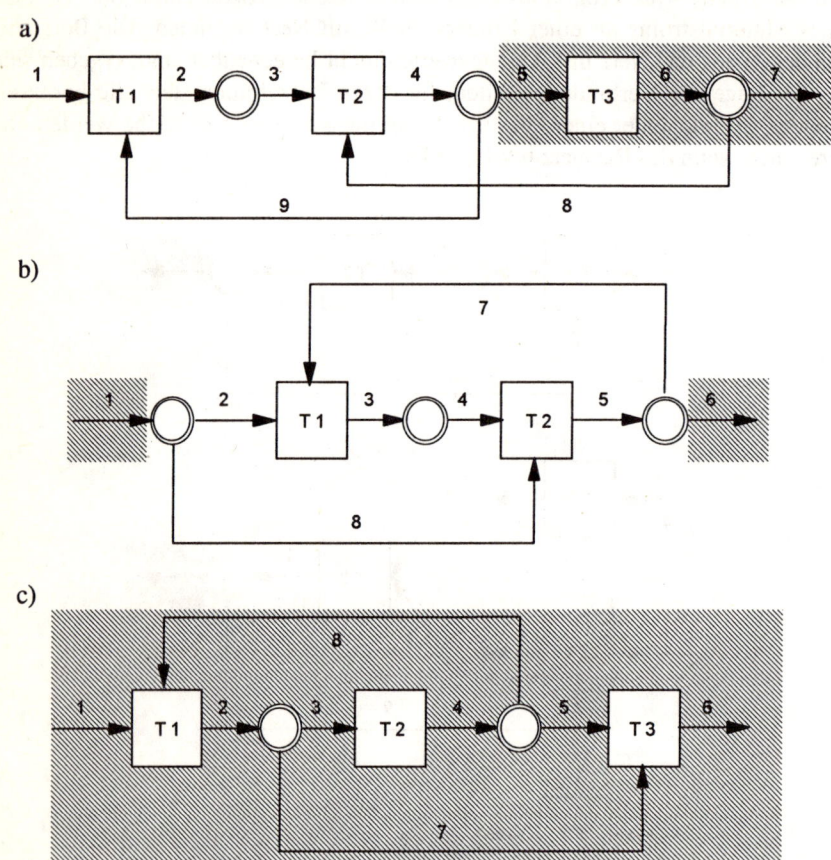

Abb. 7. Verschachtelte Rekursionen in Einstrang-Stoffstromnetzen. Der Fall c) ist nicht geschlossen lösbar

Im Fall c) liegen die Verbindungsstellen dagegen so, daß der Rechenvorgang immer zum Erliegen kommt, egal von wo aus gestartet wird. Mit dem unter 2.1 beschriebenen Matrixverfahren wäre das System dagegen berechenbar[6]. Wenn

---

[6] Dies gilt allerdings nur, wenn jeder Prozeß nur ein wirtschaftsfähiges Produkt erzeugt, die Matrix A also quadratisch ist. Diese Einschränkung gilt für Stoffstromnetze nicht. In

die Spalten als die Prozesse (oder Transitionen) T1 bis T3 aufgefaßt werden und die Zeilen die Produkte der Prozesse T1 bis T3 darstellen, so hätte die Matrix A folgende Struktur:

$$A = \begin{bmatrix} + & - & - \\ - & + & - \\ & & + \end{bmatrix}$$

Die „+" symbolisieren dabei positive Werte für die Outputströme, die „-" die Inputströme.

a)

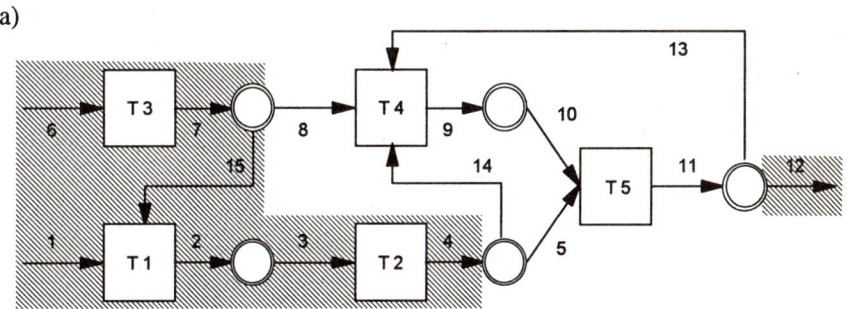

b)

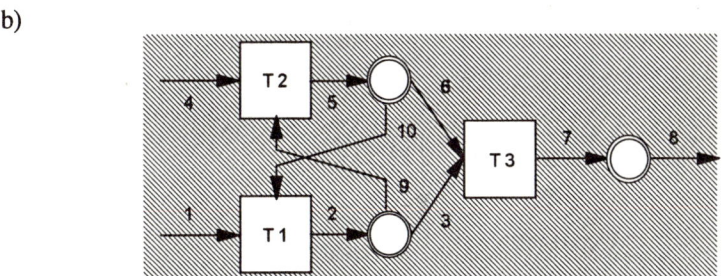

Abb. 8. Komplexe Netzstrukturen mit mehreren Rekursionen

In Abb. 8 sind noch einmal beispielhaft etwas komplexere Netzstrukturen dargestellt. Die Anzahl der Rekursionen und damit die Anzahl der verwendeten Verbindungsstellen schränkt den Bereich ein, von dem aus das System durch Anfangswerte berechenbar ist. In Fall b), wo Rekursionen *über Kreuz* laufen, ist das System nicht lösbar. Dann tritt das gleiche Problem auf wie in Abb. 7c. Tatsäch-

---

den Verbindungen können mehrere Materialien fließen und die Transitionen können auch als Multi-Produkt-Prozesse definiert werden.

lich sind beide Netzstrukturen ineinander überführbar und haben damit das gleiche Problem der über Kreuz laufenden Ströme. Das Problem kann in diesen Fällen nur gelöst werden, indem zusätzliche Informationen verwendet werden, z. B. indem statt einer Verbindungsstelle eine Transition das Verzweigungsverhältnis der Ströme festlegt. Dann kann das System allerdings überbestimmt sein, worauf hier aber nicht näher eingegangen werden soll.

3.3 Iteratives Lösen von Rekursionen

Für den Fall, daß komplexe Netzstrukturen nicht geschlossen gelöst werden können, bietet sich immer noch ein iteratives Verfahren an, bei dem man ausnutzt, daß die Stoffstromnetze eine Periodenrechnung darstellen und die Ströme mit Hilfe der Zeit als Laufindex iteriert werden können. Bestände und Ströme am Ende einer Zeitperiode können als Anfangswerte für die Berechnung der nächsten Zeitperiode verwendet werden. Dies soll ein einfaches, aber anschauliches Beispiel demonstrieren.

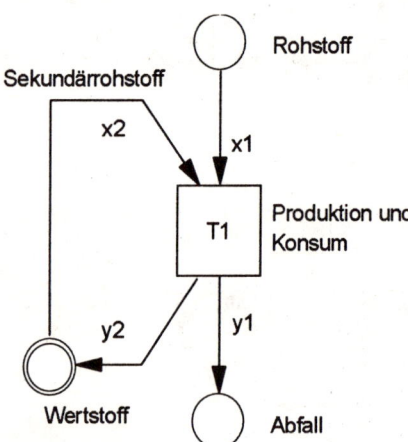

Abb. 9. Produktions- und Konsumprozeß mit Recyclingloop. x verdeutlicht die Input-, y die Outputströme

Es wird ein Produktions- und Konsumprozeß betrachtet, bei dem ein Wertstoff anfällt, der als Sekundärrohstoff wieder im Produktionsprozeß eingesetzt wird und somit Rohstoff einspart (siehe Abb. 9). Der Sekundärrohstoff hat gegenüber dem Rohstoff allerdings den Nachteil, daß er eine geringere Qualität aufweist und daß er sich nach seiner Verarbeitung und Nutzung in geringerem Maße wiederverwenden läßt. Dies wird ausgedrückt durch die *Recyclingquote* c_1 des Rohstoffes bzw. c_2 des Sekundärrohstoffes und durch $c_2 < c_1$. Es gilt dann:

$$y1 = (1 - c1) \cdot x1 + (1 - c2) \cdot x2$$
$$y2 = c1 \cdot x1 + c2 \cdot x2 \tag{8}$$

Wenn die Gesamtmenge an eingesetztem Rohstoff und Sekundärrohstoff konstant ist (x1 + x2 = s), dann läßt sich das System mit folgenden Formeln iterativ lösen, wobei i der Laufindex der Iteration ist:

$$x2^i = y2^{i-1}$$
$$y2^i = c1 \cdot s + (c2 - c1) \cdot y2^{i-1}$$

Mit beispielsweise s = 100 und $x2^0 = 0$ sowie c1 = 0,6 und c2 = 0,4 konvergiert der Wert für den Wertstoffstrom y2 gegen einen Wert von 50.

Dieses System läßt sich auch als Stoffstromnetz lösen. Die Transition T1 wird durch die Beziehungen (Gleichung 8) und x1 = s – x2 bestimmt. Mit einem Anfangsfluß x2 = 0 wird das System für die Zeitperiode t1 berechnet. Am Ende der Periode t1 wird der Wert x2 durch das erfolgte Recycling der Wertstoffe überschrieben. Dieser Wert kann für den Anfang der folgenden Zeitperiode t2 verwendet werden usw. Damit wird genau der Iterationsprozeß nachgebildet.

In diesem Beispiel ist die Konvergenz des Systems gegeben und sehr gut. In komplexen Fällen mit vielen verschachtelten Rekursionen ist eine Konvergenz des Systems nicht mehr zwingend. Es stellt sich dann allerdings auch die Frage, ob die Absicht, einen stationären und eingeschwungenen Zustand des Systemes zu erreichen, der Realität nahekommt. Wenn Recyclingströme durch komplexe gegenseitige Verkopplungen oder durch Nachfrageeffekte variieren, werden stationäre bzw. konstante Materialströme im restlichen System vielmehr durch Rückgriff auf *Reservoire*, z. B. auf den Weltmarkt, erreicht. Damit zeigen sich eher Parallelen zur Lösung thermodynamischer Fragestellungen.

Auch die Berücksichtigung von Materialvorleistungen z. B. in Produktionsstrukturen verbietet eigentlich eine zeitunabhängige Rechnung, da zwischen der Bereitstellung der Materialien und der Nutzung oder *Abschreibung* eine längere Zeit vergangen ist, in der sich die Verfahren zur Herstellung der benötigten Materialien und die damit verbundenen Umweltauswirkungen geändert haben.

4 Anwendungsbeispiel

In Abb. 10 ist als typisches Netz mit Materialrekursionen die Prozeßstruktur für die Herstellung von Preßspanplatten dargestellt (Schnitzer, 1991). Bekannt sind der Output von 5 t/h Spanplatten, der Input von jeweils 80 kg/h Harz und Paraffin und der Rücklauf von 350 kg/h (angegeben in Trockensubstanz TS) Schneideabfälle. Außerdem ist bekannt, daß die Hackschnitzel 85 % TS besitzen. In der Mahlanlage wird der Holzschliff auf 2 % TS verdünnt. Im Rücklaufmischer kommen die Schneideabfälle dazu. Der Holzschliff wird auf 2 % TS gehalten. Dann wird der Harz und das Paraffin dazudosiert. Im Langsieb wird ein Holzschliffband mit 33 % TS hergestellt. Das überflüssige Siebwasser fließt zurück und wird im Rücklaufmischer und in der Mahlanlage eingesetzt. Beim Plattenschneider fallen die Schneideabfälle an. In der Hochdruckpresse werden die Platten vollständig entwässert, und es entweicht der restliche Wasserdampf.

Das System ist damit vollständig bestimmt. Es enthält praktisch 3 verschachtelte Recyclingloops: vom Plattenschneider zum Rücklaufmischer, vom Langsieb zum Rücklaufmischer und vom Langsieb zur Mahlanlage. Gefragt ist der Bedarf an Frischwasser und Hackschnitzel sowie die Aufteilung des Siebwassers auf die Mahlanlage und den Rücklaufmischer. Ist das System bestimmt, stehen in Umberto allerdings auch alle anderen Stoffströme und die Einzelbilanzen der Prozeßschritte zur Verfügung (siehe Abb. 11).

Das System wurde modelliert, indem die Trockensubstanz und der Wassergehalt der Zwischenprodukte getrennt als Rechengrößen (bzw. „Materialien") geführt wurden. Schwierig ist die Angabe der Hilfsstoffe Harz und Paraffin, da sie sich nicht allein auf den Prozeß der Zudosierung beziehen, sondern auf den Output des Gesamtprozesses. Hier hilft eine kurze Handrechnung, und die Harz- und Paraffinmengen werden auf 5350 kg TS im Mischer bezogen.

Das Programm kann allerdings nicht mit der Rechnung beginnen, wenn (ganz unten) der Output von 5 t/h angegeben wird. Für das upstream-Rechnen ab dem Output fehlen dem Modell Rechengrößen in der Transition zur Hochdruckpresse (z. B. der Wassergehalt). Hier kann mit dem Trick, wie er in den Kap. 3.1 und 3.3 beschrieben wurde, geholfen werden: Es wird zwischen Rücklaufmischer und Langsieb ein Stoffstrom manuell vorgegeben. Das System kann dann alle Größen im Netz bestimmen. Da in diesem Fall alle Stoffströme voneinander linear abhängig sind, können alle Ströme auf 5 t/h Output hochskaliert werden, was mit dem Programm Umberto bei der Auswertung der Ergebnisse problemlos geht. In Tab. 2 sind die Ergebnisse, wie sie sich aus der Literatur (Schnitzer, 1991) und aus Umberto folgen, zusammengestellt.

Tab. 2. Bilanzergebnis für die Herstellung von 5 t Preßspanplatten, einmal nach Angaben von Schnitzer (1991) und einmal aus Umberto entsprechend Abb. 10

	Literatur	Umberto
Input:		
Frischwasserbedarf	9297,2 kg	9297,4 kg
Harz und Paraffin	160,0 kg	160,0 kg
Hackschnitzel (85 % TS)	5694,3 kg	5694,1 kg
Output:		
Spanplatten	5000,0 kg	5000,0 kg
Wasserdampf	10151,5 kg	10151,5 kg
Intern:		
genutztes Siebwasser	243455,3 kg	243448 kg
davon ins Mahlwerk	227016,0 kg	236306 kg

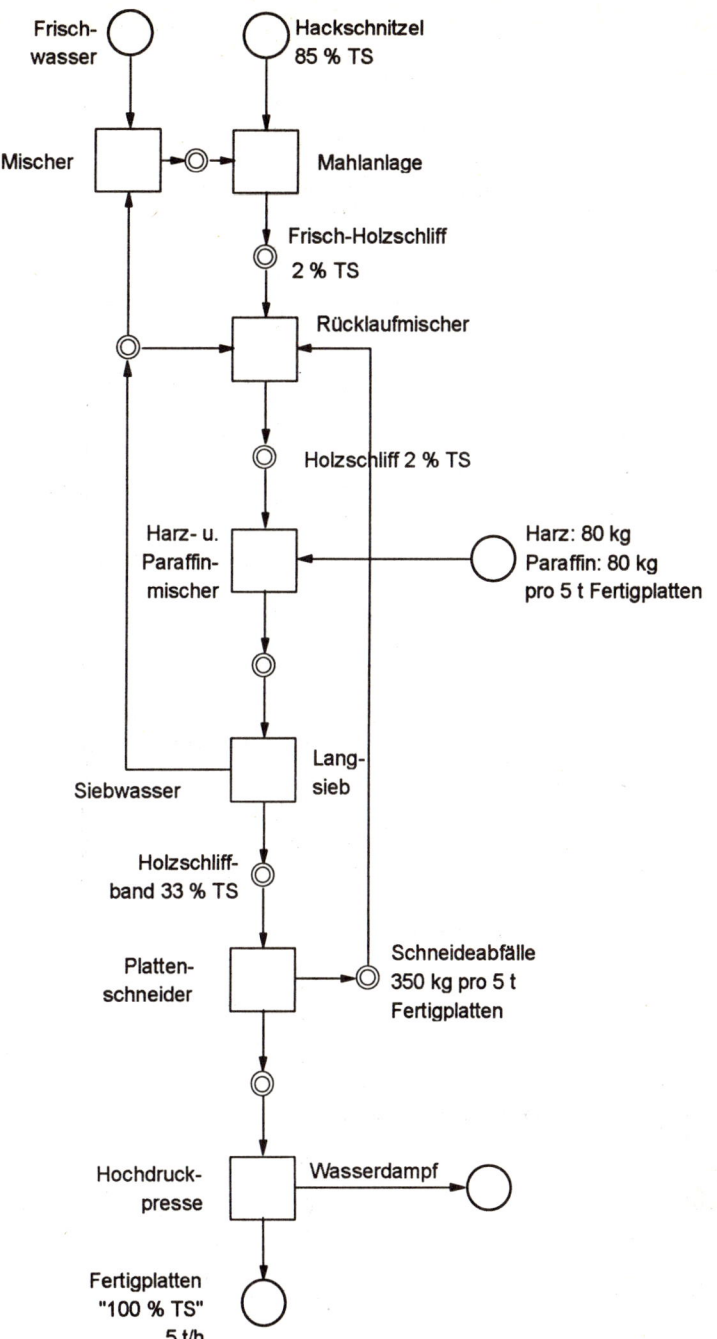

Abb. 10. Modellierung der Produktionsstruktur für Preßspanplatten unter Umberto®. Beispiel nach Schnitzer (1991)

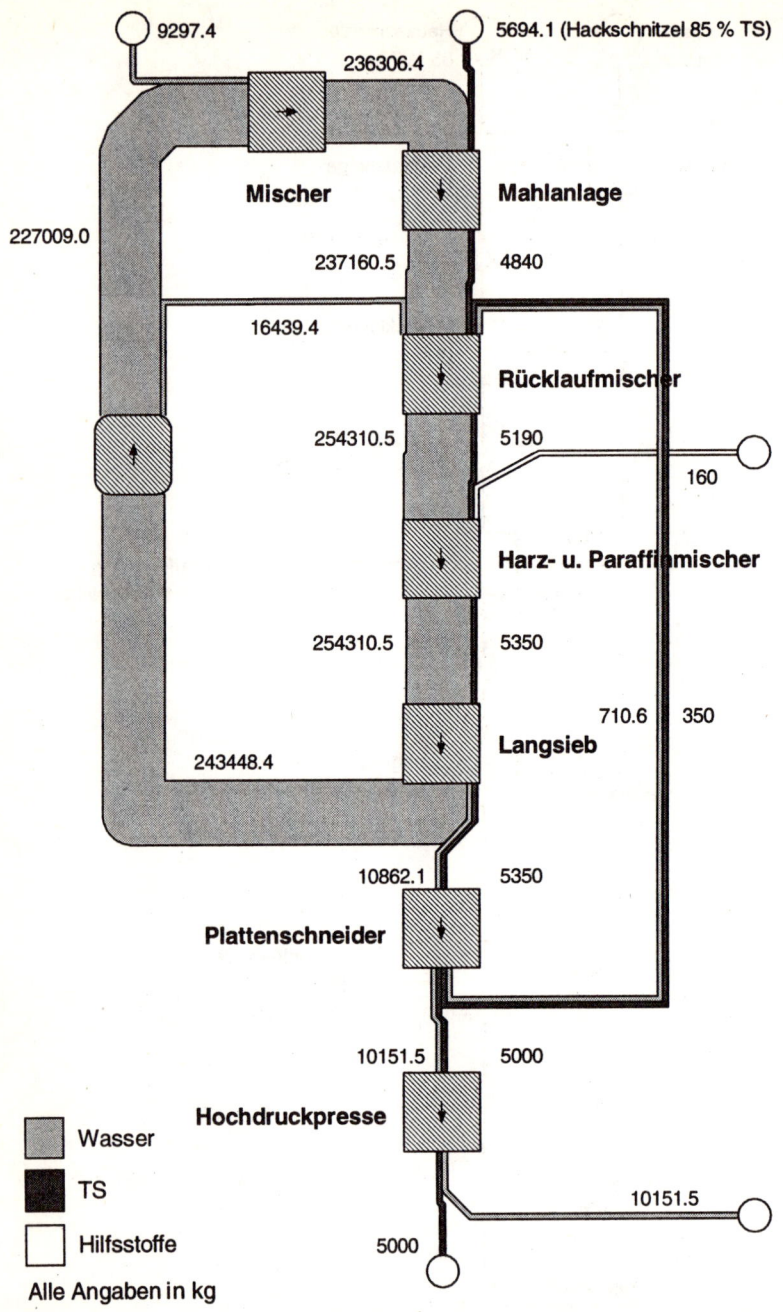

9297.4

5694.1 (Hackschnitzel 85 % TS)

236306.4

Mischer **Mahlanlage**

227009.0

237160.5 4840

16439.4

Rücklaufmischer

254310.5 5190 160

Harz- u. Paraffinmischer

254310.5 5350

710.6 350

243448.4 **Langsieb**

10862.1 5350

Plattenschneider

10151.5 5000

Hochdruckpresse

Wasser

TS 10151.5

Hilfsstoffe

Alle Angaben in kg 5000

Abb. 11. Sankey-Diagramm zu den Ergebnissen aus Umberto® für die Produktion von Preßspanplatten

5 Fazit

Die geschilderten Verfahren haben für den Einsatz in Stoffstromanalysen ihre Stärken und Schwächen. Wesentlich ist dabei, was analysiert bzw: bilanziert werden soll und vor allem zu welchem Zweck. Der Zieldefinition, als erstem Schritt einer Ökobilanz, kommt deshalb auch bei der Wahl der zu verwendenden Berechnungsmethode eine große Bedeutung zu.

Der Einsatz von Stoffstromnetzen, wie dies z. B. mit dem Programm Umberto möglich ist, hat dabei folgende Vor- und Nachteile:

Vorteile

- Mit Hilfe von Stoffstromnetzen lassen sich ausgesprochen komplexe Strukturen einschließlich Rekursionen modellieren. Der Aufbau und die Erweiterung der Netze sowie die Übersicht über die Struktur ist dabei verhältnismäßig benutzerfreundlich.
- Der Modellierer ist flexibel in der Spezifizierung seines Netzes bei der Angabe der erforderlichen Daten und Informationen.
- In einzelnen Prozessen können sowohl lineare Zusammenhänge zwischen Input- und Outputströmen dargestellt werden, als auch nichtlineare Zusammenhänge, wie sie z. B. bei verschiedenen umweltrelevanten Prozessen (Müllverbrennung) durchaus üblich sind.
- Im Gegensatz zu dem beschrieben Matrixverfahren können Multi-Produkt-Prozesse grundsätzlich berücksichtigt werden. Dies ist ein großer Vorteil für Umweltbetriebsbilanzen.
- Einfache Rekursionen, wie sie in Betrieben auftreten oder bei den Lebenswegen spezieller Produkte häufig modelliert werden, sind mit Stoffstromnetzen meistens geschlossen berechenbar.
- Durch den Periodenbezug sind zeitliche Iterationen von Systemen mit komplexeren Rekursionen möglich. Durch die kombinierte Strom- und Bestandsrechnung können auch Stoff- und Energiebestände berechnet werden. Damit können sogar externe Reservoire eingeführt werden für Systeme, die keine stationären Lösungen besitzen.
- Nach Berechnung des Stoffstromnetzes sind alle Ströme, Bestände und Einzelprozeßbilanzen verfügbar. Dies ist wichtig für die Optimierung von Produkten oder Prozeßketten, auch im Rahmen von Umweltmanagementsystemen. Es erfolgt auch eine Konsistenzprüfung aller Netzverknüpfungen, d. h., es werden die Einträge der Materialien und deren Stromwerte im Netz verglichen.

Nachteile

- Es gibt verschachtelte Rekursionen, die mit Stoffstromnetzen nicht mehr geschlossen lösbar sind. Dies ist der entscheidende Nachteil gegenüber dem Matrixverfahren.
- Der Modellierer wird grundsätzlich nicht von der Aufgabe befreit, die Bestimmtheit des Netzes durch ausreichende Daten oder Informationen zu gewährleisten. Allerdings unterstützt das Programm Umberto ihn, indem es anzeigt, wo Informationen fehlen, das Netz unterbestimmt bzw. überbestimmt ist.
- Die komplette Berechnung aller Ströme, Bestände und Prozeßbilanzen sowie die Konsistenzprüfung der Prozeßverknüpfungen erfordert einen Rechenaufwand, der den des Matrixverfahrens deutlich übersteigt.
- Mit den Stoffstromnetzen sind derzeit noch keine Marginalanalysen möglich, wie sie bei Matrixverfahren leicht realisierbar sind[7].

Auf zwei Aspekte soll hier noch einmal eingegangen werden. Die Vorteile und insbesondere die Benutzungsfreundlichkeit des Stoffstromnetzansatzes wird durch eine höhere Rechenzeit *erkauft*. Allerdings weist der Stoffstromnetzansatz eine positive Eigenschaft auf, die für die Berechnung großer Systeme von Relevanz ist. Die Rechenzeit ist nur proportional zur Anzahl der berücksichtigten Prozesse (Transitionen) und zur Anzahl *der in jeder* Transition berücksichtigten Materialien. Geht man von Einzel-Material-Prozessen und von einer festen Anzahl an berücksichtigten Emissionen aus, so skaliert die Rechenzeit linear mit der Anzahl der Transitionen.

Der zweite Aspekt betrifft Netzstrukturen mit verschachtelten Rekursionen, die mit dem Stoffstromnetzansatz nicht mehr geschlossen lösbar sind. Hier wäre es grundsätzlich möglich, Subsysteme im Netz zu definieren, die genau diese problematische Verschachtelungen enthalten, und sie dann lokal mit dem Matrixverfahren zu lösen. Dies wäre einfach realisierbar, indem eine Transition dann mittels der Matrixformeln (1) bis (4) dargestellt und gelöst wird. Diese Transition wäre dann als ein Subsystem zu verstehen, bei dem eine andere Art der Modellbildung, eben die des Matrixverfahrens, zum Zuge käme.

Ökobilanzprogramme, die auf dem Stoffstromnetzansatz basieren, weisen damit die erforderliche Flexibilität und Benutzungsfreundlichkeit auf, die gerade im Zusammenhang mit der Durchführung von Umweltbetriebsbilanzen und der Etablierung von Umweltmanagementsystemen erforderlich sind. Geht es um die Erstellung von LCA für spezielle Produkte stellen Stoffstromnetzprogramme eine interessante Alternative zur sequentiellen Berechnungsmethode oder zum Matrixverfahren dar.

---

[7] Bei Marginalanalysen wird die Auswirkung kleiner Veränderungen der Eingangsparameter auf das Ergebnis untersucht. Bei der Matrixanalyse kann dies einfach durch die Aufstellung einer zusätzlichen Matrix erreicht werden, die quasi die Ableitungen der Koeffizienten enthält. Siehe hierzu (Heijungs, 1994).

Werden, etwa im wissenschaftlichen Bereich, Stoffstromanalysen mit hoher Komplexität für gesamtwirtschaftliche Systeme erstellt, wo sich eine Beschränkung auf Subsysteme oder vereinfachte Systeme verbietet, führt der Ansatz der Stoffstromnetze aufgrund der hohen Zahl an Prozeßkopplungen nicht weiter. Allerdings muß auch beim Matrixansatz einschränkend erwähnt werden, daß er von einem zeitunabhängigen, stationären Zustand ohne eine Bestandsbildung ausgeht, was gerade im gesamtwirtschaftlichen Kontext selten angenommen werden kann.

Literatur

Frischknecht, R. et al. (1994): Ökoinventare für Energiesysteme, Bundesamt für Energiewirtschaft Zürich

Heijungs, R. (1992a): Environmental Life Cycle Assessment of Products, Guide - October 1992. Centre of Environmental Science, Leiden

Heijungs, R. (1992b): Environmental Life Cycle Assessment of Products, Backgrounds - October 1992. Centre of Environmental Science, Leiden

Heijungs, R. (1994): A generic method for the identification of options for cleaner products. In: Ecological Economics 10, p. 69-81

Huppes, G., Schneider, F. (eds.), (1994): Proceedings of the European Workshop on Allocation in LCA at the Centre of Environmental Science (CML) in Leiden, 24-25 February 1994

Möller, F.-J. (1992): Ökobilanzen erstellen und anwenden. München

Projektgemeinschaft Lebenswegbilanzen (1991): Umweltprofile von Packstoffen und Packmitteln. Methoden (Entwurf). Internes Diskussionspapier, Fraunhofer-Institut für Lebensmitteltechnologie und Verpackung München, ifeu-Institut für Energie- und Umweltforschung Heidelberg, Gesellschaft für Verpackungsmarktforschung Wiesbaden

Schmidt, M., Meyer, U. und Möller, A. (1994): Neue Möglichkeiten der Ökobilanzierung mit Computerprogrammen auf der Basis von Petrinetzen. In: Totsche, K. et al. (Hrsg.): Eco-Informa-'94, 3. Fachtagung für Umweltinformation und Umweltkommunikation 5.-9. September 1994 an der TU Wien, 7, S. 123-134

Schnitzer, H. (1991): Grundlagen der Stoff- und Energiebilanzierung, Vieweg Braunschweig

Stiller, H. (1993): Material Consumption in Transport Infrastructure. In: Fresenius Envir. Bull. 2. p. 467-472

III Produktökobilanzen

Produktökobilanzen: Grundsätze und Vorgehensweisen

Jürgen Giegrich, Mario Schmidt, Achim Schorb, Heidelberg

1   Der spezifische Charakter von Produktökobilanzen

Die wichtigste Eigenschaft von Ökobilanzen ist der ganzheitliche Ansatz, mit dem verschiedene Umweltbelastungen über die gesamte Lebenszeit eines Produktes und der damit verbundenen Dienstleistungen analysiert, dokumentiert und quantifiziert werden. Die Analyse des Lebenszyklus` eines Produktes umfaßt die Gewinnung und Herstellung einzelner Rohmaterialien, die Distribution, und den Gebrauch bis zur Entsorgung des Produktes. Daher spricht man bei Ökobilanzen oft auch von einer Produktbewertung „von der Wiege bis zur Bahre".

Die Ökobilanz ist ein systemanalytischer Ansatz, der Daten verschiedener Umweltmedien, (geographisch) verschiedener Standorte und aus unterschiedlichen zeitlichen Bezugsräumen, eben über den Lebensweg, einbezieht. Meistens muß dabei ein hochgradig komplexes wirtschaftliches und gesellschaftliches System betrachtet werden. Die zur Herstellung eines Produktes notwendigen Rohmaterialien werden häufig von verschiedenen Lieferanten bezogen, die von Zeit zu Zeit wechseln können. Die verschiedenen Produktionsanlagen können unterschiedliche Produktionstechniken verwenden. Je nach Lage können diese Anlagen zu ganz unterschiedlichen Auswirkungen auf die benachbarte Umwelt führen. Der Energiebedarf der verschiedenen Produktionsabschnitte kann mit unterschiedlichen Energieerzeugungsanlagen bereitgestellt werden. Der Materialtransport ist abhängig von der Lage der Produktionsstätten sowie der Verfügbarkeit und den Kosten von Transportmitteln. Das Verbraucherverhalten bei der Verwendung oder der Entsorgung eines Produktes kann erhebliche regionale oder zeitliche Unterschiede aufweisen.

Das Ziel, ein besseres Verständnis für die ökologische Relevanz eines Produktes zu erhalten, erfordert eine Auswahl und Begrenzung aller möglicherweise verfügbarer Informationen. Besonders Daten mit einem konkreten Raum- und Zeitbezug können im Rahmen einer Ökobilanz aus Aufwandsgründen nie vollständig berücksichtigt werden. Informationen über die wirklichen Umwelt*aus*wirkungen, für die detaillierte orts- und zeitspezifische Analysen erforderlich sind, müssen weitgehend ausgeschlossen bzw. vernachlässigt werden. Die Aussagen, die getroffen werden können, beschränken sich im wesentlichen auf *potentielle* Gefahren und beschreiben diese durch geeignete Indikatoren, wie z. B.

Mario Schmidt, Achim Schorb (Hrsg.)
Stoffstromanalysen in Ökobilanzen und
Öko-Audits
© Springer-Verlag Berlin Heidelberg 1995

Emissionen, Energieverbrauch etc. Auch bei größtem Aufwand der Informations- und Datensammlung ist es innerhalb einer Ökobilanz nicht möglich, gleichzeitig eine umfassende Systembeschreibung *und* konkrete Ergebnisse mit Bezug auf einen bestimmten zeitlichen und räumlichen Abschnitt zu erhalten.

Produktspezifische Ökobilanzen als Instrument des Umweltmanagements sind dazu geeignet, die folgenden Informationen bereitzustellen:

- Informationen bezüglich der gesamten über den Lebensweg eines Produktes hinweg entstehenden Umweltbelastung
- Informationen über die Umweltrelevanz verschiedener Abschnitte und Bereiche eines Produktlebensweges, wie z. B. der Anteil der Transportvorgänge innerhalb der Produktion und des Gebrauchs eines Produktes
- Umweltbezogene Verbesserungspotentiale eines Produktes, wie z.B. die Verbesserung von Prozessen, die Optimierung der Infrastruktur, die Auswahl der Rohmaterialien usw.
- Umweltbezogene Vor- und Nachteile verschiedener Produkt- oder Dienstleistungssysteme mit vergleichbarer Leistung, wie z.B. Einwegverpackungen für Getränke im Vergleich zu wiederauffüllbaren Verpackungen

Produktspezifische Ökobilanzen sind nicht dazu geeignet,

- die Umwelt*aus*wirkungen einer bestimmten Produktionsstätte auf ein konkretes Gebiet festzustellen und zu bewerten,
- das von einem Produkt oder seinen Bestandteilen unter definierten räumlichen und zeitlichen Umweltbedingungen ausgehende Risiko für die Umwelt oder die menschliche Gesundheit zu ermitteln und zu bewerten und
- unbekannte Umwelteinwirkungen zu beleuchten, da in Ökobilanzen grundsätzlich nur verfügbares Wissen verwertet werden kann.

In der internationalen Diskussion hat man sich auf eine Standardstruktur zur Durchführung von produktbezogenen Ökobilanzen geeinigt. Sie wird in Anlehnung an die Vorschläge verschiedener Expertengruppen (CML, 1992; Nord, 1992; UBA, 1992; SETAC, 1993; UBA, 1994; DIN, 1994) so oder in ähnlicher Weise in Kürze von der Internationalen Standardisierungsorganisation (ISO, 1995) übernommen werden. Danach besteht eine produktbezogene Ökobilanz aus folgenden Komponenten:

1. Zieldefinition und Rahmenfestlegung (Goal Definition and Scope)
2. Sachbilanz (Inventory Analysis)
3. Wirkungsbilanz (Impact Assessment) und Bilanzbewertung
4. Schwachstellenanalyse (Improvement Assessment)

Eine genauere Beschreibung der ersten zwei Schritte in den nachfolgenden Abschnitten soll als Grundlage für eine Diskussion der Ökobilanzmethode und ihrer Anwendungsmöglichkeiten dienen. Der dritte Punkt wird ausführlich in einem speziellen Buchbeitrag behandelt. Auf die Schwachstellenanalyse wird nicht näher eingegangen, da, wie sich bei den Diskussionen innerhalb der ISO-Gremien herausstellte, über das Verständnis dieser Ökobilanzphase noch zu große Unstimmigkeiten bestehen.

2 Methodik

2.1 Zieldefinition und Rahmenfestlegung

Die Formulierung von Zieldefinitionen soll gewährleisten, daß frühzeitig die richtigen Fragestellungen zur Durchführung der jeweiligen Ökobilanz erkannt werden. In der Vergangenheit fand dieser Punkt in der Praxis nicht ausreichend Berücksichtigung. Viele Mißverständnisse und Diskussionen hätten durch eine klare Aufgabenstellung vermieden werden können. Je präziser die Zieldefinitionen sind, desto einfacher gestaltet sich die nachfolgende Durchführung der Ökobilanz.

Die Rahmenfestlegung einer Ökobilanz gibt Aufschluß über alle notwendigen Informationen, die von Anfang an benötigt werden. Sie kann zur Darstellung und Mitteilung des spezifischen Ökobilanzinhaltes benutzt werden. Zur Vermeidung von Mißverständnissen ist dies ebenso wichtig wie die Formulierung der Zieldefinitionen. In Übereinstimmung mit den gängigen Ökobilanzmethoden müssen folgende Informationen analog zu der hier gezeigten Gliederung schriftlich aufbereitet werden:

Hintergrund der Ökobilanz

Jede Ökobilanz hat eine Entstehungsgeschichte. Wurden Zieldefinitionen ausgearbeitet, ist es vielleicht nicht unbedingt notwendig, daß man den Hintergrund kennt. Aber es erleichert die Interpretation der Zieldefinitionen.

Ziel der Ökobilanz

Der Inhalt der Zieldefinition sollte explizit aufgeführt werden.

Allgemeine Beschreibung der Produkte

Die Untersuchungsgegenstände müssen eindeutig beschrieben werden. Da sich Produktökobilanzen auf eine Funktion oder Dienstleistung beziehen, ist neben der Produktbeschreibung auch eine Beschreibung seiner Funktion unerläßlich.

Allgemeine Annahmen, wie z. B.

- die verschiedenen zu untersuchenden Optionen
- die funktionale Einheit
- die Systemgrenzen des Lebensweges

- die geographischen Systemgrenzen
- die zeitlichen Systemgrenzen

Diese Annahmen bestimmen die Grundstruktur einer Ökobilanz. Sie haben einen signifikanten Einfluß auf die Ergebnisse. Deshalb müssen sie schon zu Beginn einer Ökobilanzstudie von allen Betroffenen diskutiert und festgelegt werden.

Anwender und Zielgruppen einer Ökobilanz

Die Art und Weise, in der die Untersuchung durchgeführt wird bzw. der Detaillierungsgrad der Analysen sollte berücksichtigen, wer die voraussichtlichen Anwender oder die Zielgruppe der Ökobilanz sind.

Informationen über den Ablauf der Untersuchung, wie z. B.:

- Auftraggeber und Projektleiter
- Zeitplan
- Präsentation der Studie
- Vertraulichkeit der Daten
- Organisation einer Zweitbegutachtung

Detaillierungsgrad

Ökobilanzen können, je nach Aufgabenstellung und Zielgruppe, auf verschiedenen Detaillierungsebenen durchgeführt werden. Dies bestimmt wesentlich den Aufwand der Untersuchung.

Festlegungen für die Wirkungsanalyse

Für den Ökobilanzabschnitt „Wirkungsbilanz und Bilanzbewertung" benötigt man eine angemessene Methode. Da derzeit verschiedene Methoden diskutiert werden und eine Standardisierung nicht in Sicht ist, muß zu Beginn die vorgesehene Methode der Wirkungsanalyse und Bewertung festgelegt werden. Sie hat auch Einfluß auf die zu erhebenden und zu analysierenden Daten der Sachbilanz.

Einige typische Annahmen, die in der Rahmenfestlegung einer Ökobilanz enthalten sein sollten, werden im folgenden kurz beschrieben:

Funktionale Einheit

Die funktionale Einheit ist die entscheidende Größe in allen Ökobilanzen, da sie den Nutzwert eines Produktes oder die spezifische Dienstleistung beschreibt, auf die alle Daten bezogen sind. Typische funktionale Einheiten sind z. B. das Verpacken von 1000 Litern Milch in verschiedenartigen Getränkeverpackungen oder das tausendfache Abtrocknen von Händen beim Vergleich von Papier- mit Baumwollhandtüchern. Verbesserungsoptionen und Produktalternativen müssen auf der gleichen Dienstleistung beruhen. Es können allerdings Problemen auftreten, wenn die zu vergleichenden Produkte sich in ihrer Funktionalität oder in Nebenaspekten der Nutzung (Komfort, Design,...) zu sehr unterscheiden.

Systemgrenzen des Lebensweges

Wichtige Annahmen müssen auch im Bereich der Systemgrenzen getroffen werden. Ohne Systemgrenzen wird man immer zu einem „Weltmodell" gelangen. Zum Beispiel kann man beim Transport von Milchbehältnissen auch die Produktion der Transportfahrzeuge in Betracht ziehen, außerdem die Maschinen zur Herstellung der Transportfahrzeuge oder gar die Schmierstoffe zur Wartung der Maschinen usw. Es gibt keine methodischen Vorschriften zur Anwendung bestimmter Systemgrenzen. Verlangt wird nur die Transparenz der zur Lebenswegabgrenzung verwendeten Regeln.

Geographische Systemgrenzen

Die geographischen Systemgrenzen beschreiben, auf welche Region, welches Land oder welchen Kontinent das untersuchte Produktionssystem bezogen ist. Dies ist z. B. die Voraussetzung für die Zuordnung von Stromerzeugungssystemen, Transportentfernungen oder Abfallentsorgungssystemen.

Zeitliche Abhängigkeiten

Der zeitliche Bezug einer Ökobilanz muß zu Beginn klar sein. Da sich der Stand der Technik ständig weiter entwickelt, beeinflußt der zeitliche Rahmen der untersuchten Prozeßtechnologien auch die Bilanzergebnisse.

2.2   Die Sachbilanz

Auf Zieldefinition und Rahmenfestlegung folgt als zweiter Schritt die Sachbilanz. Hierbei handelt es sich um das Sammeln und Aufbereiten der produktspezifischen Lebenswegdaten und um die Entwicklung eines den Lebensweg beschreibenden Modells, das nicht nur deskriptiven Charakter hat, sondern auch Systemabhängigkeiten abbildet und damit die Analyse von Handlungsoptionen zuläßt.

Dazu muß das gewünschte Produktsystem quantitativ beschrieben und modelliert werden. Die benötigten Daten müssen in dem erforderlichen Detaillierungsgrad und unter Berücksichtigung der Systemgrenzen erhoben werden, um schließlich die Stoff- und Energieströme für das System insgesamt und für seine Teilsysteme zu berechnen. Die Sachbilanz ist folglich das quantitative Herzstück einer Ökobilanz.

Obwohl die Aufgabe einer Sachbilanz hier mit wenigen Worten beschrieben werden kann, sollte der Arbeitsaufwand nicht unterschätzt werden. Datenerhebung und Systemmodellierung erfordern große zeitliche und personelle Aufwendungen. Der Verwendung von standardisierten und in der Fachwelt allgemein akzeptierten Datensätzen für einige Grundprozesse – z. B. Transport, Energiebereitstellung, Bereitstellung von Grundstoffen, Entsorgungsanlagen – sowie dem Einsatz von Software-Tools für die Modellierung kommt deshalb eine große Bedeutung zu.

Die Sachbilanz kann in vier Grundbestandteile unterteilt werden:

1. Allgemeine Modellierung der Prozeßstruktur
2. Datensammlung
3. Zusammenführung von Daten und Prozeßstruktur
4. Berechnung der Input-Output-Ströme

Die Modellierung der Prozeßstruktur

Das Erstellen der Prozeßkette des zu untersuchenden Produktes ist die erste Aufgabe in der Sachbilanzphase. Gemäß der Grundidee von Ökobilanzen sollte die Struktur den gesamten Lebensweg des Produktes „von der Wiege bis zur Bahre" umfassen. Sie muß zusätzlich an der Funktion des Produktes ausgerichtet sein. Dazu muß entweder eine funktionale Einheit definiert oder aus der Rahmenfestlegungsphase übernommen werden. Entscheidungen bezüglich der auszuwählenden Szenarien oder der Systemgrenzen sollten schon getroffen sein, da sie die gesamte Prozeßstruktur beeinflussen.

In Abb. 1 ist eine Prozeßkette beispielhaft dargestellt. Üblicherweise wird dabei modular vorgegangen, d. h. man segmentiert die Prozeßstruktur in einzelne Teilabschnitte – in Module –, die durch die Stoff- und Energieströme miteinander verbunden sind. Da eine Prozeßkette eine komplexe Struktur besitzen kann, wird man sich am Anfang nur auf die wichtigen Prozeßabschnitte konzentrieren. Eine verfeinerte Struktur mit Hilfsprozessen, wie z. B. Transporte, Energiebereitstellung und Abfallbehandlung, kann zu einem späteren Zeitpunkt ausgearbeitet werden.

Datensammlung

Auf die Definition der Prozeßstruktur folgt die Identifikation von Datenquellen und die Datensammlung. Bei den Datenquellen kann man grob zwischen firmenspezifischen Daten und allgemeinen Literaturdaten unterscheiden. Literaturdaten müssen für beinah jede Ökobilanz herangezogen werden, wenn es um die Beschreibung von Hilfsprozessen (Transporte, Energiebereitstellung...) oder um die Beschreibung von Prozessen, zu denen der Auftraggeber oder der Bilanzierer keinen Datenzugang haben, geht.

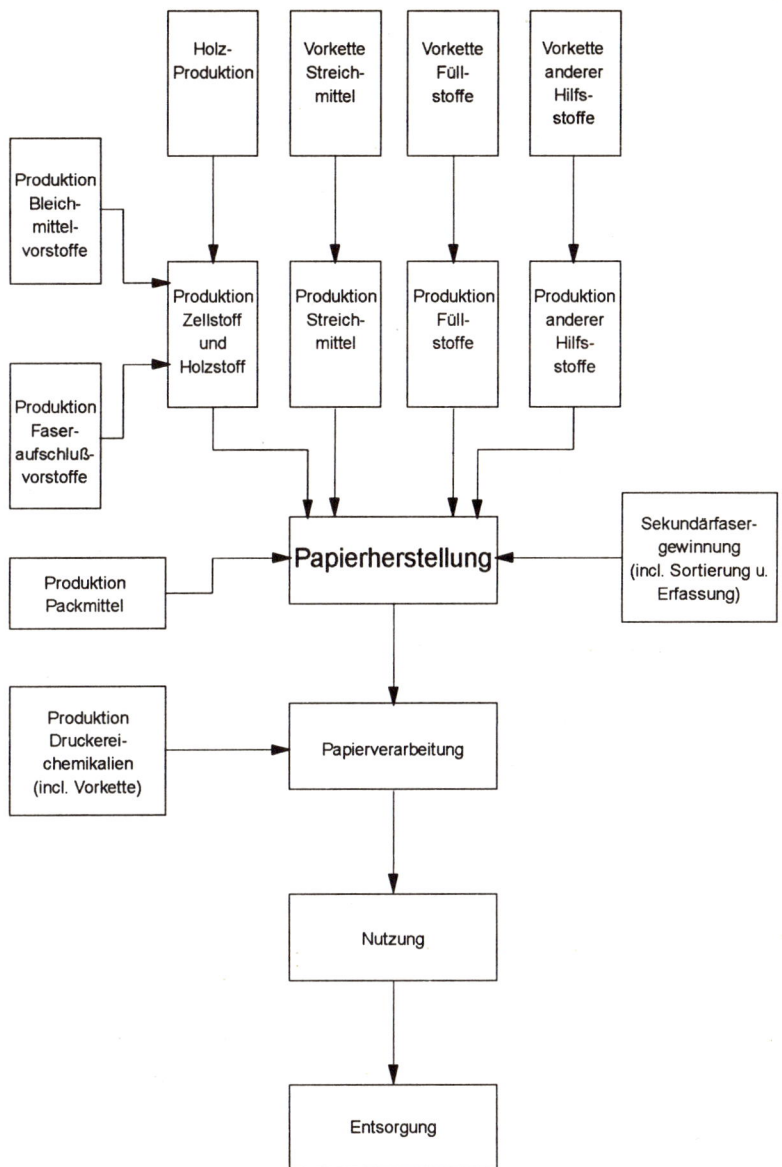

Abb. 1. Beispiel einer Prozeßkette für die Herstellung und den Gebrauch von graphischen Papieren

Firmenspezifische Prozeßdaten sind in den folgenden drei wichtigen Bereichen angesiedelt:

1. Input- und Output-Ströme der Materialien
2. Beschreibung der relevanten Hilfsprozesse

3. Emissionen in die Umwelt

Wenn eine Prozeßstruktur modular aufgebaut ist, so müssen alle Input- und Output-Daten der einzelnen Prozesse bzw. Module berücksichtigt werden. Damit kann ein Prozeß mit seinen Vor- und Nachketten, d. h. mit allen Prozessen der Vorproduktfertigung und allen nachgeschalteten Prozessen, verknüpft werden.

Neben den in einen Prozeß einfließenden Rohstoffen und Vorprodukten müssen auch Hilfs- und Betriebsstoffe berücksichtigt werden. Unter Hilfsstoffen versteht man dabei diejenigen Stoffe, die bei der Fertigung in das Produkt eingehen, ohne selbst Rohstoff oder Vorprodukt aus dem betrachteten Lebensweg zu sein, und die nicht wesentlicher Bestandteil des Produktes sind, sondern eine Hilfsfunktion (z. B. Leim, Lack) erfüllen. Betriebsstoffe gehen dagegen nicht in das Produkt ein, sondern werden für den jeweiligen Prozeß benötigt (Schmierstoffe, Reinigungsmittel ...). Oft werden Hilfs- und Betriebsstoffe in der Ökobilanz als Inputwerte aufgeführt und nicht weiter in ihrem Entstehungsprozeß zurückverfolgt.

Hilfsprozesse, die für den betrachteten Prozeß relevant sind, wie z.B. die Energiebereitstellung, Transportvorgänge und die Abfallentsorgung, müssen durch geeignete Informationen beschrieben werden. Dazu gehören z. B. die Wahl des Transportmittels und die Transportentfernung oder der Verbrauch an Energie und ihre Herkunft (z. B. Strom aus Eigenerzeugung, Kraft-Wärme-Kopplung etc.).

Schließlich müssen die von dem Prozeß selbst ausgehenden Emissionen in Luft und Wasser so genau wie möglich erfaßt werden. Hier handelt es sich um einen der schwierigsten Aspekte der Datensammlung. Normalerweise sind nur Daten über Emissionen, deren Messung und Erfassung gesetzlich vorgeschrieben sind, verfügbar. Das bedeutet aber nicht zwangsläufig, daß man damit auch die wichtigsten Emissionen erfaßt, was die Wirkungsanalyse und Bewertung besonders schwierig macht.

Die Zusammenführung von Daten und Prozeßstruktur

Auf die Datensammlung folgt die Aufbereitung der Daten zur Anpassung an das in der Ökobilanz benötigte Datenformat. Häufig wird dies durch die Verwendung von einzelprozeßbezogenen Input-/Outputlisten, die eine linear skalierbare Zuordnungsvorschrift im Sinne von Produktionskoeffizienten ermöglichen, realisiert. Damit lassen sich zu jedem Prozeß die Input- und Outputströme auf die benötigte Produktmenge beziehen.

Solche linearen Beschreibungen der Einzelprozesse sind allerdings nicht immer ausreichend. Müssen chemische Vorgänge, z. B. bei der Verbrennung in einer Müllverbrennungsanlage, berücksichtigt werden, die in komplexer Weise von den diversen Inputströmen abhängen, so sind anspruchsvollere Modellierungen von Einzelprozessen erforderlich[1].

---

[1] Zur Müllverbrennung siehe ifeu (1994).

Weiterhin stößt man auf Probleme, wenn bei einem Prozeßschritt zwei Produkte entstehen. Bei der Chlor-Alkali-Elektrolyse erhält man z. B. als Produkte sowohl Salzsäure als auch Natronlauge und Wasserstoff. Die Zuordnung (Allokation) von Rohmaterialbedarf und Emissionen auf die einzelnen Produkte ist dann nicht einfach.[2]

Auf ähnliche Zuordnungsprobleme stößt man auch bei Abfallbehandlungsanlagen für Reststoffe, wie etwa im Bereich der Hausmüllverbrennung und -deponierung. Die mengenmäßige Zuordnung bestimmter Emissionen zu einem bestimmten Material, wie z. B. Papier, ist nicht trivial. Verschiedene Zuordnungsverfahren sind denkbar. So könnte der Papieranteil an den NO_x-Emissionen einer Tonne Mischmüll entweder über den Masseanteil oder über den Stickstoffanteil, den Rauchgasanteil etc. bestimmt werden.

Zuordnungsverfahren können nicht als „richtig" oder „falsch" eingestuft werden. Sie hängen entscheidend von der Zielsetzung der Untersuchung und dem Untersuchungsrahmen ab, und man muß im Kreis der Beteiligten Einigung über das im jeweiligen Anwendungsfall beste Zuordungsverfahren erzielen.

Die Berechnung der Input-Output-Ströme

Mit den Datensätzen sind die Einzelprozesse definiert. Die Prozeßstruktur gibt Auskunft, wie die Prozesse miteinander mittels der Stoff- und Energieströme verknüpft sind. Die Systemgrenzen definieren, wo Inputströme in den Bilanzraum eintreten und wo Outputströme den Bilanzraum verlassen. Das Gesamtsystem kann dann als eine Input-/Outputbilanz berechnet werden und auf die festgelegte funktionale Einheit bezogen werden.

Häufig interessieren neben einer reinen Input-/Outputbilanz des Gesamtsystems allerdings noch die Anteile der verschiedenen Prozeßabschnitte an den Emissionen, dem Ressourcenverbrauch etc., die dann gesondert ausgewiesen werden müssen. Diese Informationen sind besonders wichtig für die Ermittlung jener Stellen, an denen eine Optimierung des Gesamtsystems sinnvollerweise ansetzen sollte.

3 Beispiel

Zum Abschluß sollen ausgewählte Ergebnisse aus einer exemplarischen Sachbilanz vorgestellt werden, die öffentlich finanziert wurde und damit auch zugänglich ist. In einer Projektgemeinschaft von drei Instituten wurde 1994 für das Umweltbundesamt Berlin eine Sachbilanz für Verpackungen abgeschlossen. Das Ziel der Sachbilanz war, die Methodik und ein Instrumentarium zu entwickeln, welche es erlauben die speziellen Lebenswege von Verpackungen zu beschreiben.

---

[2] Siehe Beitrag von Ulrich Mampel in diesem Buch.

Als Beispielrechnung wurden der Produktbereich Getränkeverpackung und hier speziell die Produkte Bier und Frischmilch ausgewählt.

Das Ergebnis wurde in Form von Tabellen und Graphiken von umweltrelevanten Input- und Output-Größen dargestellt. Insgesamt wurden bei den Ergebnissen über 70 umweltrelevante Größen ausgewiesen. In Tab. 1 sind exemplarisch einige Outputströme für die Verpackung von Frischmilch angegeben[3]: Emissionsmengen von Schadstoffen wie Kohlendioxid, Methan, Stickoxiden oder Schwefeldioxid, der Wasserverbrauch und die Wasserbelastungen ausgedrückt in AOX oder CSB[4] und der Bedarf an Deponieraum.

Tab. 1. Ausgewählte umweltrelevante Größen aus der Lebenswegbilanz von Verpackungssystemen für Frischmilch. Funktionale Einheit: 1000 Liter Milch mit einer Distributionsentfernung von 100 km. Entsorgungssituation 1993

Größe		Mehrweg-glas	Giebel-packung	Block-packung	Schlauch-beutel
CO_2 fossil	kg	72,4	50,6	38,9	37,8
CH_4	kg	0,13	4,98	4	0,13
NO_x	g	323	242	170	230
SO_2	g	78	115	75	42
AOX	g	0,82	22	6,7	0,008
CSB	g	0,32	1	0,53	0,004
Wasserverbrauch	m^3	1,4	5	3,6	2,9
Deponieraum	dm^3	3,6	44	39	10,9

Wie aus Tab. 1 ersichtlich ist, sind allein mit der Sachbilanz keine eindeutigen Aussagen zu treffen, welche Produktalternative unter Umweltgesichtspunkten vorzuziehen ist. Dies hängt ganz entscheidend von der Gewichtung der verschiedenen Größen ab. Gemessen am Deponieraum schneidet die Mehrweg-Glasflasche am günstigsten ab. Gemessen an den fossilen Kohlendioxidemissionen wäre dem Schlauchbeutel aus Polyethylen der Vorzug zu geben – die Mehrweg-Glasflasche schneidet hier aufgrund der großen Distributionsentfernung und der damit verbundenen hohen Verkehrsemissionen sogar am ungünstigsten ab. Die

---

[3] siehe auch Schmidt (1994).

[4] Der AOX-Wert ist ein Maß für die Belastung von Wasser mit organischen Halogenverbindungen, der CSB-Wert ist der chemische Sauerstoffbedarf, der zur Oxidation von Schmutzstoffen im Wasser benötigt wird.

Entwicklung einer geeigneten Bewertungsmethode steht deshalb im Vordergrund der weiteren fachlichen Diskussion.[5]

Die Untersuchung auf der Sachbilanzebene ermöglicht aber auch, den Einfluß bestimmter Parameter auf die Ergebnisse zu untersuchen. In Abb. 2 sind beispielsweise die Stickoxidemissionen, die stark von den Transporten dominiert werden, in Abhängigkeit der Distributionsentfernung der Produkte dargestellt. Es zeigt sich, daß für diese Größe NO_x die Mehrweg-Glasflasche deutlich an Vorteil gewinnt, wenn sie nur in einem lokal begrenzten Raum vertrieben wird.

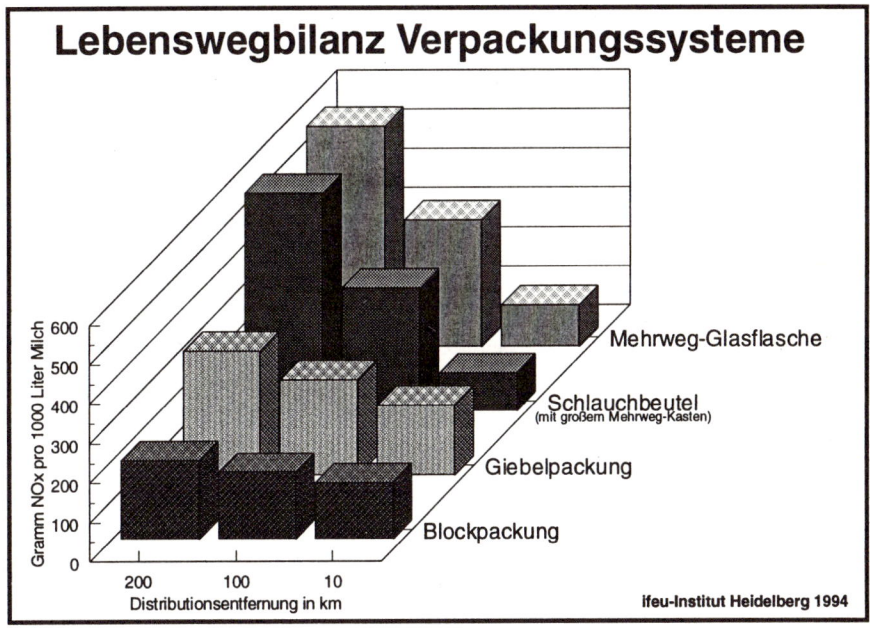

Abb. 2. NO_x-Belastung durch verschiedene Verpackungssysteme für Milch bei unterschiedlicher Distributionsentfernung. Bezogen auf 1000 Liter Milch

Trotz der Vielzahl gemessener und dokumentierter Parameter gab es in der Studie eine erhebliche Anzahl von Stoffen, die nur in einzelnen Prozessen bestimmbar waren. So konnten zum Beispiel die Emissionsfrachten für Dioxine und Furane nur für den Teilprozeß der Müllverbrennung verläßlich bestimmt werden, obwohl in anderen Teilprozessen ebenfalls relevante Emissionsmengen zu erwarten sind. Beim Glas- oder Metallschmelzen sind die Bildungsbedingungen für diese Substanzklassen eindeutig gegeben; für diese Prozesse lagen zum Zeitpunkt der Untersuchung jedoch noch keine belastbaren, öffentlich zugänglichen Daten vor. Zöge man die Dioxin- und Furanemissionen als maßgebliches

---

[5] siehe Schmitz et al. (1995).

Bewertungskriterium für die Ökobilanz heran, müßte man aufgrund der Daten-lücken entscheidende Fehlbewertungen befürchten. Somit reduzieren sich die umweltrelevanten Größen, die sich für einen verläßlichen Vergleich und eine Bewertung der Produktalternativen anbieten, auf eine kleine Liste. Der Aufwand, der bei der Datenerhebung und bei der Modellierung auf Sachbilanzebene betrie-ben wird, hat damit einen maßgeblichen Einfluß auf die spätere ökologische Be-wertung der Untersuchungsgegenstände.

Literatur

CML (1992): Environmental Life Cycle Assessment of products. Guide and Backgrounds. Center of Environmental Science Leiden (CML), Netherlands Organisation for Applied Scientific Research (TNO), Fuels and Raw Materials Bureau (B&G), Leiden

DIN (1994): Grundsätze produktbezogener Ökobilanzen. Deutsches Institut für Normie-rung (DIN), DIN-Mitteilungen 73, Nr. 3

EPA (1993): Life-Cycle Assessment: Inventory Guidelines and Principles. U.S. Environ-mental Protection Agency Washington

ifeu (1994): Ökobilanzen für Verpackungen. Teilbericht: Energie – Transport – Entsor-gung. Im Auftrag des Umweltbundesamtes Berlin. Heidelberg

ISO (1995): Life Cycle Assessment - General Principles and Practices. Working Draft 14040 for International Standardisation Organisation ISO, Technical Committee 207, Subcommittee 5, Berlin

Nord (1992): Product Life Cycle Assessment – Principles and Methodology. Nordic Envi-ronmental Cooperation, Nordic Council of Ministers, Copenhagen

Schmidt, M. (1994): Rechenoperation gelungen. In: Müllmagazin 1/95, S. 25-28

Schmitz, S. et al. (1995): Ökobilanzen für Getränkeverpackungen. Teil A: Methode zur Berechnung und Bewertung von Ökobilanzen für Verpackungen. Umweltbundesamt Berlin

SETAC (1993): Guidelines for Life-Cycle Assessment: A 'Code of Practice'. Society of Environmental Toxicology and Chemistry, Sesimbra

UBA (1992): Ökobilanzen für Produkte: Bedeutung, Sachstand, Perspektiven. Texte 38/92. Umweltbundesamt Berlin

UBA (1994): Ökobilanz für Getränkeverpackungen, Erstentwurf, Umweltbundesamt Ber-lin

Zurechnung von Stoff- und Energieströmen – Probleme und Möglichkeiten für Betriebe

Ulrich Mampel, Heidelberg

Betrieblicher Umweltschutz konzentrierte sich in der Vergangenheit zunächst darauf, die direkten Umweltbelastungen von Produktionsstätten zu kontrollieren und reduzieren. Dagegen ist die Kontrolle des Rohstoff- und Energieverbrauches der Produktion eines der klassischen Betätigungsfelder der technischen Produktionsplanung. Weil Rohstoff- und Energieverbrauch mit erheblichen indirekten Umweltbeeinträchtigungen verbunden sind, sind sie aber wesentliche Aspekte bei der ökologischen Bilanzierung von Produkten. Eine Produktökobilanz beansprucht nicht nur, den gesamten Lebensweg eines Produktes in seinen Umweltauswirkungen zu erfassen, sondern soll ermöglichen, den Lebensweg in seiner Ganzheit zu optimieren. Dies soll verhindern, daß Umweltbelastungen lediglich von den am Ende des Lebensweges stehenden Produktionsprozessen auf Vorprozesse oder Prozesse der Energierzeugung bzw. Entsorgung verlagert werden.

Um einen vollständigen Lebensweg berechnen zu können, ist die Zurechnung der Energie- und Rohstoffverbräuche, Transportaufwendungen etc. auf Produkte eine wichtige Grundvoraussetzung von Produktökobilanzen. Leider liegen diese Größen häufig nur auf der Betriebsebene vor, und es bedarf erheblicher Anstrengungen, sie auf die Vielzahl der hergestellten Produkte zu *verteilen*.

Diese Zurechnung erfordert daher einen gewissen Aufwand. Es fragt sich nun, warum ein Unternehmen, das in der Regel ohnehin unter Konkurrenz- und Kostendruck steht, diesen Aufwand betreiben soll. Ziel einer auf Produkte bezogenen ökologischen Bilanzierung ist aber gerade die Formulierung von Optimierungsansätzen eines Produktes und deren Vergleich unter ökologischen Gesichtspunkten. Nur eine detaillierte Stoff- und Energiestromanalyse erlaubt es, wirklich Optimierungsszenarien zu formulieren und Schwachpunkte in der Produktion, d.h. Quellen unnötigen Rohstoffverbrauches oder unnötigen Abfallanfalles, aufzudecken. Dies bietet dann die Chance, Potentiale zur Senkung von Rohstoff- und Energieverbräuchen zu erkennen, die nicht nur zu einer Verbesserung der Umweltsituation führen, sondern auch Kosten sparen können.

Mario Schmidt, Achim Schorb (Hrsg.)
Stoffstromanalysen in Ökobilanzen und
Öko-Audits
© Springer-Verlag Berlin Heidelberg 1995

Methoden der Zurechnung von Stoff- und Energieströmen auf Produkte

Der erste Schritt in einer ökologischen Bilanzierung ist daher, für die verschiedenen Herstellungsprozesse neben den direkten Emissionen auch Energie- und Rohstoffverbrauch sowie Transportaufwand zu erfassen, um die Prozesse des Lebensweges miteinander und mit den Prozessen für Energieerzeugung, Transport etc. verbinden zu können (siehe Abb. 1). Dies ist Voraussetzung dafür, die Umweltbelastungen des gesamten Lebensweges zu berechnen (Projektgemeinschaft „Lebenswegbilanzen", 1992).

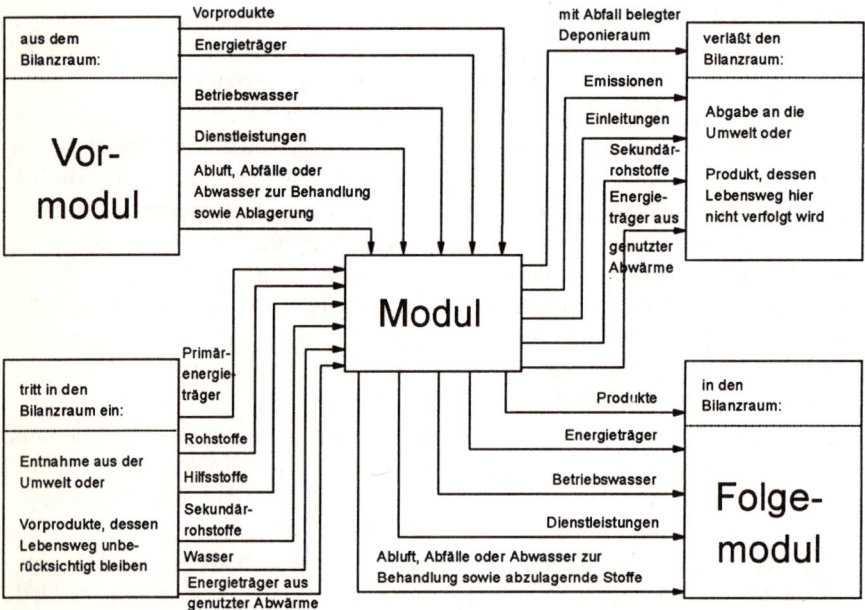

Abb. 1. Erfassung von prozeßbezogenen Größen in einer Produktökobilanz und ihre Rolle bei der Verknüpfung von Prozessen

Dabei müssen für eine Produktökobilanz die vorhandenen Informationen über Emissionen, Rohstoff- und Energieverbrauch, Transportaufwendungen etc. auf Produkte bezogen, ihnen also zugerechnet werden[1]. Dies ist dann eine einfache Aufgabe, wenn in der Fabrik nur ein einziges Produkt produziert wird. Dann lassen sich Stoff- und Energieströme leicht erfassen und Fragebögen (siehe Abb. 2) einfach ausfüllen.

---

[1] Im englischen Sprachgebrauch wird diese Zurechnung allocation genannt.

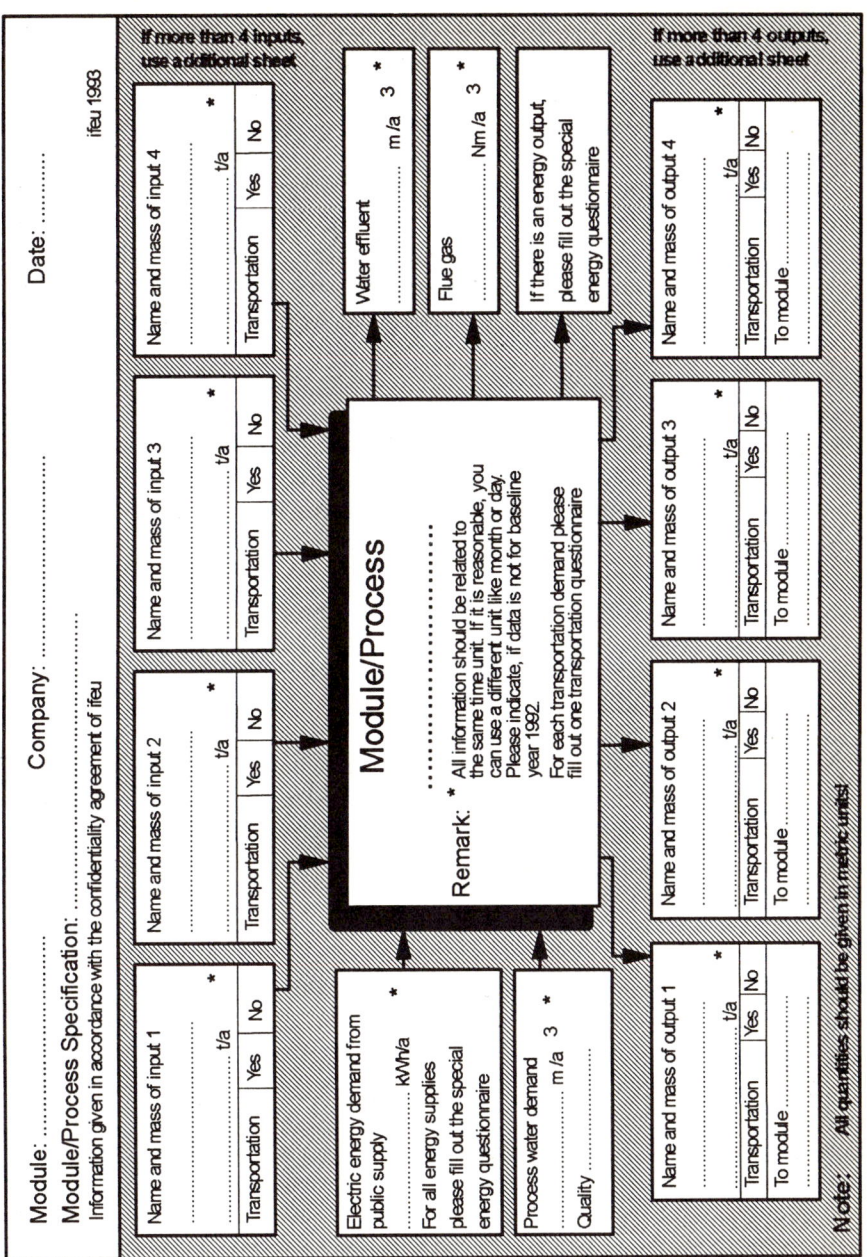

Abb. 2. Fragebogen zur Erfassung von Stoff- und Energieströmen in einer Fabrik

Schon wenn mehrere klar definierte Produktionsbereiche oder -linien existieren, in denen jeweils ein Produkt hergestellt wird, werden Emissionen, Energieverbräuche und ähnliches oft nicht mehr exakt auf einzelne Produkte bezogen erfaßt. Z.B. werden Abwasserbelastungen zentral an der Kläranlage erfaßt, nicht aber auf einzelne Produktionslinien bezogen. Noch wesentlich komplizierter wird die Zurechnung, wenn in einer Produktionseinheit im Laufe der Zeit verschiedene Produkte bearbeitet werden. Dann wird die Zuordnung von Energieverbrauch, Rohstoffverbrauch und Emissionen zu einem äußerst schwierigen Unterfangen. Die Problematik der Zurechnung der verschiedenen Größen auf die Produkte soll nochmals an drei Beispielen veranschaulicht werden, um mögliche Lösungen aufzuzeigen.

Beispiel 1:

Angenommen wird in diesem Fall eine Fabrik, in der zwei räumliche getrennte Produktionslinien für zwei Produkte A und B existieren (siehe Abb. 3). Gleichzeitig existieren in der Fabrik aber Eingangs- und Ausgangslager sowie zentrale Einrichtungen für die Behandlung von Emissionen, z.B. eine Kläranlage. Ziel einer betrieblichen Stoff- und Energiestrombilanz, die auch für Produktökobilanzen der Produkte A oder B nutzbar sein soll, muß es nun sein, alle Größen (Energie- und Rohstoffverbrauch, Abfälle, Emissionen) den beiden Produktionslinien zuzurechnen. Da es sich bei den beiden Linien um Kostenstellen im betriebswirtschaftlichen Sinne handelt, werden vermutlich einige Größen, wie z.B. der Energieverbrauch, oft schon auf diese Einheiten bezogen erfaßt sein. Werden diese Größen aber nur für den Gesamtbetrieb erfaßt, ist es eine der vordringlichen Aufgaben bei der Etablierung eines effektiven Umweltmanagements, eine exaktere Erfassung zu ermöglichen. Erst diese genaue Analyse erlaubt es, Ursachen von Belastungen einzugrenzen und Einsparpotentiale bei deren Beseitigung realistisch zu bestimmen.

Bis zur Etablierung einer möglichst exakten, auf Produktionseinheiten bezogenen Erfassung muß eine Stoffstromanalyse versuchen, Zurechnungen der auf Betriebsebene erfaßbaren Mengenströme zu den Produktionslinien zu treffen. Manchmal wird dies schon aus der Kenntnis der Produkte möglich sein, weil bestimmte Rohstoffe nur für ein Produkt gebraucht werden oder weil bestimmte Abfälle nur bei einem Produkt anfallen. Hilfreich könnte es auch sein, die real verbrauchten oder anfallenden Mengen in einer kürzeren Zeiteinheit zu erfassen, um eine Zurechnung der Gesamtmenge zu erreichen. Ist all dies nicht möglich, bleibt als letzter Ausweg nur eine Aufteilung der verbrauchten Rohstoffmengen etc. nach dem Verhältnis z.B. der Menge der beiden Produkte.

Beim Energieverbrauch kann eine Berechnung basierend auf der Anschlußleistung der Produktionslinie, deren mittlere Auslastung und Betriebsdauer helfen, einen nur auf Betriebsebene erfaßten Stromverbrauch zuzurechnen.

Besonders schwierig sind Zurechnungen von Emissionen, z.B. aus der werkseigenen Kläranlage, weil hier selten eine Erfassung an den Produktionslinien erfolgt. Sind die Produkte vergleichbar, mag eine Aufteilung nach dem Abwasseranfall der Linien möglich sein. Ansonsten müßte die Höhe und Art der Belastung stichprobenartig erhoben oder aber qualifiziert abgeschätzt werden.

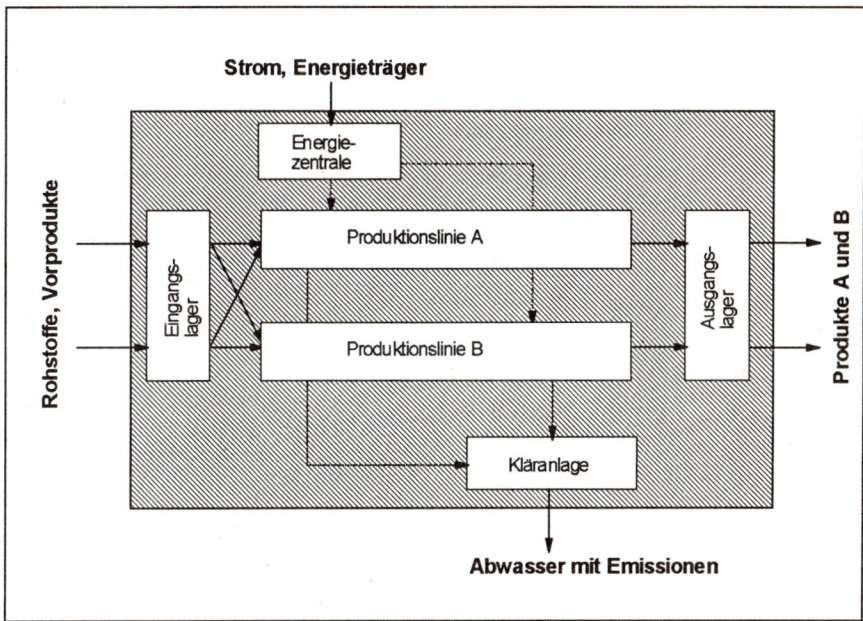

Abb. 3. Fabrik mit zwei getrennten Produktionslinien

Beispiel 2:

Noch schwieriger wird die Zurechnung auf Produkte, wenn die Produktionslinien einen oder mehrere gemeinsame Abschnitte haben. Dies bedeutet, daß mit einer Maschine bestimmte Arbeitsgänge für alle Produkte ausgeführt werden. Dies können Lackieranlagen in einer Automobilfabrik ebenso sein wie eine Druckmaschine in einer Druckerei (siehe Abb. 4).

Eine leicht durchführbare Methode ist es, die Rohstoff- und Energieverbräuche nach der Masse der produzierten Produkte auf diese aufzuteilen. Werden also in der gemeinsamen Produktionseinheit insgesamt 1500 MJ Strom verbraucht und 1000 kg Produkt A und 500 kg Produkt B behandelt, so werden Produkt A 1000 MJ und Produkt B 500 MJ Stromverbrauch angerechnet. Dies bedeutet aber, daß pro kg Produkt in beiden Fällen 1 MJ Strom verbraucht wird. Dies ist nur dann zu rechtfertigen, wenn es sich um sehr ähnliche Produkte handelt.

Wenn verschiedene Produkte vermutlich unterschiedliche Belastungen verursachen, z.B. weil bei ihnen besonders hoher Ausschuß anfällt oder sie höheren Energieverbrauch erfordern, müssen andere Wege gefunden werden. Ein möglicher Lösungsansatz ist, in Zeitperioden, in denen nur ein Produkt hergestellt wird, die relevanten Größen gezielt zu erfassen. Dies hat gegenüber der Ableitung aus allgemeinen technischen Daten den Vorteil, daß Einflüsse, wie die unterschiedliche Auslastung und der verschieden hohe Ausschuß einer Maschine, bei der Bearbeitung verschiedener Produkte realistisch erfaßt werden können.

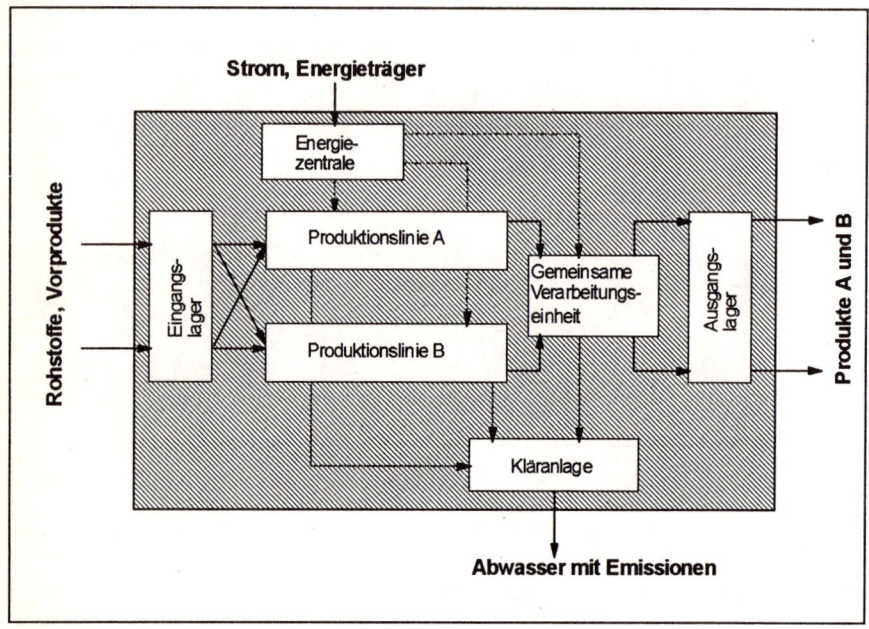

Abb. 4. Fabrik mit verknüpften Produktionslinien

Beispiel 3:

Der komplizierteste Fall tritt ein, wenn in einer Produktionsstätte echte Kuppelproduktionen auftauchen (Abb. 5). In diesem Falle hat ein Prozeß mehrere nutzbare Produkte, die in einem bestimmten Mengenverhältnis produziert werden. Beispiele hierfür sind die Raffinerie mit den verschiedenen Mineralölprodukten, die Chloralkalielektrolyse mit den Produkten Chlor, Wasserstoff und Natronlauge oder auch die Kraft-Wärme-Kopplung mit den Produkten Strom und Wärme.

Es ist in all diesen Fällen unmöglich, das eine Produkt ohne die anderen zu produzieren. Wollte man nicht willkürlich eines davon zum alleinigen Produkt und alle anderen zu Abfall erklären, gibt es im wesentlichen zwei Möglichkeiten: Entweder das System wird zunächst wirklich mit dem Output von mehreren Produkten beschrieben, oder die Ressourcen- und Energieverbräuche werden nach einer bestimmten Methode den jeweiligen Produkten zugerechnet (Allokation), und nur das interessierende Produkt erscheint in der Bilanz.

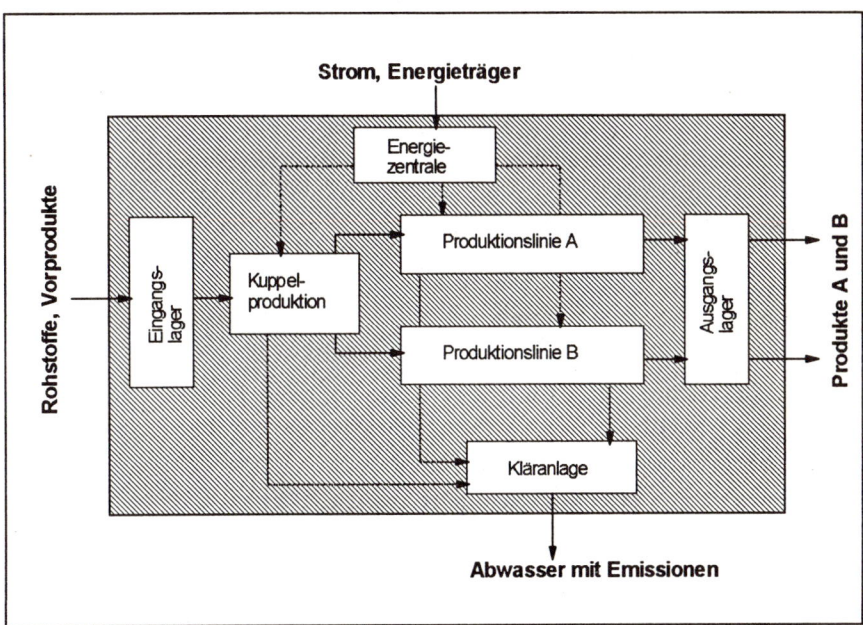

Abb. 5. Fabrik mit Kuppelproduktion

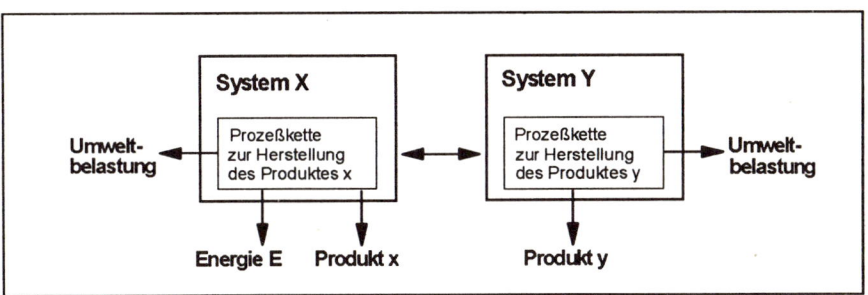

Abb. 6. Produktvergleich bei Kuppelproduktion

Im ersten Fall hat man dann eine Bilanz, die verschiedene Produkte als Output hat, was in der Regel die Interpretation erheblich erschwert. Insbesondere wird der Vergleich zu einem anderen Produkt, das den gleichen funktionellen Zweck erfüllt, sehr erschwert. De facto werden nämlich von einem solchen System mehrere Funktionen, z.B. Bereitstellung des Produktes und Bereitstellung von

Energie, erfüllt, wohingegen vom Vergleichssystem möglicherweise nur ein Produkt bereitgestellt wird (Abb. 6). Damit sind dann die beiden Systeme nicht mehr vergleichbar, weil sie unterschiedliche Funktionen erfüllen. Um wieder eine Vergleichbarkeit zu erreichen, werden daher Veränderungen am System vorgenommen.

Ein Weg hierzu ist es, Gutschriften für die Kuppelprodukte zu formulieren und dem System mit mehrfachem Nutzen (System x in Abb. 7) gutzuschreiben. Z.B. wird berechnet, wieviel Energie- und Ressourcenverbrauch sowie Emissionen mit der Produktion einer gleichen Menge der Kuppelprodukte mit einem anderen Verfahren (Äquivalenzprozeß) verbunden sind (in Abb. 7 ist dies ein Energieerzeugungsprozeß). Diese Mengen werden dann von der Sachbilanz abgezogen. Oft ist es recht schwer, geeignete Verfahren für eine solche Systemerweiterung zu formulieren. Was zum Beispiel wäre ein Äquivalenzprozeß für eine Erdölraffinerie? In anderen Verfahren wie z.B. der Kraft-Wärme-Kopplung sind solche Prozesse formulierbar und der Ansatz anwendbar (siehe z.B. SETAC, 1992).

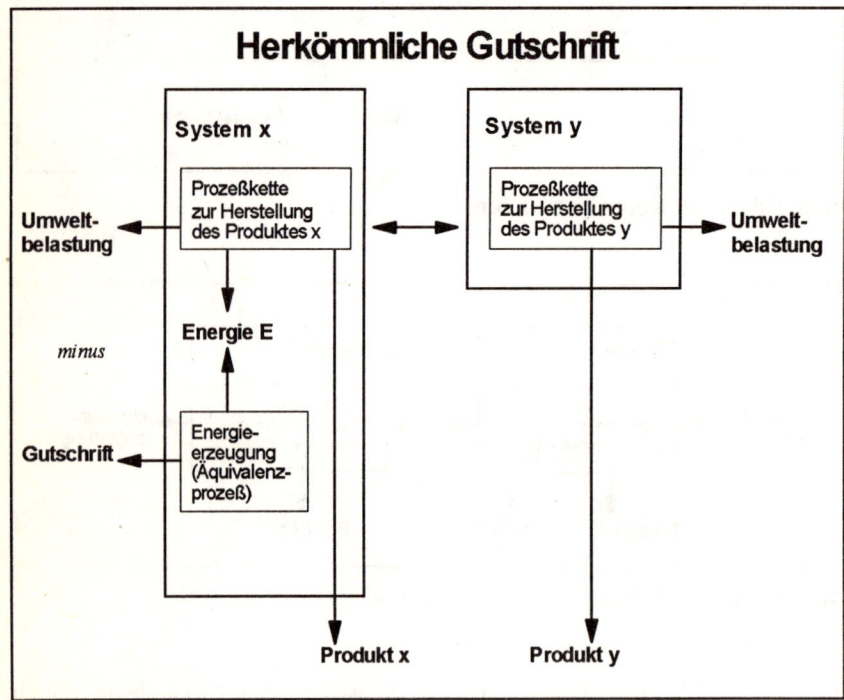

Abb. 7. Systemerweiterung mit Gutschrift

Eine Variante dieses Ansatzes ist das Einfügen zusätzlicher Produktionsprozesse für die Kuppelprodukte in das Vergleichssystem, das diese Produkte, z.B. Energie, nicht oder nicht im selben Umfang liefert. Die Umweltauswirkungen der Bereitstellung des zusätzlichen Produktes werden dann zur Sachbilanz addiert, dieser sozusagen „schlechtgeschrieben" (Abb. 8).

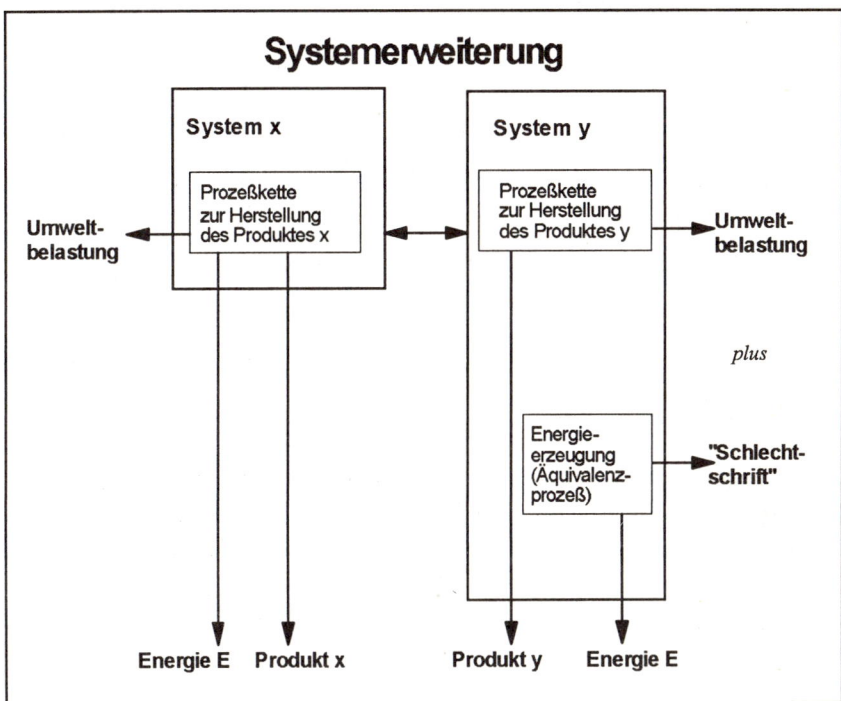

Abb. 8. Systemerweiterung mit „Schlechtschrift"

Die Vorgehensweise mit Äquivalenzprozessen hat den Nachteil, das betrachtete System immer weiter über die Grenzen des analysierten Betriebes bzw. Produktes ausdehnen zu müssen und das System damit unübersichtlich zu machen. Im Gegensatz zu dieser Vorgehensweise wird bei der Allokation versucht, die Ressourcen- und Energieverbräuche etc. auf die Kuppelprodukte aufzuteilen. Damit werden aus einem Kuppelprozeß mehrere fiktive Prozesse, die nur ein Produkt herstellen. Zur Aufteilung auf die einzelnen Produkte kann das Verhältnis der Masse, das Verhältnis der Heizwerte, das Verhältnis des Wertes der Produkte etc. benutzt werden. Ein richtiges oder falsches Verfahren kann es dabei nicht geben. Aber es sollte immer überlegt werden, welcher Schlüssel der geeignete ist. Wie das Beispiel in Abbildung 9 zeigt, wirkt sich die Wahl der Allokationsmethode stark auf die Ergebnisse aus. Im übrigen bewirkt die Zurechnung, daß die exakte chemische Massenbilanz des Prozesses nicht mehr erhalten ist.

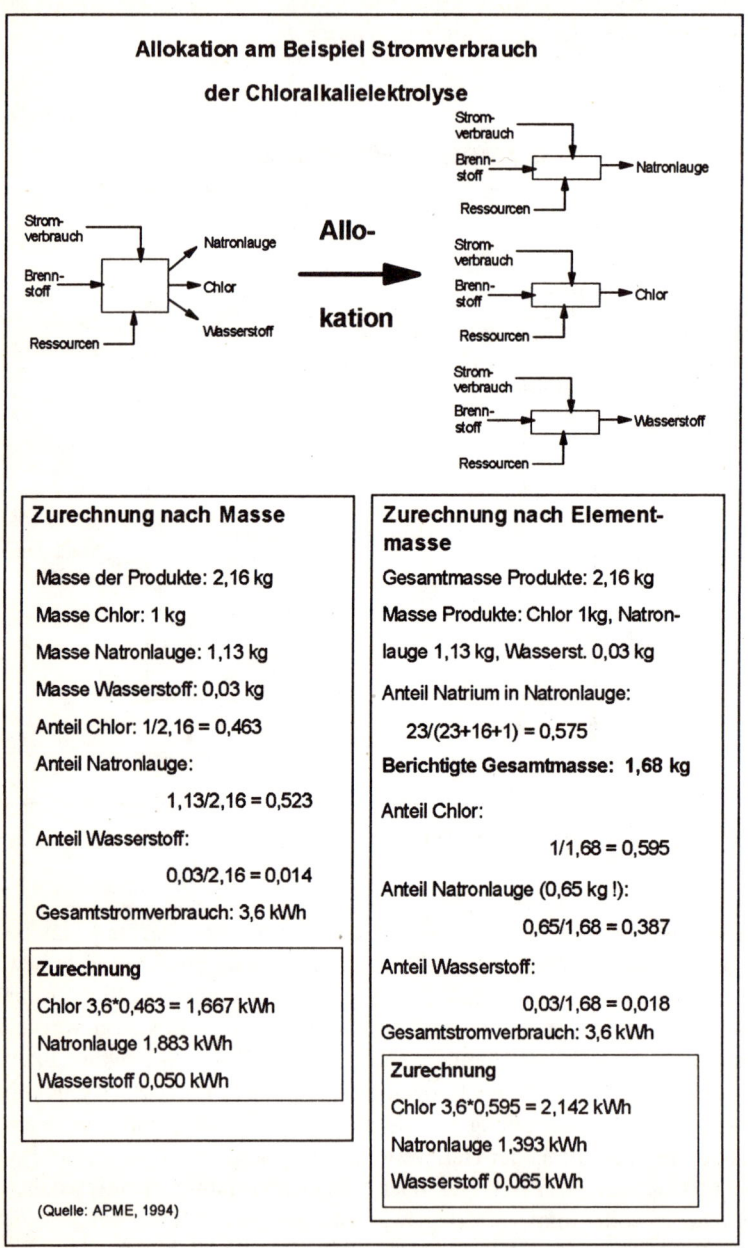

Allokation am Beispiel Stromverbrauch der Chloralkalielektrolyse

Zurechnung nach Masse

Masse der Produkte: 2,16 kg

Masse Chlor: 1 kg

Masse Natronlauge: 1,13 kg

Masse Wasserstoff: 0,03 kg

Anteil Chlor: 1/2,16 = 0,463

Anteil Natronlauge:

1,13/2,16 = 0,523

Anteil Wasserstoff:

0,03/2,16 = 0,014

Gesamtstromverbrauch: 3,6 kWh

Zurechnung

Chlor 3,6*0,463 = 1,667 kWh

Natronlauge 1,883 kWh

Wasserstoff 0,050 kWh

Zurechnung nach Element-masse

Gesamtmasse Produkte: 2,16 kg

Masse Produkte: Chlor 1kg, Natronlauge 1,13 kg, Wasserst. 0,03 kg

Anteil Natrium in Natronlauge:

23/(23+16+1) = 0,575

Berichtigte Gesamtmasse: 1,68 kg

Anteil Chlor:

1/1,68 = 0,595

Anteil Natronlauge (0,65 kg !):

0,65/1,68 = 0,387

Anteil Wasserstoff:

0,03/1,68 = 0,018

Gesamtstromverbrauch: 3,6 kWh

Zurechnung

Chlor 3,6*0,595 = 2,142 kWh

Natronlauge 1,393 kWh

Wasserstoff 0,065 kWh

(Quelle: APME, 1994)

Abb. 9. Ausgewählte Allokationsmöglichkeiten bei der Chloralkalielektrolyse

Für Kuppelproduktionen wie die Raffinerie und die Chloralkalielektrolyse hat sich in der neueren Literatur (siehe z.B. APME, 1994 oder Frischknecht, R. et al., 1994) das Allokationsverfahren immer weiter durchgesetzt. Dagegen werden bei den Kraft-Wärme-gekoppelten Kraftwerken, oder bei den energetischen Outputs der Müllverbrennung zur Zeit noch häufiger Gutschriften-Verfahren oder Systeme mit mehrfachem Nutzen (s.o.) verwendet.

Diese drei Fallbeispiele zeigen, daß die Konversion der auf einer Fabrikebene erhobenen Daten in eine für Produktökobilanzen geeignete Form ein schwieriges Unterfangen ist. Dennoch sollte genügend Aufwand betrieben werden, da die Entscheidungen über die Art der Zurechnung unter Umständen einen erheblichen Einfluß auf das Gesamtsystem haben.

Erhebung von Ökobilanzdaten

Neben der Frage der Zurechnung von Stoff- und Energieströmen auf die einzelnen Produkte ist ein weiterer wichtiger Punkt, daß Größen wie Energieverbrauch und Transportaufwendungen in einer für Ökobilanzen geeigneten Form erhoben werden. Dies ist nicht immer einfach und soll am Fall der Transportaufwendungen erläutert werden.

Bei der heute vorherrschenden geringen Fertigungstiefe findet im Laufe der Prozeßkette zur Herstellung eines Konsumproduktes eine Vielzahl von Transporten statt. Da bestimmte Fertigungsschritte oft nur von wenigen spezialisierten Betrieben ausgeführt werden, sind erhebliche Transportdistanzen zu überbrücken, so daß die Umweltauswirkungen durch den Güterverkehr nicht erst im Bereich der Distribution des Endproduktes eine Bedeutung haben. Um die Umweltauswirkungen dieser Transporte berechnen zu können, müssen die genutzten Fahrzeugtypen, ihre typische Auslastung und die übliche Transportentfernungen für Rohstoffe, Vorprodukte, Endprodukte usw. ermittelt werden.

Da Transporte überwiegend von Speditionen ausgeführt werden, müssen auch hier Annahmen getroffen werden. In den seltensten Fällen ist es nämlich realisierbar, die tatsächliche Zahl der Fahrzeuge, die zum Transport bestimmter Mengen der Stoffe notwendig ist, zu erfassen. Ersatzweise sollten Überlegungen zum maximal möglichen Auslastungsgrad zur Näherung angestellt werden. Kernpunkt sind dabei Berechnungen, wieviel Gut auf einer Transporteinheit, z.B. einer Palette, transportierbar ist und wieviele Transporteinheiten maximal auf einem üblicherweise benutzten Fahrzeug transportiert werden können (Giegrich u. Mampel, 1993). Der die maximal mögliche Zuladung begrenzende Faktor ist entweder das Gewicht, wie im in Abbildung 10 beschriebenen Beispiel des Milchtransports in Blockpackung, oder aber das Volumen, wie im Beispiel des Milchtransportes mit Schlauchbeuteln. Es gibt durchaus Produkte, bei denen der maximal mögliche Auslastungsgrad wesentlich niedriger liegt als hier genannt.

Eine Berechnung der Verkehrsemissionen mit Tonnenkilometern wäre daher fehl am Platz. Gerade bei Konsumprodukten, die eine geringe Dichte haben und damit ein großes Transportvolumen besitzen, ist daher eine solche Analyse hilfreich. Eine optimierte Packdichte schont nicht nur die Umwelt, sondern spart auch Kosten.

Maximale Zuladung 15,3 t oder 18 Paletten

Transport Milch mit Blockpackung:

1 Palette mit 940 kg gesamt (890 kg Milch)

16 Paletten pro LKW

15 t pro LKW (darunter 14,2 t Milch)

Auslastungsgrad gesamt 98%

Transport Milch mit Schlauchbeutel:

1 Palette mit 742 kg gesamt (618 kg Milch)

18 Paletten pro LKW

13,4 t pro LKW (darunter 11,1 t Milch)

Auslastungsgrad gesamt 87,6%

Abb. 10. Beispielhafte Berechnung des Auslastungsgrades

Schwierig ist oft auch eine exakte Angabe der Transportdistanzen. Selbst für einzelne Vorprodukte hat ein Betrieb zumeist verschiedene Vorlieferanten. Eine exakte Berechnung der Entfernungen, gewichtet mit der gelieferten Menge, ist daher sehr aufwendig.

In ähnlicher Weise, wie hier für den Transportsektor geschildert, sind auch für den Energieverbrauch und die Emissionen sehr viele Detailinformationen notwendig, um die Informationen für Ökobilanzen nutzbar zu machen. Ein wichtiges Hemmnis bei der Erfassung der Daten ist, daß sie in der Regel an verschiedenen Orten einer Firma erhoben werden. Daher müssen für eine solche Arbeit ganz verschiedene Personen einbezogen werden. Eine etablierte Kommunikation zwischen den verschiedenen Abteilungen einer Firma ist daher ein wichtiger Baustein beim Aufbau eines effektiven Umweltmanagementsystems. Die gemeinsame Datenerfassung wird daher zwar zunächst aufwendig sein, kann aber helfen, eine effektive Kommunikation im Betrieb einzurichten.

Fazit

Ein Ziel von Produktökobilanzen ist es, Optimierungsszenarien für die Produkte zu formulieren. Dazu müssen Umweltbelastungen, Rohstoffverbrauch etc. dem analysierten Produkt genau zugerechnet werden. Diese oft nur auf Betriebsebene erfaßten Größen den im Betrieb produzierten Produkten zuzurechnen, ist nicht immer einfach. Mit zunehmender Verflechtung der Produktionslinien im Betrieb müssen zunehmend schwierigere Zurechnungsprobleme bewältigt werden. Dennoch sollte die Mühe der Zurechnung nicht gescheut werden, weil dadurch konkrete Einsparmöglichkeiten von Rohstoffen und Energie aufgedeckt werden können, die zur Schonung der Umwelt und Senkung der Kosten beitragen können. Die Zurechnung auf das untersuchte Produkt erlaubt darüber hinaus erst den sachgerechten Vergleich zu anderen Produkten, die die gleiche Funktion erfüllen.

Literatur

APME (1994): Ecoprofiles of the European polymer industry, report 5: co-product allocation in chlorine plants. A report for the Association of Plastic Manufacturers in Europe (APME) Technical and Environmental Centre, Brussels

Frischknecht, R. et al. (1994): Ökoinventare für Energiesysteme Bundesamt für Energiewirtschaft Zürich

Giegrich, J. und Mampel, U. (1993): The EDANA LCA inventory manual – a practical guide for data gathering. ifeu-Institut für Energie- und Umweltforschung Heidelberg GmbH, Heidelberg, unveröffentlicht

Huppes, G. and Schneider, F. (eds.) (1994): Proceedings of the European Workshop on Allocation in LCA at the Centre of Environmental Science (CML) in Leiden, 24-25 February

Projektgemeinschaft „Lebenswegbilanzen" (1992): Methode für Lebenswegbilanzen von Verpackungssystemen. Bericht des Fraunhoferinstitutes für Lebensmitteltechnologie und Verpackung, München, der Gesellschaft für Verpackungsmarktforschung (GVM), Wiesbaden und des ifeu-Institutes für Energie- und Umweltforschung Heidelberg GmbH, Heidelberg

SETAC (Hrsg.) (1992): Life-cycle assessment. Workshop report of the Society of Environmental Toxicology and Chemistry (SETAC) – Europe, 2-3 Dec. 1991, Leiden, The Netherlands

IV Umweltbetriebsbilanzen in Theorie und Praxis

Die Umsetzung einer Umweltbetriebsbilanz am Beispiel der Fa. Mohndruck

Achim Schorb, Heidelberg

Nicht erst seit der Verabschiedung der EG-Öko-Audit-Verordnung werden von einzelnen Firmen betriebsbezogene Ökobilanzen als fester Bestandteil der Unternehmenspolitik betrachtet; sie sind aber im Vergleich zu Produktökobilanzen auch heute noch eher selten anzutreffen. Als Vorreiter auf diesem Gebiet sind in der Nahrungsmittelbranche die Firmen Bad Brückenauer Mineralquellen, Neumarkter Lammsbräu oder die Backwarenfabrik Hofpfisterei zu nennen. Und im Non-Food-Bereich veröffentlichen seit mehreren Jahren zum Beispiel die Unternehmensgruppe Kuhnert oder die Swissair ihre Umweltbetriebsbilanzen.

Seit dem Geschäftsjahr 1991/92 ist für das Druck- und Verlagswesen die Firma Mohndruck, Graphische Betriebe GmbH in Gütersloh als Teil des Bertelsmann-Medienkonzerns mit ihrer Ökobilanz auf dem Markt präsent. Das Unternehmen gehört mit einem Stamm von 4.000 Mitarbeitern und der Produktion von ca. 1,75 Mrd. Druckerzeugnissen pro Jahr zu den europäischen Branchenführern auf dem Sektor des Offsetdruckes. Am Beispiel dieser richtungsweisenden Umweltbetriebsbilanz wird der Ansatz der ökologischen Betriebsbilanzierung sowie die Entwicklung und Umsetzung des dazu notwendigen Instrumentariums aufgezeigt und die Veränderungen dargestellt, die sich aus der Verabschiedung der EG-Öko-Audit-Verordnung notwendigerweise ergeben.

Aufbau einer Ökobilanz auf Basis der betrieblichen Struktur

Die Arbeiten zur ersten Bilanz für das Geschäftsjahr 1991/92 erfolgten unter der folgenden mittelfristigen Zielsetzung:[1]

- Beurteilung der ökologischen Situation und Identifizierung ökologischer Schwachstellen im Unternehmen.
- Entwicklung einer Informationsgrundlage für ökologisch orientierte Unternehmensstrategien.

---

[1]   Fa. Mohndruck (Hrsg.): Ökobilanz 1992, Zielsetzungen.

Mario Schmidt, Achim Schorb (Hrsg.)
Stoffstromanalysen in Ökobilanzen und
Öko-Audits
© Springer-Verlag Berlin Heidelberg 1995

- Optimierung der Umweltverträglichkeit von Produkten und Produktionsprozessen.
- Verknüpfung ökologischer und ökonomischer Aspekte der Bilanzerstellung.

Um diese Zielsetzung zu erfüllen – insbesondere die der Identifikation von ökologischen Schwachstellen und der weiteren Optimierung – mußten an die Bilanz einige Anforderungen gestellt werden. Die wichtigsten Aufgaben waren anfangs die Entwicklung eines hinreichend detaillierten und fortschreibungsfähigen Bilanzsystems und die Bereitstellung der dafür erforderlichen Daten.

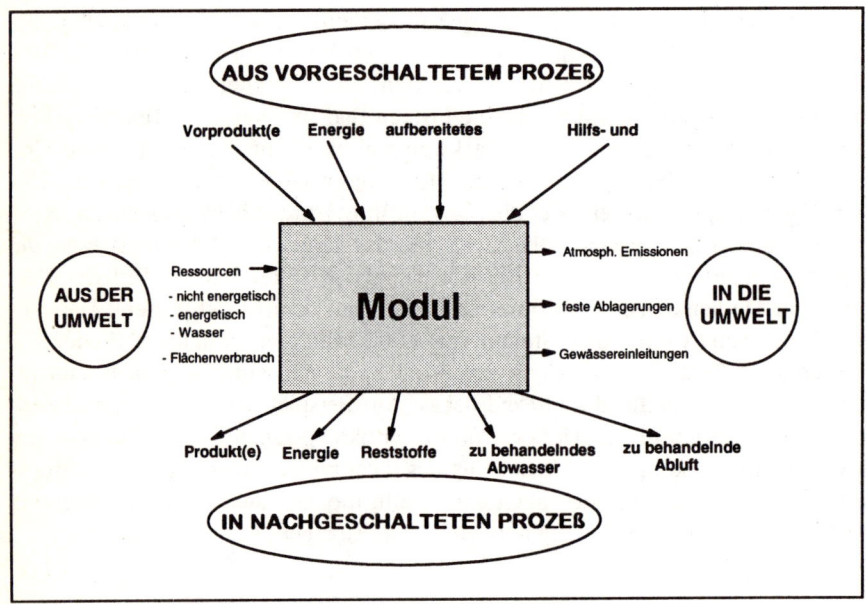

Abb. 1. Darstellung eines allgemeinen Moduls

Bereits bei der zeitaufwendigen und datentechnisch schwierigen Ermittlung des Ist-Zustandes (Eröffnungsbilanz) wurde ein modularer Systemansatz entwickelt, wie er in ähnlicher Form auch für reine Produktökobilanzen eingesetzt wird (siehe Abb. 1). Durch den Einsatzes eines solchen modularen Ansatzes wurde es möglich, im Rahmen einer betrieblichen Ökobilanz mehrere betriebliche Bilanzebenen zu erfassen und darzustellen.

Entsprechend diesem Ansatz wurde das bilanzierte Unternehmen einer hierarchischen Gliederung unterzogen. Die Einteilung erfolgte hierzu in *Bereiche* – bei Mohndruck in: Produktion und Infrastruktur –, in *Teilbereiche* – im Druckereiwesen in: Vorstufe, Druck und Weiterverarbeitung – und als kleinste diskrete Einheit in sogenannte *Module* (siehe Abb. 2).

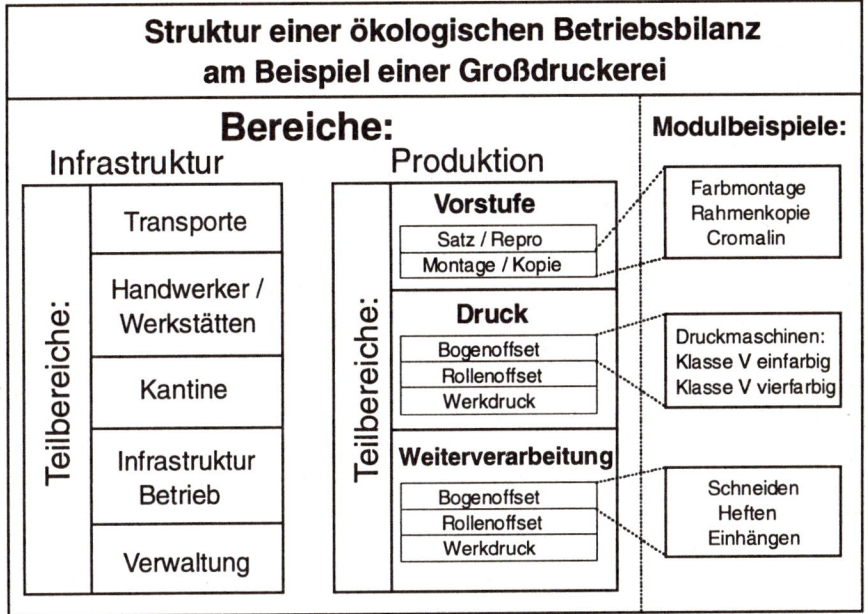

Abb. 2. Struktureller Aufbau verschiedener Bilanzierungsebenen der Betriebsbilanz der Fa. Mohndruck

Das Modul als kleinste Einheit umfaßt entweder einzelne Tätigkeiten oder Maschinen (z.B. Papierschneider), aber auch Maschinengruppen (z.B. Druckmaschinen Bogenoffset, Formatklasse V) oder Funktionseinheiten (z.B. Elektrowerkstatt). Im Idealfall kann es einer Kostenstelle zugeordnet werden.

Durch diese hierarchische Gliederung wird es möglich, je nach gestellter Anforderung, den jeweils gewünschten Betrachtungsausschnitt auszuwählen. So kann die *Bilanz des Gesamtbetriebes* nach Teilbereichen unterschieden werden: Bei der Aufstellung einer *Prozeßbilanz* für den Teilbereich Druck kann z. B. die Unterteilung in die Modulgruppen Flach- und Rollendruck vorgenommen werden, während bei dem Beispiel einer *Produktbilanz* für einen Bildband die jeweiligen diskreten Module von Einzelmaschinen zur Bilanzbestimmung herangezogen werden.

Vorteile dieses modularen Ansatzes sind:

- Die Betriebsstruktur ist klar und übersichtlich darstellbar;
- Die Datenerfassung kann auf Strukturen des betrieblichen Rechnungswesens wie Kostenstellenplan, Einkaufslisten, Betriebsabrechnung zurückgreifen und aufbauen;
- Das Modell kann bei Bedarf nahezu beliebig erweitert werden, ohne die Grundstruktur verändern zu müssen;

- Sowohl Einzelprozesse als auch Produkte und Produktgruppen können jeweils separat untersucht und dargestellt werden. Durch die Aufspaltung in eine Vielzahl von Detailmodulen mit ausreichend disaggregierten Daten wird es möglich, eine schnelle und zuverlässige Schwachstellenanalyse durchzuführen;
- Der Modellansatz ist sowohl auf Betriebe aus dem graphischen Gewerbe, als auch auf solche aus anderen Industrie- und Gewerbebereichen problemlos übertragbar. Er ist auf jede Betriebsgröße adaptierbar.

Bei einem Unternehmen dieser Größenklasse war die Nutzung und Übernahme der betriebsinternen Informationssysteme des Einkaufs und der Betriebsabrechnung unabdingbare Voraussetzung für eine effektive und mit vertretbarem Aufwand durchführbare Ermittlung der Stoff- und Emissionsströme. Das ifeu-Institut als Berater und Ersteller der Bilanz setzte gemeinsam mit dem Unternehmen ein Instrumentarium ein, welches die „klassischen" Strukturen der Ökobilanzierung mit den betriebsbezogenen Datenstrukturen von Einkaufs- und Betriebsabrechnungswesen in Einklang bringt, ohne die Dateninformation in zu starker Weise zu aggregieren.

Um die enormen Datenmengen aus den betrieblichen EDV-Systemen verarbeiten zu können, wurde bereits für diese erste Bilanz ein Auswertprogramm erstellt, welches es ermöglichte, die umfangreichen, aus dem Betriebsabrechnungssystem stammenden Datensätze nach gemeinsamen Merkmalen auszuwerten. Es wurde, um die Auswertung der Bilanzen zu vereinfachen, ein EDV-internes Kennzeichnungssystem für die Ökobilanz entwickelt und in das Einkaufs- bzw. Betriebsabrechnungssystem implementiert. Inzwischen wurde von der EDV-Abteilung des Unternehmens dafür eine eigene Ausleseroutine in den Systemen geschaffen, welche es dem Ersteller der Ökobilanz ermöglicht, die für die Ökobilanz relevanten Daten kostenstellenscharf zu übernehmen.

Die Methode der modularen Beschreibung von Betriebsstrukturen ist inzwischen auch Grundlage für fortgeschrittene Programme zur Erstellung von Umweltbetriebsbilanzen, die die eher unzweckmäßigen Tabellenkalkulationsprogrammen mittelfristig ersetzen werden[2]. Dabei werden auch Schnittstellen zu Einkaufs- bzw. Betriebsabrechnungssystemen sowie Auswertemöglichkeiten zur Bewertung der Sachbilanzergebnisse angeboten.

Umsetzung und Fortschreibung der Methode

Die Methode der ökologischen Betriebsbilanzierung wird bei der Fa. Mol '-druck einerseits zur Darstellung der annuellen Fortschritte auf dem ökologischen Sektor eingesetzt, sie ist anderseits inzwischen aktiver Bestandteil des Betriebs-

---

[2] Siehe hierzu den Beitrag von Andreas Möller und Arno Rolf in diesem Buch.

controllings.[3] Nach der erfolgreichen Methodenentwicklung und erstmaligen Anwendung auf das Geschäftsjahr 1991/92 (vom Unternehmen wird das Zeitintervall 1. Juli bis 30. Juni des Folgejahres als Geschäftsjahr definiert), liegt mit der Umwelterklärung und Ökobilanz – Geschäftsjahr 1993/94 – bereits der dritte Umweltbericht veröffentlicht vor.[4]

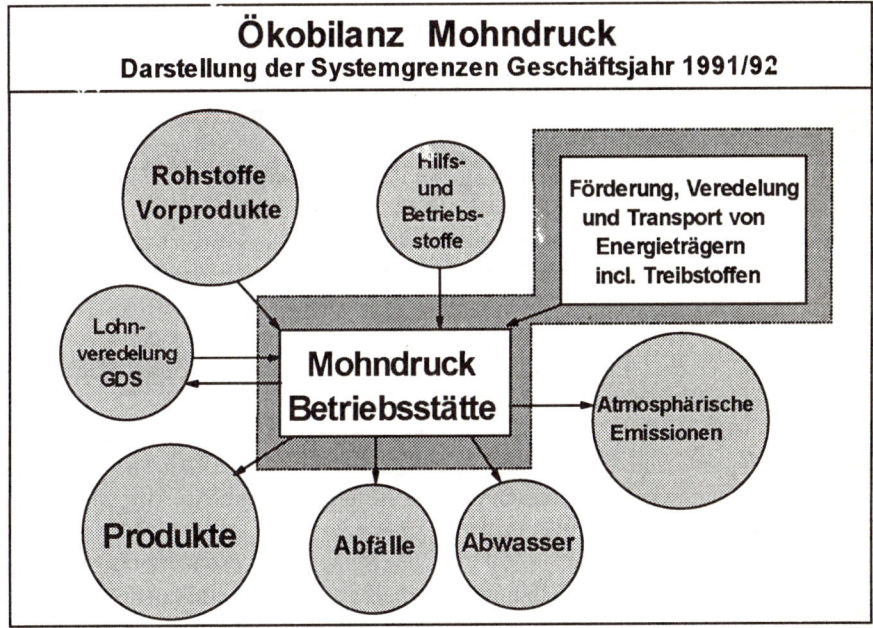

Abb. 3. Die Systemgrenzen der Eröffnungsbilanz

Einhergehend mit jeder Umweltbetriebsbilanz wurde ein Maßnahmenkatalog erarbeitet bzw. fortgeschrieben, der die neu identifizierten Schwachstellen sowie die noch nicht umgesetzten Maßnahmen enthält. Hiermit war es möglich, einen kontinuierlichen Vergleich zu den Vorjahren zu ziehen und die Auswirkungen der Umsetzung des Maßnahmenkatalogs zu prüfen und zu dokumentieren, was inzwischen ein wichtiger Bestandteil des sogenannten Öko-Audit-Verfahren geworden ist. Die Umweltbetriebsbilanz ist somit der systematisierte und quantifizierende Kern eines Umweltmanagementsystems zur Bereitstellung der für den Betrieb erforderlichen umweltrelevanten Informationen.

---

[3] Mohndruck Graphische Betriebe GmbH (Hrsg.) (1993): Umweltbericht und Ökobilanz '92. Gütersloh.

[4] Mohndruck Graphische Betriebe GmbH (Hrsg.) (1995): Umwelterklärung und Ökobilanz -Geschäftsjahr 1993/94. Gütersloh.

Gleichzeitig mit der Fortschreibung der Bilanz erfolgte – soweit notwendig – eine weitere Optimierung der Bilanzmethode, aber auch eine Fortentwicklung durch die Erweiterung der Bilanzgrenzen (siehe Abb. 3).

So konnte im Vergleich zur Eröffnungsbilanz die Bilanz um die für die Produktion von Druckerzeugnissen wichtigen Veredelungsverfahren erweitert werden, die im Lohnverfahren von einem Tochterunternehmen in Gütersloh durchgeführt werden. Des weiteren war es durch Intensivierung und Verbesserung der Meßanalytik möglich, den Gas- und Wasserbedarf nunmehr auf die einzelnen Kostenstellen zu verteilen.[5]

Anhand einiger konkreter Beispiele aus verschiedenen Geschäftsbereichen soll nachfolgend gezeigt werden, inwieweit die aus der Ökobilanz abgeleiteten Maßnahmen umgesetzt wurden, wie sie sich im Laufe der Berichtszeiträume entwickelten und inwieweit die Umsetzung zur Verbesserung der ökologischen Betriebssituation beigetragen hat.

Als wichtigste Veränderung ist die Umstellung der Energieversorgung von dezentralen Wärmeerzeugern und der Stromlieferung aus dem öffentlichen Netz auf eine erdgasbefeuerte Kraft-Wärme-Kopplungsanlage auf dem Betriebsgelände zu nennen. Da die Anlage erst 1994 in Betrieb ging, kommen die emissionsmindernden Effekte des „Energiezentrums" erst in der (bei Redaktionsschluß noch nicht vorliegenden) Ökobilanz 1994/95 zum tragen.

Weitere, sich bereits in den Bilanzen auswirkende Maßnahmen bezogen sich unter anderem auf die Bereiche Rohstoffauswahl (Papier), Vorstufe (Fotochemikalien), Druck (Lösemittel) und Abfallwirtschaft. So stieg zwar der Papierverbrauch gegenüber der Eröffnungsbilanz absolut um mehr als 17.500 t auf 159.931 t im Geschäftsjahr 1993/94, die Menge der besonders umweltkritischen Papiere, bei deren Herstellung chlorhaltige Prozeßchemikalien eingesetzt werden (chlorhaltige Papiere), sank jedoch gegenüber dem Vorjahr um 8.055 t und gegenüber der Bilanz 1991/92 sogar um 49.357 t und betrug im Berichtszeitraum nur noch 4.835 t „chlorhaltiges" und 46.613 t „chlorarmes" Papier. Dies bedeutet eine Minderung gegenüber 1991 von 17.215 t. Der Einsatz von „chlorfrei" erzeugten Papieren stieg dabei von 24.031 t im Jahre 1991/92 auf 105.792 t. Der Einsatz reiner Recyclingpapiere beträgt jedoch auch 1993/94 nur geringe 2.600 t; dies bedeutete lediglich eine Steigerung um 1.100 t gegenüber der Eröffnungsbilanz.

Die Entsorgungsbilanz konnte trotz gestiegener Produktion im Verlauf der bilanzierten Geschäftsjahre kontinuierlich verbessert werden (siehe Abb. 4). So wurde trotz höherem Rohstoffeinsatz, die Gesamtabfallmenge kontinuierlich gesenkt, aber auch die Einzelfraktionen, besonders die Gefahrstoffe, deutlich erniedrigt.

---

[5] Zur Schwierigkeit der Zuordnung solcher Stoffströme siehe Beitrag von Ulrich Mampel in diesem Buch.

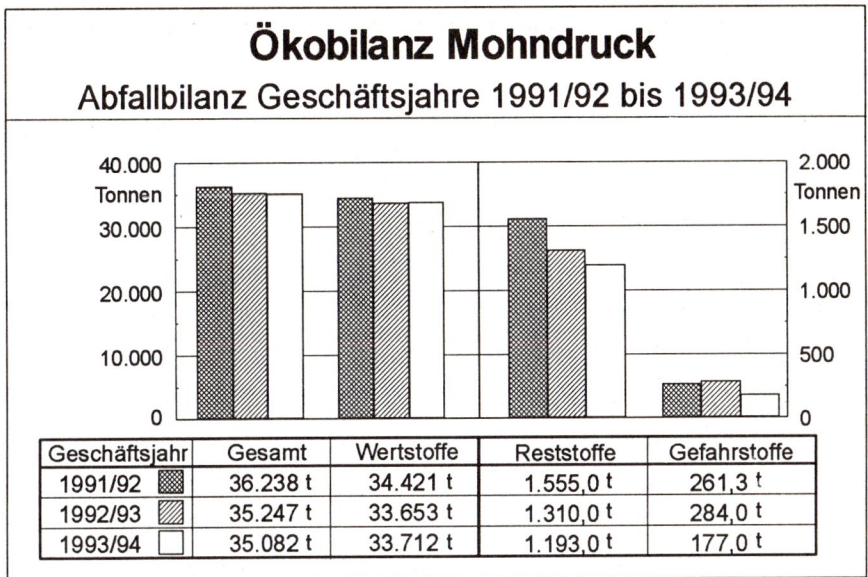

Abb. 4. Entsorgungsbilanz Mohndruck 1991 bis 1994

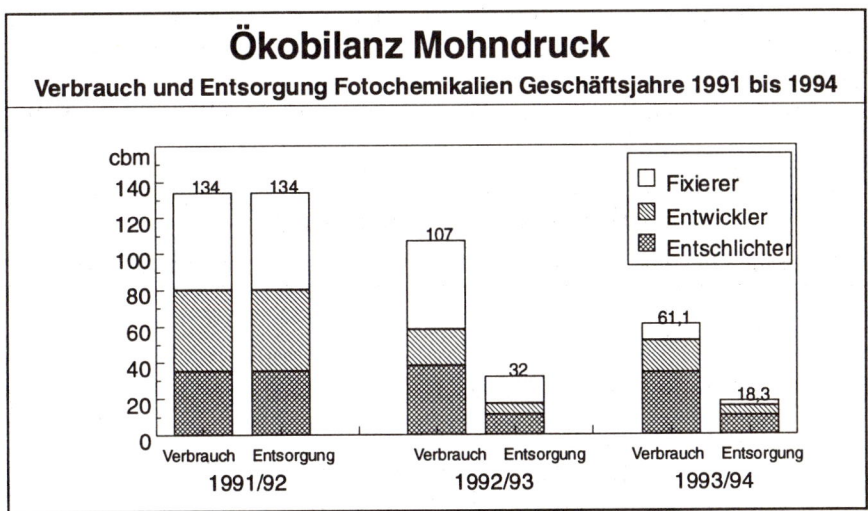

Abb. 5. Verbrauchsentwicklung Fotomaterial- und Chemikalien bei Mohndruck in den Geschäftsjahren 1991/92 bis 1993/94

Als emissionsträchtiger Produktionsabschnitt wurde bereits in der Eröffnungsbilanz der Bereich der Vorstufe mit dem Einsatz von Filmen und Fotochemikalien sowie lösemittelhaltigen Montageklebern identifiziert. Durch die Entwicklung und den Einsatz spezieller, den Chemikalieneinsatz durch Rückgewinnung und Kreislaufführung reduzierenden Technologien konnte der Verbrauch dieser teilweise als Gefahrstoffe zu entsorgenden Materialien erheblich gesenkt werden (siehe Abb. 5).

Doch die Technologieentwicklung geht weiter. So konnte bereits im Frühjahr 1994 für einen Hannoveraner Verlag ein Bildband gefertigt werden, der weitestgehend ohne die film- und chemikalienintensiven Vorstufenabschnitte der Probefilme, -folien und -abzüge gefertigt wurde. Hierbei kam erstmals ein Laser-Farbdrucker zum Einsatz und die Fotochemie mußte nur noch zur Erstellung der Druckplatten eingesetzt werden. Es kann erwartet werden, daß in einigen Jahren die Druckvorlagen nicht mehr photographisch in die Druckplatten umgesetzt werden, sondern mit der „Computer to plate"-Technologie dann die Druckplatten direkt bearbeitet werden.

Ein ökologisches Problem des Druckereiwesens ist der notwendige Einsatz von Feucht- und Lösemitteln beim eigentlichen Druckprozeß. Obwohl die Lösemittel soweit wie möglich im Kreislauf geführt werden und bei den Rollendruckmaschinen thermische Nachverbrennungsanlagen für die Maschinenabluft vorhanden sind, entweichen besonders beim Bogendruck Lösemitteldämpfe in die Umwelt. Die mit dem Entweichen der Feucht- und Lösemittel verbundenen Luftemissionen tragen zur Bildung von „Photosmog", also zur Bildung von bodennahem Ozon, bei. Durch eine intensive Konzentrationsüberwachung und -minimierung an den einzelnen Maschinen und Maschinengruppen konnte der Verbrauch seit dem Geschäftsjahr 1991/92 erheblich gesenkt und damit auch die Emissionen deutlich verringert werden. Geprüft wird zudem die Verwendung von Pflanzenölen, um die derzeit auf Erdölbasis hergestellten Mittel zu ersetzen.

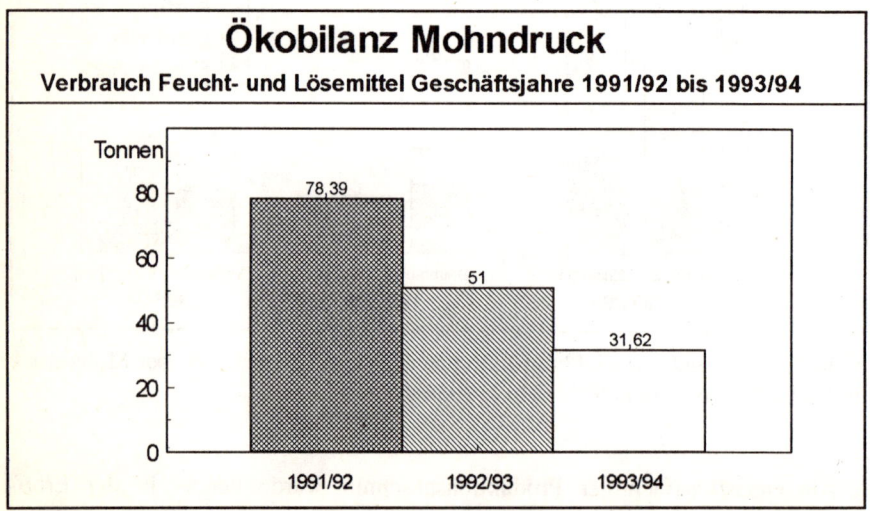

Abb. 6. Verbrauchsentwicklung Feucht- und Lösemittel bei Mohndruck in den Geschäftsjahren 1991/92 bis 1993/94

Einbettung in das Umweltmanagement und Ausblick

Die Umweltbetriebsbilanz ist innerhalb des Unternehmens inzwischen ein fester Bestandteil der Berichtslegung geworden. Sie ist soweit wie möglich automatisiert – planmäßiges Auslesen der relevanten Betriebsdaten nach Abschluß des Geschäftsjahres und Übertrag in das Ökobilanz-Kalkulationssystem – und wird vom ifeu-Institut als externem Berater auf Plausibilität hin überprüft und mit den jeweils aktuellen Emissionsfaktoren für Energiebereitstellung und Transporte verknüpft. Das Gebot der Minimierung und Optimierung der Einsätze von Produktionsrohstoffen und Energieträgern sowie der weiteren Verringerung von Makulaturanfall und zu entsorgenden Gefahrstoffen hat Einzug in das Betriebscontrolling gefunden. Die nach Maßgabe des jährlichen Maßnahmenkatalogs erforderlichen Maßnahmen werden zügig bearbeitet und umgesetzt.

Die betriebliche Ökobilanz bei Mohndruck ist von Anfang an in ein umfassendes Netz von Umweltaktivitäten eingebettet. So wird die Bilanzerstellung seit den ersten Ansätzen der Methodenentwicklung im Jahre 1991 durch ein mohndruck-internes „Controlboard Ökobilanz" ständig begleitet. In diesem Gremium arbeiten neben den Projektbearbeitern und -betreuern auch die Geschäftsleitung sowie weitere Mohndruck-Mitarbeiter aus den verschiedenen Geschäftsbereichen wie Einkauf, Verkauf, Produktion, kaufmännischer Bereich, EDV und Technik sowie Arbeitssicherheit und Entsorgung zusammen. Alle Konzepte und Vorgehensweisen werden in diesem Gesprächskreis erörtert und abgestimmt.

Ausgehend von einer vertiefenden Betrachtung einzelner Problembereiche in den Ökobilanzen der vergangenen Geschäftsjahre, die über den Rahmen der eigentlichen Unternehmensbilanz hinausgeht, wurden im Jahre 1993 erstmals Symposien über die durch die Verwendung von den derzeit gebräuchlichen Druckfarben und Klebstoffen ausgehenden Umweltprobleme veranstaltet. Hierbei waren neben den entsprechenden Mohndruck-Betriebsabteilungen auch Vertreter von Vorlieferanten der Sparten Papier, Farbe, Klebstoffe, Grundstoffchemie sowie Vertreter aus Forschungsinstituten eingeladen. Auf diesen beiden Symposien wurden gemeinsam die Probleme des Umweltschutzes bei der Verarbeitung zu Druckerzeugnissen, beim Recycling von Bedruckstoffen sowie der Entsorgung gebrauchter Produkte und von Produktionsrückständen diskutiert. Als konkretes Ergebnis konnte beispielsweise beim Symposium „Klebstoffe" in Detmold herausgearbeitet werden, daß für die Produktion bei Mohndruck der allgemein in der Klebstoffdispersion übliche Zusatz von hautreizenden Konservierungsstoffen nicht notwendig ist und sinnvollerweise für die Zukunft unterbleiben kann. Dies bedeutet nicht nur eine direkte Verbesserung der Arbeitssicherheit bei der Verwendung solcher Dispersionen im Unternehmen selbst, sondern hat auch eine Verringerung des Gefahrstoffaufkommens bei der Entsorgung der Klebstoffreste zur Folge. Der Vorteil der Schadstoffvermeidung kommt nicht nur allein bei Mohndruck zum Tragen, sondern verringert indirekt auch bei den späteren Recylern die Schadstofffracht der aus diesen Papiere hergestellten Recyclingprodukte und des dabei anfallenden Recyclingschlamms.

Als nächste mit der betrieblichen Ökobilanz und dem betrieblichen Umweltmanagement direkt verbundene Zielvorgaben sind bei Mohndruck neben einer verstärkten Einbeziehung des schienengebundenen Verkehrs in die Transportlogistik und der Verringerung des Transportaufkommens auch die offizielle Teilnahme am EU-Öko-Audit auf der Grundlage der bisher bereits geleisteten Arbeiten vorgesehen.

Die Ziele einer Umweltbetriebsbilanz aus unternehmerischer Sicht und ihre Rolle innerhalb der Unternehmenspolitik

Michael Jacobi, Gütersloh

1 Einführung und Zielsetzung

Wenn über die Zielsetzung einer Umweltbetriebsbilanz diskutiert wird, müssen zunächst die für ein Unternehmen geltenden Grundsätze, Leitlinien usw. definiert werden. Für das Unternehmen Mohndruck ist das folgendermaßen darzustellen:

1.1 Führungsleitlinien

Es gilt das Prinzip der Dezentralisation von Funktionen und Delegation von Verantwortung. Der Faktor Kooperation muß als Bindeglied praktiziert werden, um Reibungsverluste zu vermeiden.

1.2 Gesellschaftspolitische Verantwortung

Über von der Geschäftsführung fest vorgegebene Grundsätze muß die gesellschaftspolitische Verantwortung betriebsintern und in der Außenwirkung definiert sein:

- Verantwortungsvoller, partnerschaftlicher Umgang mit Umwelt und ihren Ressourcen;
- Verantwortung gegenüber Ökonomie *und* Ökologie;
- verpflichtende Veröffentlichung betriebsintern und extern von einem Unternehmensleitbild für Ökologie und Ökonomie.

Mario Schmidt, Achim Schorb (Hrsg.)
Stoffstromanalysen in Ökobilanzen und
Öko-Audits
© Springer-Verlag Berlin Heidelberg 1995

1.3   Aufbau eines Umweltmanagements

Dies bedeutet, daß die Voraussetzungen geschaffen werden müssen, um die ein- und ausgehenden Materialflüsse in Form einer *Ökobilanz* mit Schwachstellenanalyse und Maßnahmenplan erstellen zu können. Im zweiten Schritt sollte dann das *Öko-Controlling* strukturiert werden, in dem man "Umweltkosten" nach dem Verursachungsprinzip zuordnet und in das operative Geschäft - sprich ergebniswirksam - übernimmt. Daneben muß standortbezogen eine qualitative Bewertung aller Emissionen und umweltrelevanten Handlungen erfolgen, um die Position des Unternehmens im Reigen der Gesamtwirtschaft zu kennen. Daraus ist z.B. abzuleiten, daß nur durch diese Strukturierungsmaßnahmen eine umweltrelevante Steuergesetzgebung individuell und nicht nach dem Gießkannenprinzip gestaltet werden kann. Im letzten Schritt sollte dann ein *Öko-Audit* nach EG-Norm mit einem verbindlichen Öko-Handbuch die Voraussetzung für die EG-Zertifizierung schaffen.

Mit dieser beschriebenen Systematik, die sowohl für Klein- als auch für Großunternehmen mit entsprechender Strukturanpassung gelten kann, ist die langfristige Absicherung des Standortes und der Arbeitsplätze und somit der Fortbestand des Unternehmens neben den betriebswirtschaftlichen Voraussetzungen gewährleistet. Es sollte auch nicht vergessen werden, daß diese konsequente Vorgehensweise unter Marketingaspekten Wettbewerbsvorteile bringt.

2   Die "praktische Arbeit" mit einer Ökobilanz

2.1   Organisatorische Voraussetzungen

Wenn man eine Ökobilanz in der Praxis einsetzen will, so muß als erstes die Geschäftsführung festlegen, wer, wie, mit welchen Befugnissen für die Einführung der Ökobilanz verantwortlich ist. Der Verantwortliche sollte

- direkt der Geschäftsführung unterstellt sein,
- für die Umsetzung sehr umfassende Betriebs- und Branchenkenntnisse besitzen sowie
- ökonomisches und ökologisches Wissen haben.

Empfehlenswert ist es, die Einführung der Ökobilanz einem Team zu übertragen, sog. Initiativkreis Umwelt, der nicht hierarchisch, sondern fachorientiert besetzt sein muß, sprich alle Funktionseinheiten müssen vertreten sein.

Die Einführungsphase muß zeitlich feststehen, ein Kostenbudget ist klar zu definieren, der Arbeitsfortschritt ist durch regelmäßige Berichterstattung an die Geschäftsführung sicherzustellen. Die Unterstützung durch das betriebliche Berichtswesen (EDV), Controlling und die Führungsmannschaft ist Voraussetzung.

2.2 Strukturierung der Ökobilanz

Da die Ökobilanz eine umweltrelevante, ganzheitliche Darstellung aller In-/Output-Materialflüsse einschließlich Energie und Emissionen ist, sind zunächst die Systemgrenzen festzustellen (s. Abb. 1). Hier ist der Kostenstellenaufbau das Maß für die modulare Darstellungstechnik der Ökobilanz. Durch diese Modulartechnik ist es der jeweiligen Führungskraft und ihren Mitarbeitern möglich, verursachungsgerecht und verantwortungsorientiert die von ihnen zu beeinflussenden Umweltaktivitäten vorzunehmen.

Hierzu dienen die Auswertungen der Ökobilanz nach den Stufen

- Betriebs-,
- Prozeß-,
- Produktbilanz (s. Abb. 2).

Hierdurch ist es auch möglich,

- Schwachstellen im Betriebsgeschehen zu definieren,
- daraus Maßnahmenpläne (s. Tab. 1) mit Zielsetzungen für Zeit und Kosten zur Realisierung zu bestimmen und
- diese dann in die Geschäftspolitik zu übernehmen, so daß
- in regelmäßigen Abständen ein Soll-Ist-Vergleich dieser Zielsetzungen erfolgen kann.

Durch diese Aufbauorganisation ist sichergestellt, daß die Ökobilanz zu einem internen und externen Steuerungsinstrumentarium geworden ist, das alle Aktivitäten des Hauses mitbestimmt. Wird diese Aufbauorganisation von allen Betriebsangehörigen akzeptiert und in die Tages- und Strategiearbeit aufgenommen, so kann auch mit Zulieferern wie mit Kunden, mit notwendigen Dienstleistern wie Behörden, Energieträgern usw. gemeinschaftlich die Umwelt so berücksichtigt werden, daß es zu ganzheitlichen Problemlösungen kommt und der Anspruch erfüllt wird, daß es keinen Widerspruch zwischen Ökonomie und Ökologie gibt.

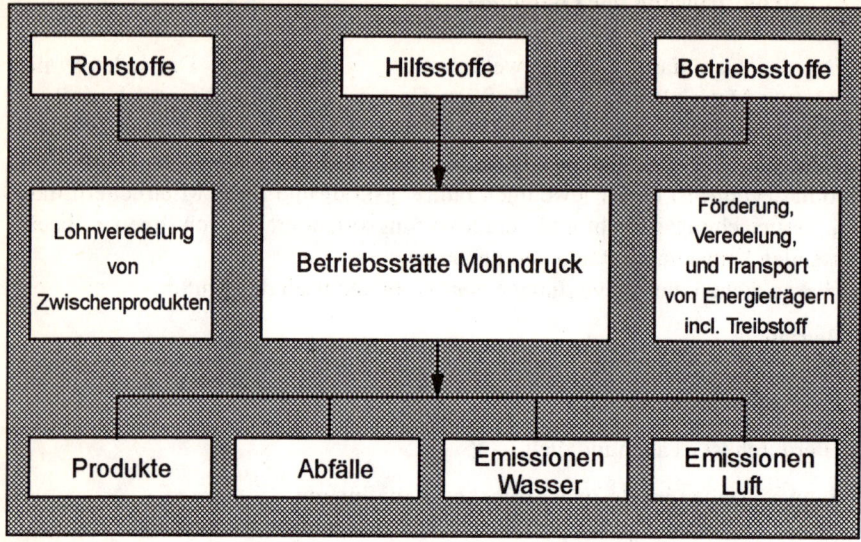

Abb. 1. Systemgrenzen für die Ökobilanzen. Geschäftsjahr 1993/94

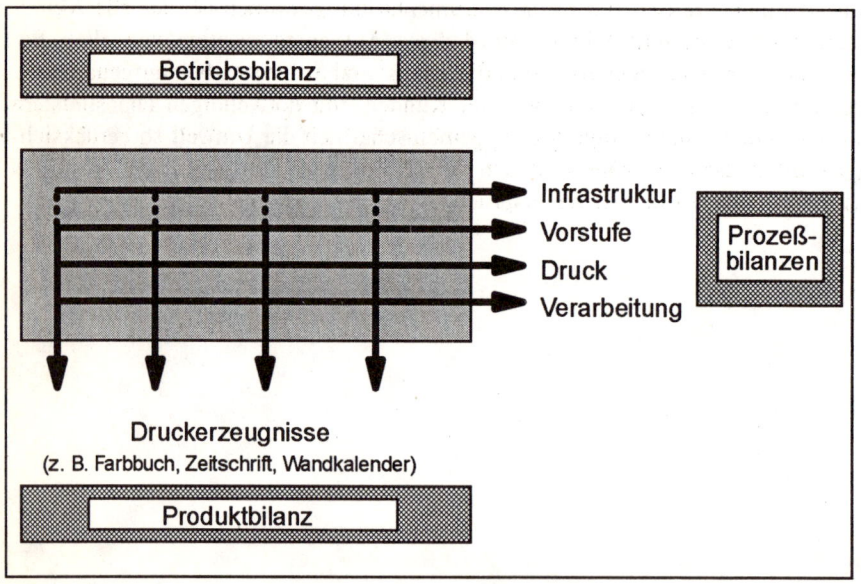

Abb. 2. Betrachtungsebenen der Mohndruck-Ökobilanz

Tab. 1. Maßnahmen

Infrastruktur	Vorstufe	Weiterverarbeitung
• Reduzierung der Anzahl der PKW-Fahrten von Mitarbeitern zum Arbeitsplatz durch Gestaltung des „Öffentlichen Personennahverkehrs".	• Ausbau der Einsatzmöglichkeiten der silbersalzfreien Filmherstellung in Kopie.	• Umstellung auf ökologisch leichtere herstell- und abbaubare Klebstoffsysteme.
• Überprüfung der Zulieferungs- und Versandlogistik mit dem Ziel der Auslastungserhöhung des Bahnanteils im Bahnverkehr; regionale Absprache über Lieferlogistik. Weiterentwicklung des Projektes City-Logistik.	• Weitere Verminderung der Einsatzmengen von Fotochemikalien.	• Einsatz von Dispersionsklebern, die nach der Verarbeitung und Aushärtung keine redispergierbaren Anteile mehr enthalten, um so Papierrecycling zu erleichtern und die Qualität recycelten Papiers zu erhöhen.
• Intensivierung der Bemühungen, die Höchstgrenzen der Verpackungsverordnung zu unterschreiten mit weiterer Reduzierung der anfallenden Mengen bei Einzelkostenmaterialien (Film, Papier).	**Druck**	• Einschränkung der Konservierungsmittel bei Klebstoffen.
• Inbetriebnahme Energiezentrum mit Emissionsminderung, Ressourcenschonung, Fernwärme etc.	• Weitere Reduzierung der anfallenden Abfallmengen auf technischer Ebene.	• Entwicklung und Einsatz von thermoaktivierbaren Klebefolien beim Laminieren.
• Weiterführung der Analyse Frischwasserverbereich, Abwasserreduzierung.	• Reduzierung der Emissionsmassenströme für Feucht- und Reinigungsmittel.	• Substitution von PVC-Überzügen durch umweltgerechtere Materialien.
• Zusammenstellung Lärmkataster Mohndruck.	• Fortführung des Konzeptes zum Restfarben-Recycling.	
• Unterstützung von Zellstoffproduktion mit Holz aus naturnaher Waldbewirtschaftung; Erstellung eines entsprechenden Anforderungskatalogs an die Forstwirtschaft.	• Weitere Verringerung des Einsatzes von chlorhaltig und chlorarm gebleichten Papiersorten.	
• Weiterführung des Öko-Controllings mit Erstellen eines Öko-Audits.	• Ausbau des Produktions-Kowhows bei der Verarbeitung von Recyclingpapieren.	
• Weiterführung von Kundenseminaren, Umweltforum etc.	• Verstärkter Einsatz von vegetabilen Ölen statt Mineralöl unter dem Aspekt der Verarbeitungs- und Entsorgungssicherheit.	
• Entwicklung Konzept „Print 2000".	• Senkung des Isopropanolanteils auf ein Mindestmaß; effektivere Konzentrationsüberwachung.	
	• Recycling von Lösemitteln.	
	• Verstärkung der Forderungen an die chemische Industrie (Yellow 13).	
	• Analyse des Einsatzes nachwachsender Rohstoffe bei Offset-Farben.	
	• Versuche mit wasserlosem Offsetdruck.	

Ökologische Betriebsbilanz
Geschäftsjahr 1993/94

Rohstoffe(t)	172.851,56
Vorsatzpapier	488,01
Druckbogenpapier	159.931,10
Pappe	6.497,83
Zusatzmaterial	7,63
Überzugmaterial/Laminat	675,73
Versandmaterial	1.700,97
Verpackung	819,87
Sonstiges	0,00
Farbe/Lack	2730,42

Hilfsstoffe (t)	1.334,64
Klebstoffe	870,28
Haftetiketten	3,39
Hinterklebematerial/Krepp	16,60
Prägefolie	8,92
Metalle/Draht	45,99
Unterlegbogen	375,95
Sonstiges	13,51

Betriebsstoffe (t)	2350,79
Fixierer	36,69
Filme	19,95
Montagefolien	233,09
Reiniger	50,62
Büromaterial	57,03
versch. Betriebsstoffe	130,74
Gef.-Reiniger	573,82
Gef.-Benzine	963,07
Gef.-versch.Betriebsstoffe	5,46
Druckplatten/Gummitücher	280,32

Energie/Transport	
Strom (Mio.KWh)	67,90
Erdgas (Mio.m³)	7,78
Treibstoff (t)	486,65
Treibgas (t)	46,10
Wasser (m³)	209.043,20

Mohndruck und GDS

Emission Luft (t)	
CO_2	61.897,61
CO	43,41
SO_2	37,22
NO_x	69,52
Staub	4,14
CH_4	106,67
NMVOC	10,45
CH gesamt	117,12
GWP	64.137,74

Produkte (Mio.Stück)	1.934,35
Bücher	48,96
Zeitschriften/Kataloge	335,30
Action Print	500,00
Prospekte	835,00
Kalender	16,32
Telefonbücher	16,00
SU,Kalender,Umschläge	120,62
davon Laminat	24,58
davon Lack	37,57

Abfälle (t)	35.242,56
Reststoff	1.196,28
Gefahrstoffe	177,29
Wertstoffe	33.868,99

Emission (m³)	140.509,61
Abwasser	140.509,61

Abb. 3. Die Ökologische Betriebsbilanz der Firma Mondruck Graphische Betriebe GmbH einschließlich der anteiligen Mohndruck-Produktion beim Gütersloh Druckservice (GDS).

2.3 Steuerungsinstrument

Die Ökobilanz liefert die Grunddaten für den Soll-Ist-Vergleich zur Umsetzung der einzelnen Maßnahmen unter Bezug auf Produktausstoß und Materialeinsatz. Bei Mohndruck wird diese Beweisführung in den unterschiedlichsten Aufgabenbereichen eingesetzt.

2.3.1 Material

Es wird belegt, wie in Absprache zwischen Kunden und Lieferanten der Anteil chlorhaltigen Papiers zugunsten von chlorarm/chlorfrei sich verändert hat (s. Abb. 4)

2.3.2 Eingesetzte Medien

Über den Wasserverbrauch, die eingesetzte Energie und den daraus resultierenden Emissionen (s. Tab. 2) wird aufgezeigt, wie durch entsprechende Maßnahmen z.B. Verbräuche reduziert werden können.

Hier ist anzufügen, daß beim Unternehmen Mohndruck durch den Bau des eigenen Energiezentrums die Emissionen in der kontinuierlichen Berichterstattung sich erheblich reduzieren werden. Hinzu kommt noch eine starke Verringerung

des eingesetzten Gases durch Mehrfachnutzung von Primärenergie für Strom-
gewinnung, Kälteerzeugung, Fernwärme der eigenen Produktionsanlagen und
denen anderer Betriebe.

Tab. 2. Die Schadstoffemissionen der Mohndruck Graphische Betriebe GmbH
für das Geschäftsjahr 1993/94, einmal aufgegliedert nach den Betriebsbereichen
(oben) und einmal nach der Verwendungsart (unten).

Emissionen	Infrastruktur %	Vorstufe %	Druck %	Verarbeitung %	Gesamt-emissionen t
CO2	23,9%	2,9%	58,3%	14,9%	61661,0
CO	62,3%	1,0%	31,6%	5,1%	43,4
SO2	29,5%	3,0%	51,5%	16,0%	37,0
NOx	34,4%	2,4%	51,1%	12,2%	69,3
Staub	42,2%	2,4%	42,5%	12,9%	4,1
CH4	26,9%	3,0%	53,8%	16,3%	106,2
NMVOC	71,0%	0,7%	24,5%	3,7%	10,4
CH gesamt	30,8%	2,8%	51,1%	15,2%	116,6

Emissionen Mohndruck	Strom-erzeugung in %	Gas-verbrauch in %	Transport in %	Gesamt-emissionen
CO2	69,7	27,3	3,0	61661,0
CO	24,9	7,9	67,2	43,4
SO2	91,2	4,2	4,6	37,0
NOx	54,6	25,8	19,6	69,3
Staub	71,9	5,6	22,3	4,1
CH4	90,9	7,3	1,8	106,2
NMVOC	15,5	9,7	74,8	10,4
CH gesamt	84,1	7,5	8,4	116,6

2.3.3 Entsorgung

Durch entsprechende Sortierung und Separierung aller Abfallstoffe wurden
nicht nur die Entsorgungskosten in den letzten drei Jahren bei konstant steigender Produktion reduziert, es konnten sogar bestimmte Arten ganz herausgenom-
men bzw. ersetzt werden, Verpackungsmaterialien wurden reduziert, die Anzahl
der Gefahrstoffe durch eine eigene Gefahrstoffdatei reduziert (Abb. 8).

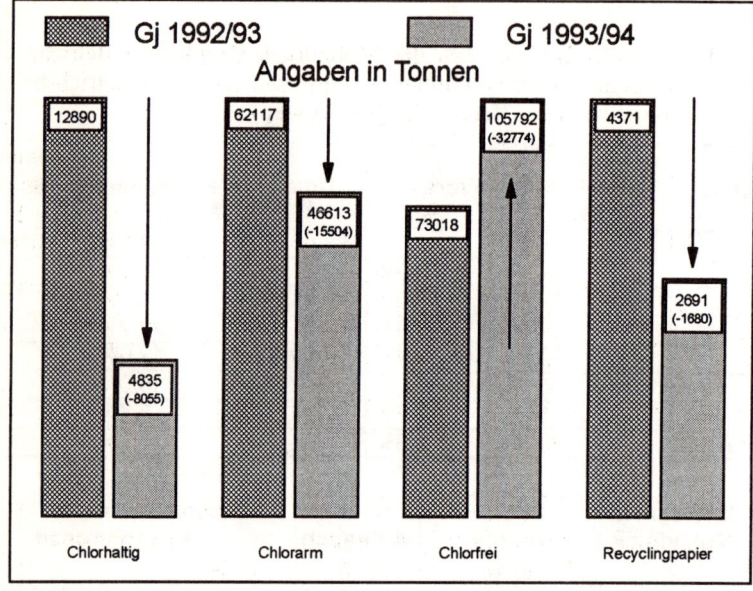

Abb. 4. Papiereinsatz Druckerei nach Bleichmethode der Faserstoffe. Vergleich der Geschäftsjahre 1992/93 und 1993/94

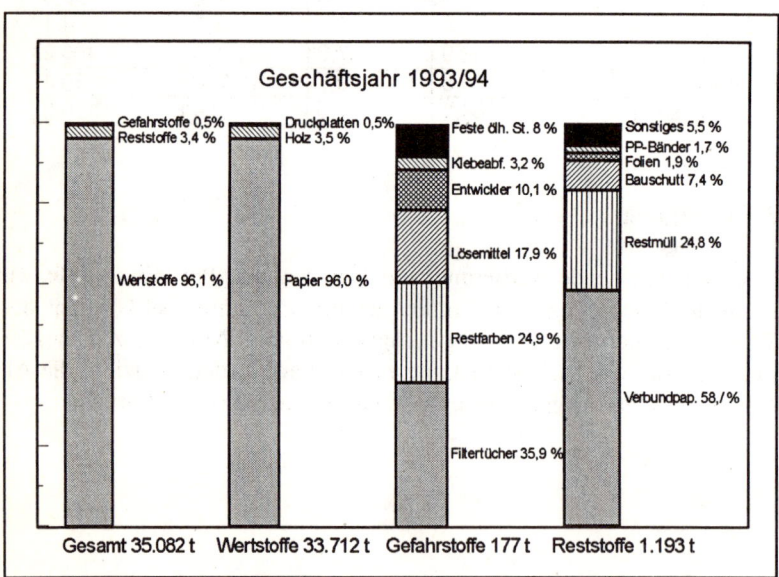

Abb. 5. Entsorgung. Geschäftsjahr 1993/94

2.3.4 Technologieprozesse

Die Ökobilanz bietet auch Möglichkeiten, den technologischen Prozeß zu optimieren. So haben bei Mohndruck folgende Aktivitäten wesentliche Erfolge gebracht:

- umweltschonendes Logistik-Konzept bei der Entsorgung von Putztüchern,
- Einsatz vegetabiler Öle,
- Verringerung des Verbrauches von Feuchtwasser und
- ökologischer Silbersalzprozeß.

2.3.5 Ökologische Kennzahl

Die Ökobilanz kann auch Basis für eine ökologische Kennzahl sein, die alle Aktivitäten des Unternehmens als Summe darstellt. Hierzu wird eine gemeinsame Grundlage geschaffen - bedruckte m²/a -, indem man In- und Output in Relation zueinander bringt. Bezogen auf einen Idealzustand "1" weist diese Zahl aus, wie die einzelnen Aktivitäten in den einzelnen Bereichen ökologisch zu bewerten sind (s. Abb. 6).

2.3.6 Öko-Controlling

Die Koordination von Umweltschutzmaßnahmen und betriebswirtschaftlichen Zielsetzungen ist eine der zentralen Aufgaben moderner Unternehmensführung. Die dazu notwendigen Informationen können dem Management durch ein Öko-Controllingsystem (s. Abb. 9) möglich gemacht werden. Durch entscheidungsorientierte Aufbereitung und Beurteilung der vorliegenden Sachbilanzen wird die Grundlage für das Öko-Controlling geschaffen. Denn: Bei der Beurteilung der Sachbilanzen werden neben naturwissenschaftlichen ebenso sozio-politische und ökonomische Aspekte eingeführt. Dadurch wird es möglich, auch umweltpolitische Signale zu berücksichtigen und gleichzeitig Schlußfolgerungen für eine effiziente Investitions- und Produktpolitik zu ziehen.

Die naturwissenschaftlichen Ansätze untersuchen den Anteil einer bestimmten Emission des Unternehmens an einem bekannten Umweltproblem bzw. deren Auswirkung. Mittels sogenannter Indikatormodelle (Beurteilungsmodelle) werden die Schadstoffe gemäß ihrer Anteile an ausgewählten Umweltproblemen - also Treibhauseffekt, Sommersmog, Übersäuerung, Überdüngung - beurteilt und klassifiziert. Die Aggregation der Emissionen erfolgt anhand ihres relativen Beitrages innerhalb einer Schadenswirkung, das heißt, die unterschiedlichen Schadstoffe werden mit unterschiedlichen Gewichtungsfaktoren versehen. Das Ergeb-

nis stellt sich als Schadschöpfungsindikator dar, also beispielsweise als Treib-
hauspotential oder Sommersmogpotential.

Kennzahlen Mohndruck 1992/93

Gesamt Druckfläche   11.665.645.210

Kennzahl Input	g/qm
Rohstoff	14,1874
Hilfstoff	0,1117
Betriebsstoff	0,1957
Material	**14,4948**
Frischwasser	16,8941
Luftsauerstoff	3,7219
Wasser/Sauerstoff	**20,6160**
Steinkohle	0,8622
Braunkohle	1,6432
Rohöl	0,0474
Erdgas	0,6682
Energierohstoffe incl. Treibstoffe	**3,2211**
Gesamt Input	**38,3318**

Verhältnis Input/Output	**1,0500**

Kennzahl Output	g/qm
Rohstoff	11,1660
Hilfstoff	0,1117
Betriebsstoff	0,1957
Produkte	**11,4733**
Reststoff	0,1123
Gefahrstoff	0,0243
Wertstoff	2,8848
Abwasser	12,3020
Abdampf	4,5920
Abfälle	**19,9155**
Luftemissionen	5,1188
Leitsubstanz CO2	**5,1188**
Gesamt Output	**36,5077**

Kennzahlen Mohndruck 1993/94

Gesamt Druckfläche   12.242.524.168

Kennzahl Input	g/qm
Rohstoff	14,1073
Hilfstoff	0,0979
Betriebsstoff	0,1916
Material	**14,3967**
Frischwasser	16,9208
Luftsauerstoff	3,6622
Wasser/Sauerstoff	**20,5830**
Steinkohle	0,8358
Braunkohle	1,5929
Rohöl	0,0460
Erdgas	0,6669
Energierohstoffe incl. Treibstoffe	**3,1416**
Gesamt Input	**38,1213**

Verhältnis Input/Output	**1,0486**

Kennzahl Output	g/qm
Rohstoff	11,2417
Hilfstoff	0,0979
Betriebsstoff	0,1916
Produkte	**11,5311**
Reststoff	0,0974
Gefahrstoff	0,0144
Wertstoff	2,7537
Abwasser	11,3734
Abdampf	5,5474
Abfälle	**19,7864**
Luftemissionen	5,0367
Leitsubstanz CO2	**5,0367**
Gesamt Output	**36,3542**

Abb. 6. Der Vergleich unternehmensbezogener ökologischer Kennzahlen für die
Bilanzjahre 1992/93 und 1993/94. Die Kennzahlen sind auf bedruckte Quadrat-
meter pro Jahr bezogen.

Ausgangspunkt der sozialwissenschaftlichen Modelle ist die Reaktion der Gesellschaft auf die naturwissenschaftlich festgestellten Problemfelder. Untersucht wird, wie die Gesellschaft unter Einbeziehung umweltpolitischer Einflüsse den Beitrag einer Emission zu einem bestimmten Umweltproblem beurteilt. Die einzelnen Stoffe/Energien werden unter Berücksichtigung aktueller umweltpolitischer Prioritäten gewichtet. Als »umweltpolitische Priorität« wird die Beziehung zwischen einer politisch maximal tolerablen Fracht und der tatsächlichen Fracht eines Stoffes definiert. Dieses Verhältnis wird pro Stoff bzw. Energie berechnet, womit man spezifische umweltpolitische Gewichtungsfaktoren erhält. Durch Multiplikation der Schadstoffmengen mit dem entsprechenden Gewichtungsfaktor sowie dem Energieverbrauch und der Abfallmenge mit den entsprechenden Faktoren können die Belastungspunkte (BP) der einzelnen Schadstoffe berechnet werden. Durch Summierung der Belastungspunkte gelangt man zur sozio-ökonomisch bewerteten Umweltbelastung in Form eines Schadschöpfungsindex.

Schadschöpfungsindikatoren und Index beurteilen beide die Schadschöpfung allerdings aus einer jeweils anderen Fragestellung heraus. Der Index mißt nicht die Wirkung einer Belastung, sondern deren umweltpolitische Relevanz. Die Indikatoren hingegen versuchen eine wirkungsorientierte Beurteilung. Wächst die ökologische Größe weniger schnell als die ökonomische Größe, verbessert sich die Öko-Effizienz. Aus der Verknüpfung von ökologie- und ökonomieorientierten Größen kann ein Öko-Effizienz-Portfolio abgeleitet werden. Dargestellt wird (s. Abb. 7) in der Horizontalen der Grad der Wertschöpfung, in der Vertikalen der Grad der Schadschöpfung. Anzustreben ist eine Position im oberen rechten Quadranten, dem Bereich, wo bei steigender Wertschöpfung die Schadschöpfung abnimmt (»Green Star-Position«). Unter Einbeziehung unterschiedlicher ökonomischer Bezugsgrößen kann dieses Verfahren sowohl für die Erstellung von Standortportfolios als auch für Produktportfolios angewandt werden.

Aus der Analyse der beurteilten Sachbilanzen und der Ökoportfolios können die maßgeblichen Steuergrößen des Öko-Controllings abgeleitet werden. Untersucht wird, welche Faktoren die Schadschöpfung im wesentlichen beeinflussen und auf welche Weise deren Wirkung minimiert werden kann. Die ermittelten Kerngrößen werden Umweltperformance-Indikatoren (UPI) genannt. Als UPI konnten die Faktoren Energieverbrauch, Gefahr- und Reststoffe sowie Abwassermenge identifiziert werden. Für diese Größen, welche in das klassische Controlling einfließen, sind Zielwerte festzulegen. Aufgabe des Öko-Controllings ist es, mit Hilfe der Sachbilanzen und der Beurteilungsmodelle eine Messung der Schadschöpfung vorzunehmen und eine Verbesserung der UPIs zu erreichen. Dies bietet sowohl ökologische als auch ökonomische Vorteile.

Erklärungen:

Klassifizierung meint die Quantifizierung eines Produktes/Produktionssystems in bezug auf ausgewählte Umweltprobleme. Gleichzeitig wird unter Berücksichtigung aller umweltrelevanten Prozesse nach ausgewählten Problemen differenziert.

Zeiteinheit über einem bestimmten geographischen Gebiet.
Schadschöpfung... bezeichnet analog zur Wertschöpfung die beurteilte Umweltbelastung.

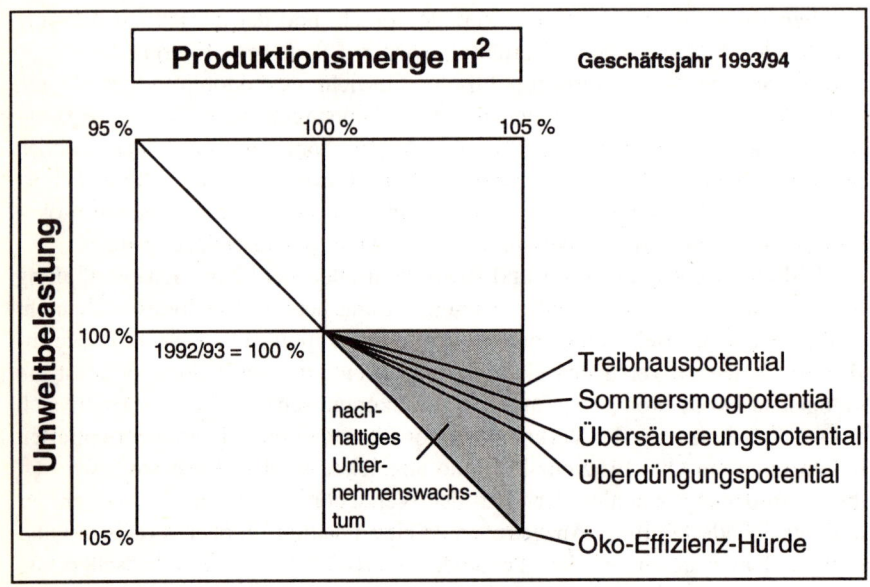

Abb. 7. Öko-Effizienz-Portfolio. Geschäftsjahr 1993/94.

Das Öko-Effizienz-Portfolio (Abb. 7) zeigt die Umweltbelastung durch Mohndruck im Geschäftsjahr 1992/93 und 1993/94. Beide Werte werden prozentual mit den Vorjahreswerten (= 100 %) verglichen. Anzustreben ist unter ökologischen Aspekten eine Verringerung der Umweltbelastung. Dies einerseits relativ zur Produktionsmenge, also eine Position oberhalb der Öko-Effizienz-Hürde und andererseits eine absolute Verringerung der Belastung pro Jahr, also eine Position oberhalb der horizontalen 100 %- Linie. Demgegenüber sollte – unter ökonomischen Gesichtspunkten – die Erhöhung der Produktionsmenge stehen, also eine Position rechts der vertikalen 100 %-Linie. Mohndruck strebt eine Verbesserung der Öko-Effizienz an – im Ergebnis eine geringer als die Produktionsmenge wachsende Umweltbelastung.

Erstes Ziel ist es also, die Öko-Effizienz-Hürde zu überspringen. Durch permanente Verbesserung der Öko-Effizienz sollte auch die absolute Belastung pro Jahr zurückgehen. Dies entspricht einer Positionierung im rechten oberen Quadranten. Hier wächst das Unternehmen bei absolut sinkender Umweltbelastung.

Ein Blick auf die Graphik zeigt, daß für alle untersuchten Schadschöpfungs-indikatoren eine Verbesserung erreicht werden konnte. Bei einer Steigerung der Produktionsmenge um 5 % konnte die Umweltbelastung in allen Bereichen reduziert werden – die Öko-Effizienz konnte also im laufenden Jahr gesteigert werden.

3 Zusammenfassung

Zukunftsorientierte Unternehmensführung muß den Faktor "Ökologie" in die Unternehmenspolitik einbeziehen. Ausgehend von der Erfassung der Ist-Situation muß sichergestellt werden, daß Ökonomie und Ökologie gemeinsam die Zukunft gestalten.

Dies bedeutet:

- Durch die Strukturierung der betrieblichen Abläufe zur Gestaltung der Ökobilanz wird die Voraussetzung geschaffen, die Aussagen der Ökobilanz als Steuerungsmechanismen für das Unternehmen zu benutzen.
- Die Geschäftspolitik für alle Aktivitäten wird durch die Schwachstellenanalyse der Ökobilanz positiv beeinflußt. Die daraus resultierenden Ergebnisse führen dazu, daß sowohl in der Strategie als auch in der Taktik der Entscheidungsfindung automatisch die Ökologie berücksichtigt wird. Dadurch werden die in der Zielsetzung definierten Meilensteine realisiert.
- Ökobilanz in Verbindung mit Öko-Controlling bietet die Voraussetzung, daß sowohl betriebsintern als auch extern die für die Gesamtheit richtigen Entscheidungen gefällt werden.

Zum Nutzen betrieblicher Ökobilanzierung.
Ansätze und Erfahrungen aus der Schweiz

Susanne Kytzia, Claude Siegenthaler, St. Gallen

1   Problemstellung

Die Geschichte der betrieblichen Ökobilanzierung beginnt in der Schweiz. Bereits Ende der siebziger Jahre präsentierte Ruedi Müller-Wenk am Beispiel der Rocco Konservenfabrik mit der „ökologischen Buchhaltung" den grundlegenden Ansatz. Es kann daher nicht überraschen, daß heute eine Vielzahl schweizerischer Unternehmen zum Kreis der Ökobilanzierenden gehört. Neben den bekannten Beispielen großer Unternehmen (Schweizerischer Bankverein, Migros, Swissair), sind es vor allem mittelständische Unternehmen verschiedener Branchen, die seit mehreren Jahren mehrheitlich eigeninitiativ und wenig öffentlichkeitswirksam die betriebliche Ökobilanzierung zur kontinuierlichen Verbesserung ihrer Umweltschutzleistungen einsetzen. Will man der Frage nachgehen, welchen Beitrag Unternehmensökobilanzen im Umweltmanagement leisten, so bietet sich hier ein reicher Erfahrungsschatz der praktischen Anwendung. Einen originären Beitrag zur Ökobilanzdiskussion leisten die schweizerischen Anwendungserfahrungen beim Aspekt der entscheidungsorientierten Aufbereitung der erfaßten Informationen, der sogenannten ökologischen Bewertung. Schweizerische Unternehmen verwenden mehrheitlich formale Bewertungmodelle, um den Nutzen der betrieblichen Ökobilanzierung als Datenlieferantin für das ökologische Controlling optimal auszuschöpfen. Dieses Vorgehen wird vielfach grundsätzlich – und zu Recht – als unwissenschaftlich kritisiert. Wer jedoch die Notwendigkeit der entscheidungsorientierten Aufbereitung der Ergebnisse *betrieblicher* Ökobilanzierung anerkennt, wird den Anspruch der rein naturwissenschaftlichen Betrachtung zugunsten einer wie auch immer gearteten Bewertung aufgeben müssen. Die schweizerischen Erfahrungen bieten dann einen wertvollen Ansatzpunkt, die Aussagekraft der Ergebnisse und den Nutzen dieser Bewertung aus dem Gesamtzusammenhang des Prozesses der betrieblichen Ökobilanzierung heraus zu betrachten. Hier setzt der folgende Beitrag an. Zunächst wird der Nutzen der betrieblichen Ökobilanzierung anhand ihrer Funktionen im Umweltmanagement ganz allgemein dargestellt. Dann werden diese Funktionen der Ökobilanzierung und ihre Bedeutung in der betrieblichen Praxis anhand der Beispiele zweier mittelständischer Unternehmen veranschaulicht. Abschließend wird auf

Mario Schmidt, Achim Schorb (Hrsg.)
Stoffstromanalysen in Ökobilanzen und
Öko-Audits
© Springer-Verlag Berlin Heidelberg 1995

den aktuellen Zusammenhang zwischen der betrieblichen Ökobilanzierung und der EU-Umweltbetriebsprüfung eingegangen.

2   Prinzip und Funktionen der betrieblichen Ökobilanzierung

Der Begriff der Bilanz, der im Wort „Ökobilanz" verwendet wird, weckt häufig falsche Erwartungen. Nicht der kaufmännische Begriff der Bilanz stand hier Pate, sondern das technische Konzept der Stoff- und Energiebilanz.[1] Die Ökobilanz stellt daher keineswegs eine Bestandsaufnahme der betrieblichen Umweltbelastungen dar, sondern zeigt die Stoff- und Energieflüsse, die an einem Betriebsstandort in einem Geschäftsjahr umgesetzt werden.[2] Datengrundlagen bilden das betriebliche Rechnungswesen und die Systeme der Produktionsplanung und -steuerung (PPS-Systeme). Von ihrem Ansatz her geht die betriebliche Ökobilanzierung jedoch über die aus dem bestehenden betrieblichen Informationssystem gewinnbaren Mengengrößen hinaus. Ergänzende Daten liefern Emissionsmeßberichte und Umweltschutzstatistiken, die das Unternehmen in der Regel zur Dokumentation und Kontrolle der Einhaltung gesetzlicher Grenzwerte und Vorschriften für die Vollzugsorgane der Umweltschutzgesetzgebung erstellt. Die Ökobilanzierung berücksichtigt somit den jährlichen Umsatz nichtkostenpflichtiger Stoff- und Energieflüsse (z.B. Emissionen in Luft und Wasser) und ermöglicht eine nahezu umfassende Input-Output-Betrachtung. Die erfaßten Größen werden in physikalischen Maßeinheiten (z.B. Kilogramm, Kilowattstunden oder Kubikmeter) dargestellt.

Im Rahmen der betrieblichen Ökobilanzierung stellt dieses Vorgehen den ersten Schritt dar. Er wird als *Sachbilanzierung* bezeichnet. In der anschließenden *Wirkungsbilanz*[3] werden die erfaßten Stoff- und Energieflüsse nach Ausmaß und Bedeutung der mit ihnen einhergehenden Umweltbelastungen bewertet, um Entscheidungsgrundlagen für das Management bereitzustellen. Die Wirkungsbilanz wird auch als „Environmental Profile" oder „Impact Profile" bezeichnet.[4]

---

[1] Vgl. dazu ausführlich Schaltegger, S. u. Sturm, A., 1992, S. 68ff.

[2] Einzelne Ökobilanzverfahren erfassen außerdem einzelne Bestandesgrößen wie beispielsweise die Bodenversiegelung (vgl. Braunschweig, A. u. Müller-Wenk, R., 1993, S. 40), teils in der Betriebsökobilanz selbst, teils in einer ergänzenden Bestandesrechnung (vgl. Hallay, H. u. Pfriem, R., 1992, S. 59; Schaltegger, S. u. Sturm, A., 1992, S. 175).

[3] Auf eine Unterscheidung zwischen Wirkungsbilanzierung und Bilanzbewertung gemäß UBA, 1992, S. 53, wird hier vereinfachend verzichtet, da diese Unterscheidung eine differenzierte Darstellung der im folgenden beschriebenen Bewertungsverfahren nicht unterstützt.

[4] Vgl. u.a. Braunschweig, A. et al., 1994, S. 5.

Schweizerische Ökobilanzverfahren wie beispielsweise das von der Arbeitsgruppe „Ökobilanzen für Unternehmen" der Schweizerischen Vereinigung für
ökologisch bewußte Unternehmensführung (Ö.B.U.) entwickelte Verfahren[5], unterstützen den Anwender bei der Bilanzbewertung durch formale Bewertungsmodelle – im genannten Beispiel die sogenannte „Umweltbelastungspunkte (UBP)-
Methode".[6]

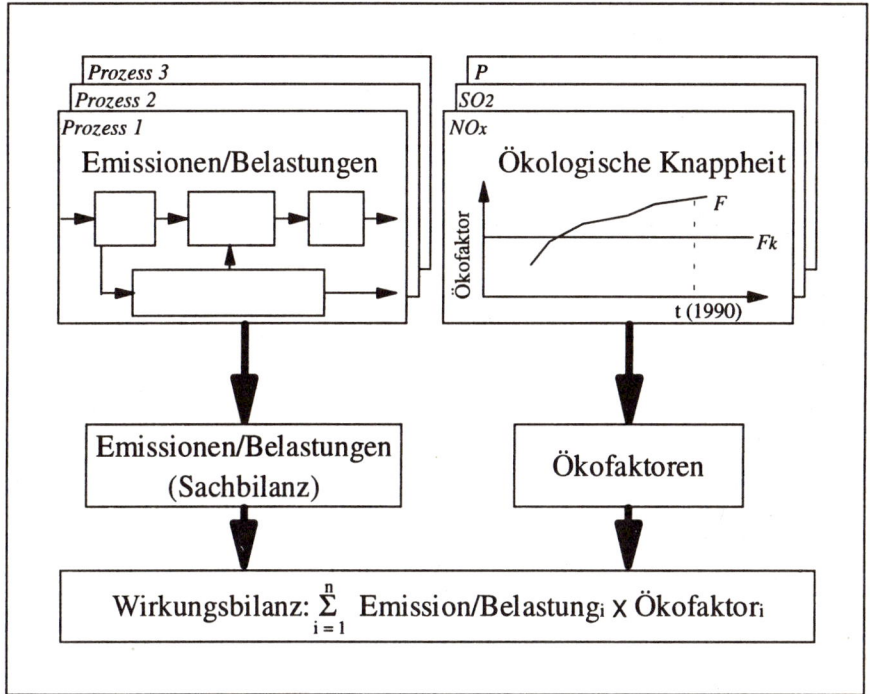

Abb. 1. Formale Bewertungsmodelle am Beispiel der „UBP-Methode"

Die Grundlage eines formalen Bewertungsmodells bildet ein konzeptioneller
Ansatz (bei der „UBP-Methode" das Konzept der ökologischen Knappheit), mit
dem umweltschutzrelevante unternehmensexterne Informationen (bei der „UBP-
Methode" vor allem politische Richtwerte) zusammengefaßt werden. Als Ergebnis stehen dem unternehmensinternen Anwender Bewertungsfaktoren (z.B. Öko-
faktoren) zur Gewichtung und anschließenden Addition der gewichteten Stoff-
und Energieflüsse zu einer zusammenfassenden numerischen Kenngröße zur
Verfügung (vgl. Abbildung 1). Diese zusammenfassende Kenngröße der Gesamtbelastung erhält in der „UBP-Methode" die Maßeinheit „Umweltbelastungs-

---

[5] Vgl. Braunschweig, A. u. Müller-Wenk, R., 1993 und Ö.B.U., o. J.
[6] Vgl. dazu auch Ahbe, S., Braunschweig, A. u. Müller-Wenk, R., 1990.

punkte". Eine Integration dieser Zahl in die traditionell quantitativ ausgerichteten Instrumente der Planung und des Controllings ermöglicht die Erweiterung der bestehenden Führungssysteme.[7]

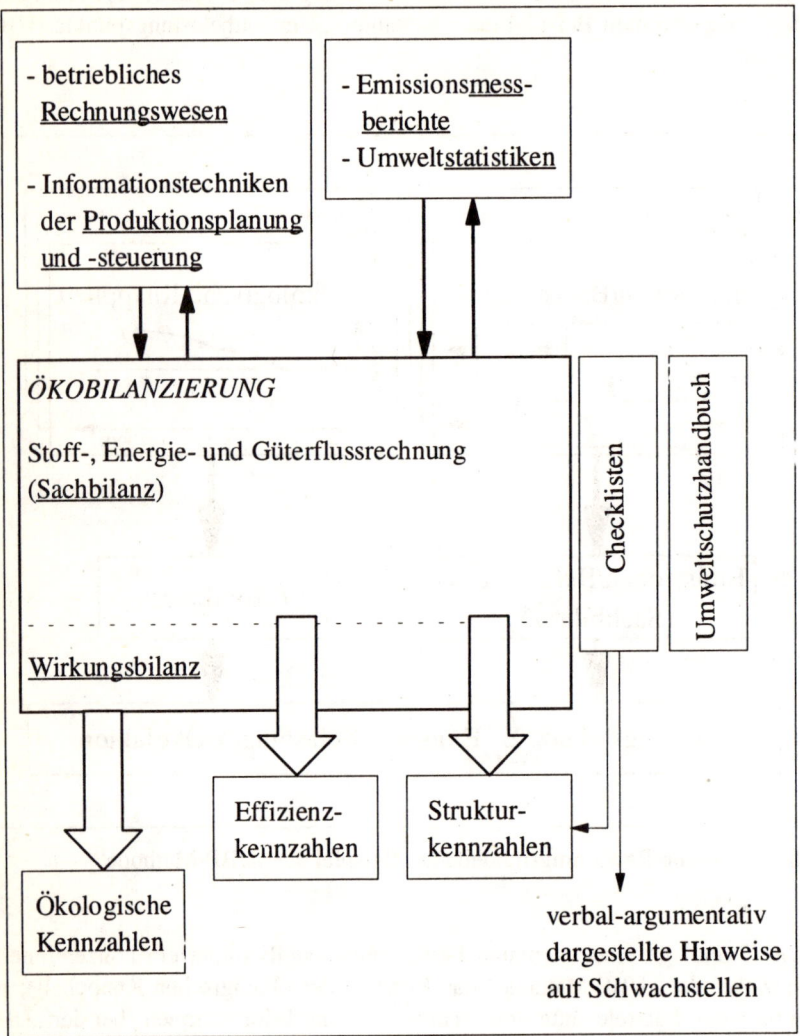

Abb. 2. Betriebliche Ökobilanzierung als Bestandteil des operativen Umweltinformationssystems

---

[7] Bisher vorgestellt wurden vor allem Erweiterungen von Instrumenten der strategischen Planung und der Investitionsrechnung (vgl. dazu Hofstetter, P. et al., 1991; Schaltegger, S. u. Sturm, A., 1992, S. 201ff; Braunschweig, A. u. Müller-Wenk, R., 1993, S. 101ff und S. 126ff; Sturm, A., 1993.

Wie gliedert sich die Unternehmensökobilanz in das gesamte Informationssystem der Unternehmung ein? Abbildung 2 gibt einen Überblick über die betriebliche Ökobilanzierung als Bestandteil des operativen Umweltinformationssystems der Unternehmung. Vereinfachend werden hier lediglich Kennzahlen als abzuleitende Planungs- und Steuerungsinstrumente dargestellt.

Die betriebliche Ökobilanzierung stellt eine umweltschutzbezogene Gesamtbetrachtung des betrieblichen Geschehens bereit. Sie bedient sich der Datengrundlagen des traditionellen Controllings – vor allem des betrieblichen Rechnungswesens – und unterstützt so die Verbindung zwischen ökonomischer und ökologischer Steuerung des Unternehmens. Sie integriert dabei Informationen, die bislang zur Planung und Steuerung weitgehend ungenutzt blieben: Emissionsmeßberichte und Umweltschutzstatistiken. Die Gesamtmenge der gewonnenen Daten wird durch die betriebliche Ökobilanzierung entscheidungsorientiert bereitstellt, beispielsweise in Form von Kennzahlen. Effizienz- und Strukturkennzahlen lassen sich aus den Ergebnissen der Sachbilanzierung ermitteln. Beispiele sind die Energieeffizienz und die Recyclingquote. Ökologische Kennzahlen hingegen ergeben sich aus den bewerteten Stoff- und Energieflüssen. So wird beispielsweise das Verhältnis zwischen der Gesamtzahl an Umweltbelastungspunkten in einem Geschäftsjahr zu der in diesem Geschäftsjahr erwirtschafteten Wertschöpfung als Kennzahl für die ökologische Effizienz der Unternehmung verwendet.

Funktionen der betrieblichen Ökobilanzierung

1. *Steuerungsfunktion*:
   ökologisches Controlling

2. *Organisationsfunktion*:
   Entwicklung und Verbesserung der Organisation des betrieblichen Umweltschutzes

3. *Integrationsfunktion*:
   Integration des betrieblichen Informationssystems

Abb. 3. Funktionen der betrieblichen Ökobilanzierung

Die betriebliche Ökobilanz nimmt damit eine zentrale Rolle im betrieblichen Umweltinformationssystem ein. Während Umweltschutzhandbücher die Rahmenbedingungen und Aktivitäten des betrieblichen Umweltschutzes dokumentieren und Checklisten ihre Gewährleistung kontrollieren, dient die betriebliche Ökobilanzierung als Datenlieferantin einer vorwärtsgerichteten Steuerung (*ökologisches Controlling*).[8] Durch die mit ihrer Hilfe ermöglichte Gesamtbetrachtung des Unternehmens schafft sie, aus einer organisationalen Perspektive betrachtet, die Voraussetzung dafür, daß der betriebliche Umweltschutz aus seiner Randstellung im Betriebsgeschehen heraustritt (*Organisationsfunktion*). Die betriebliche Ökobilanzierung stellt ein wirksames Werkzeug in den Händen der innerbetrieblichen Umweltschutzfachstelle dar, das ihre Handlungs- und Einflußmöglichkeiten wesentlich verbessert. Mit ihrer Hilfe kann die Umweltschutzfachstelle die Umweltschutzleistungen im Hinblick auf unterschiedliche Fragestellungen (z.B. pro Mitarbeiter, im Verhältnis zu einer Einheit der erstellten Leistung oder für einzelne Abteilungen des Unternehmens) anhand von numerischen Größen beschreiben. Sie kann dem Management eine aussagekräftige Gesamtbetrachtung der Umweltbelastungen der Unternehmung in einer Planungsperiode als Entscheidungsgrundlage zur Verfügung stellen.

Weiterhin wirkt der Prozeß der betrieblichen Ökobilanzierung integrierend in bezug auf die umweltschutzbedingte Erweiterung des gesamten betrieblichen Informationssystems (*Integrationsfunktion*). Hier trägt die betriebliche Ökobilanzierung dazu bei, umweltschutzbedingte Veränderungen der Kostenstruktur des Unternehmens wahrzunehmen und rechtzeitig zu berücksichtigen. Im Prozeß der Ökobilanzierung werden die wesentlichen unternehmensintern umweltschutzrelevanten Informationen zusammengetragen. In diesem Prozeß kommt zumindest in der Einführungsphase der betrieblichen Ökobilanzierung die Aufgabe zu, andere betrieblichen Informationstechniken (z.B. Emissionsmeßberichte, Umweltschutzstatistiken und Informationstechniken des Beschaffungsmarketings) auf Vollständigkeit hin zu prüfen.

3 Der Nutzen der Unternehmensökobilanz in der betrieblichen Praxis

Im Rahmen der Ö.B.U.-Arbeitsgruppe „Ökobilanzen für Unternehmen" haben zwölf Schweizer Unternehmen 1991/92 gemeinschaftlich eine Methodik der betrieblichen Ökobilanzierung entwickelt und ihre praktische Anwendung erprobt. Eine Reihe dieser Unternehmen erstellen seither kontinuierlich betriebliche Ökobilanzen und haben im Zeitverlauf die Betrachtung auf verschiedene Betriebsstandorte im In- und Ausland ausgeweitet. Beispiele sind der Schweizerische Bankverein, die Geberit AG und die SIKA AG. Der Kreis der Methodenanwender ist inzwischen weit über die Ö.B.U.-Arbeitsgruppe hinaus gewachsen. Im

---

[8] Zur Verwendung der Ökobilanz als Grundlage des ökologischen Controllings vgl. Seidel, E., 1988, S. 312; Janzen, H. u. Wagner, G., 1991, S. 124; Hallay, H. u. Pfriem, R., 1992; Günther, E. u. Wagner, B., 1993, S. 148f; Sturm, A., 1993, S. 109ff; Brauchlin, E. u. Kytzia, S., 1994, S. 348f; Fischer-Winkelmann, W. u. Hoffmann, N., 1994, S. 386f.

folgenden werden zwei mittelständische Industrieunternehmen herausgegriffen, um den Nutzen der betrieblichen Ökobilanzierung in der Praxis zu veranschaulichen: die SIKA AG und die FELA Mikrotechnik AG.

Die SIKA AG ist ein Schweizer Konzern mit über 50 weltweit tätigen Tochtergesellschaften. Sie konzentriert ihre Tätigkeit auf die Bauchemie und die technologisch verwandte Klebstoffchemie. 1992 betrug der Umsatz in der Schweiz ca. 185 Mio. sFr., die Beschäftigtenzahl in der Schweiz ca. 1000. Der betriebliche Umweltschutz in der SIKA AG ist in ihrem Leitbild verankert: „Die Unternehmensführung betrachtet ökologisch verantwortliches Handeln als eine Aufgabe mit gleichem Stellenwert wie ökonomischen Erfolg oder soziale Verantwortung." Seit 1992 beteiligt sich das Unternehmen am „Responsible Care"-Programm der Schweizerischen Gesellschaft für Chemische Industrie (SGCI). 1991 erarbeitete die SIKA erstmals eine Ökobilanz für einen ausgewählten Betriebsstandort, die SIKA Norm AG in Düdingen. Seither werden kontinuierlich betriebliche Ökobilanzen erstellt, wobei inzwischen zwei weitere schweizerische Betriebsstandorte einbezogen werden.

Die FELA Mikrotechnik AG ist ein Tochterunternehmen der international tätigen Elektronik-Gruppe FELA. Sie erstellt an ihrem Betriebsstandort in Thundorf vor allem Leiterplatten in Kleinserienfertigung. 1992 beschäftigt sie ca. 110 Mitarbeiter/innen und erwirtschaftet einen Jahresumsatz von ca. 18 Mio sFr. Neben der Qualitätssicherung kommt auch dem betrieblichen Umweltschutz bei der FELA Mikrotechnik AG eine große Bedeutung zu. 1992 wird die erste Unternehmensökobilanz erstellt, um, von einer umfassenden Ist-Analyse ausgehend, die bisherigen Einzelaktivitäten im Umweltschutzbereich in ein systematisches Gesamtkonzept des Umweltmanagements einzubetten.

Die Erfahrungen, die diese beiden Unternehmen sammelten, werden nachfolgend anhand der drei Funktionen der betrieblichen Ökobilanzierung im Umweltmanagement – Steuerungs-, Organisations- und Integrationsfunktion – dargestellt.

3.1 Die Steuerungsfunktion in der Praxis

Ausgangspunkt der vorwärtsgerichteten Steuerung der betrieblichen Umweltschutzleistungen ist die Ist-Situation. Wie bereits beschrieben, läßt sich mit Hilfe der „UBP-Methode" die Umweltrelevanz der jährlich umgesetzten Stoff- und Energieflüsse eines Betriebsstandortes basierend auf den umweltpolitischen Richtwerten (hier der Schweiz) in einer numerischen Kenngröße gesamthaft darstellen. In Abbildungen 4 und 5 werden die resultierenden Belastungsprofile („Wirkungsbilanzen") der FELA Mikrotechnik AG 1992 und der Sika Norm AG (1. Semester 1992) dargestellt.

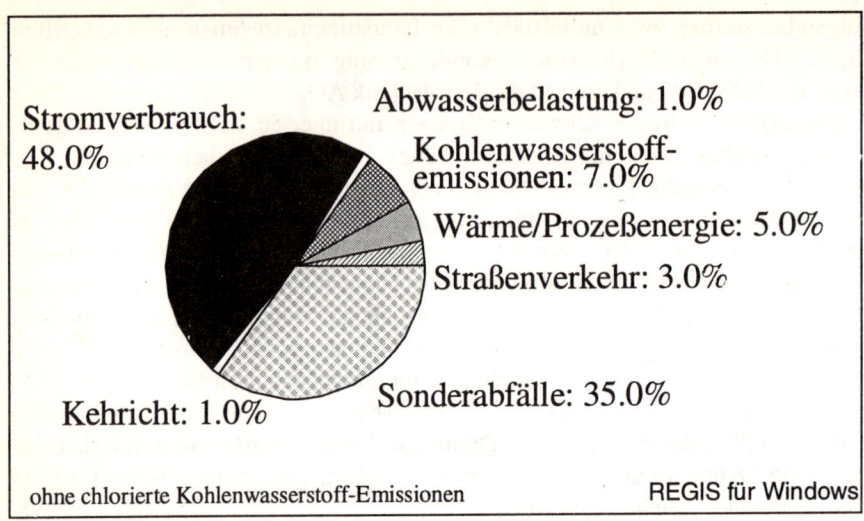

Abb. 4. Wirkungsbilanz der FELA Mikrotechnik AG 1992

Die Wirkungsbilanz der FELA Mikrotechnik AG zeigt deutlich zwei Hauptverursacher der Umweltgesamtbelastungen im Jahr 1992: den Stromverbrauch und die Sonderabfälle. Im Zusammenhang mit den Sonderabfällen bestätigt sich die bereits im Vorfeld der betrieblichen Ökobilanzierung vorhandene Einschätzung der unternehmensintern Verantwortlichen, daß die Entsorgung der entstehenden Sonderabfälle ein wesentliches Problem des betrieblichen Umweltschutzes darstellt. Durch die Erhöhung der Entsorgungskosten wurde man bereits in der Vergangenheit auf diesen Problembereich aufmerksam gemacht. Den Stromverbrauch als maßgeblichen Verursacher von Umweltbelastungen zu erkennen ist dagegen ein überraschendes Ergebnis. Aktuelle Entwicklungen im politischen Prozeß in der Schweiz machen jedoch deutlich, daß auch hier eine reale umweltpolitisch bedingte Verknappung ursächlich ist. Sowohl dem weiteren Ausbau der nuklearen Stromproduktion als auch der Nutzung der Wasserkraft wurden 1990/91 in der Schweiz durch Volksabstimmungen Grenzen gesetzt.

Die herausragende Bedeutung des Stromverbrauchs als Verursacher der Umweltbelastungen in der Kernbilanz[9] am Betriebsstandort zeigt sich ebenfalls in der Wirkungsbilanz der SIKA AG – auch hier sehr zum Überraschen der Verantwortlichen (Zitat: „Wir hatten erwartet, daß Energie wichtig sein würde – aber das Ausmaß überraschte uns"). Insgesamt beurteilen die Verantwortlichen den Aussagewert der Wirkungsbilanz als hoch. Insbesondere wird hervorgehoben, daß die Ursachen der Umweltbelastungen in der Wirkungsbilanz sehr viel

---

[9] Die Kernbilanz einer Unternehmung umfaßt die Umweltbelastungen, die in Anlagen entstehen, die sich im Eigentum des Unternehmens befinden; und die Umweltbelastungen der Bereitstellung der in diesen Anlagen genutzten Energieträger sowie der Entsorgung der hier entstehenden festen und flüssigen Abfälle.

deutlicher sichtbar werden als bei der vor der Einführung der betrieblichen Ökobilanzierung durchgeführten Betrachtung einzelner Stoffflüsse, z.B. der Abfallmengen oder des Wasserverbrauchs: „Die Prioritäten der Systembeeinflußbarkeiten werden dadurch klarer und die Akzeptanz der erforderlichen Maßnahmen erhöht sich," faßte Herr Wälti diesen Nutzen bei der Präsentation der Ergebnisse der Ö.B.U.-Arbeitsgruppe zusammen.

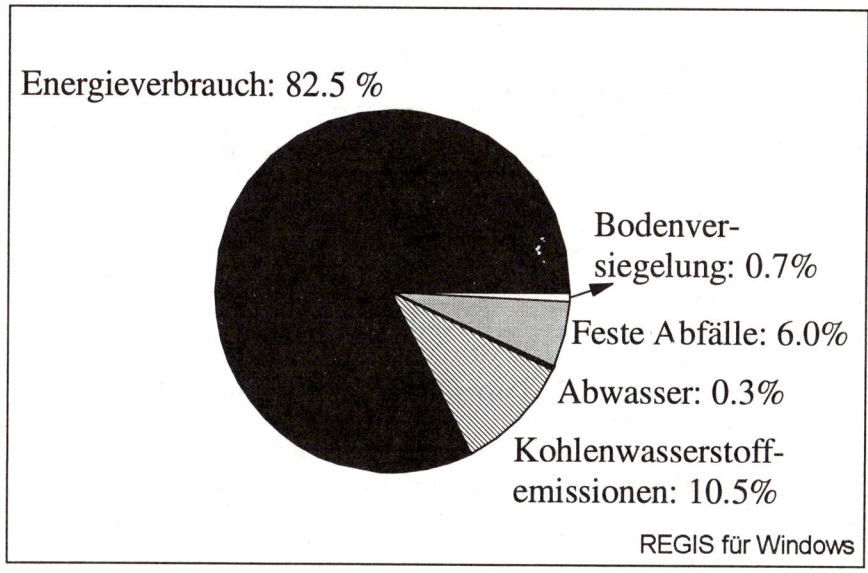

Abb. 5. Wirkungsbilanz der SIKA Norm AG (1. Semester 1992)

Eine detaillierte Untersuchung der unternehmensinternen Verursacherstruktur der Umweltbelastungen wurde bei der FELA Mikrotechnik AG 1992 durchgeführt. Mit Hilfe von zusätzlichen Informationen aus dem betrieblichen Rechnungswesen und ergänzenden Erhebungen wurden die Umweltgesamtbelastungen (in UBP) den verschiedenen Kostenstellen des Betriebsstandortes zugerechnet (vgl. Abbildung 6).

Es zeigte sich, daß die Kostenstelle „Klimaanlagen" einen hohen Anteil am Stromverbrauch des Betriebsstandortes ausmachen. Eine energetische Feinanalyse, deren Erstellung im Anschluß an die Ökobilanz 1992 beschlossen wurde, sollte hier die notwendigen Entscheidungsgrundlagen schaffen. In der Folge wurden einzelne produktionstechnische Energiesparmaßnahmen beschlossen.

Die Erfahrungen werden im Anwendungsbeispiel der SIKA AG bestätigt. Da die Gesamtbetrachtung der Wirkungsbilanz (vgl. Abbildung 5) den Stromverbrauch klar als Hauptverursacher ausweist, beschränkte man die detaillierte Untersuchung der Verursacherstruktur auf den Stromverbrauch. Auch die ersten aus der Ökobilanzierung abgeleiteten Maßnahmen am Betriebsstandort Düdingen zielten auf eine Reduktion des Energieverbrauchs; neben der Optimierung des Betriebs des Kesselhauses investierte man vor allem in eine verbesserte Wärmerückgewinnung und Isolation.

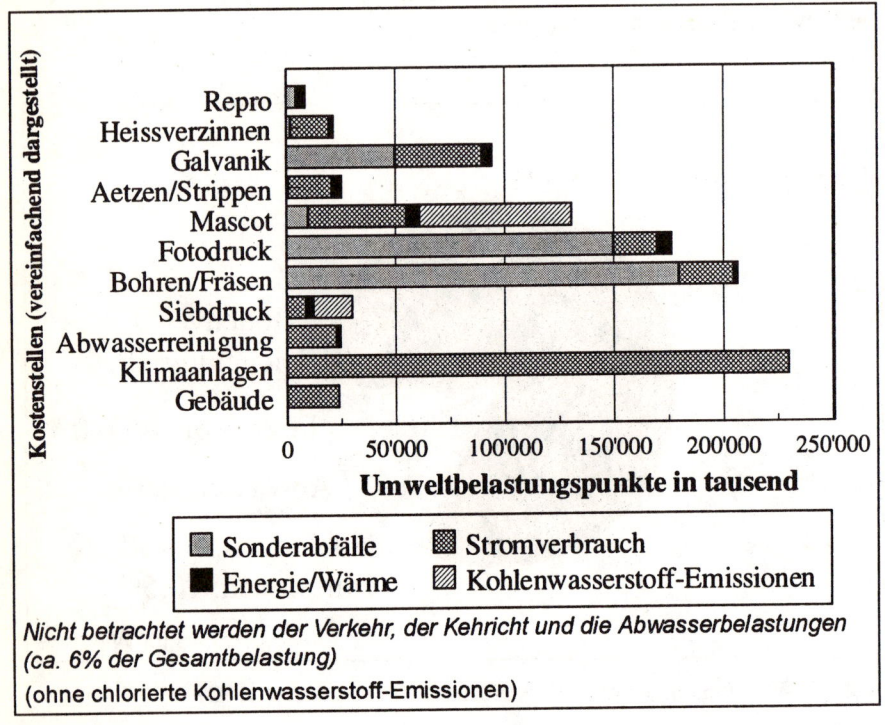

Abb. 6. Verursacherstruktur nach Kostenstellen am Beispiel der FELA Mikrotechnik AG

Die bisher dargestellten Ergebnisse der betrieblichen Ökobilanzierung bei der FELA Mikrotechnik AG und der SIKA Norm AG fokussierten auf die Umweltbelastungen am Betriebsstandort, wobei die Umweltbelastungen durch die Energiebereitstellung und die Abfallentsorgung der am Betriebsstandort verbrauchten Energie und der hier anfallenden Abfallmengen mit betrachtet werden. Die Umweltbelastungen durch den Güterumsatzes – so auch die mit der Nutzung, und Entsorgung einhergehenden Umweltbelastungen – werden hingegen vernachlässigt. Insbesondere in der Bau- und Klebstoffchemie (SIKA AG) sind diese Aspekte für das Umweltmanagement jedoch von großem Interesse. Beim Auftragen der von der SIKA AG hergestellten Straßenbaustoffe beispielsweise entstehen Emissionen von flüchtigen organischen Stoffen (VOC), deren Umweltbelastungen heute in der Schweiz von Politik und Öffentlichkeit kritisch diskutiert werden. Um diese Umweltbelastungen darzustellen, erweitert die SIKA AG am

Betriebsstandort in Muttenz (CTW Baustoffe AG) ihre betriebliche Ökobilanzierung. Mit Hilfe der auch unternehmensintern verwendeten Ökobilanzmethodik
werden die Umweltbelastungen, die bei der Nutzung verschiedener Straßenbaustoffe (für dieselbe Anwendung) an der Baustelle entstehen, vergleichend dargestellt (vgl. Abbildung 7).

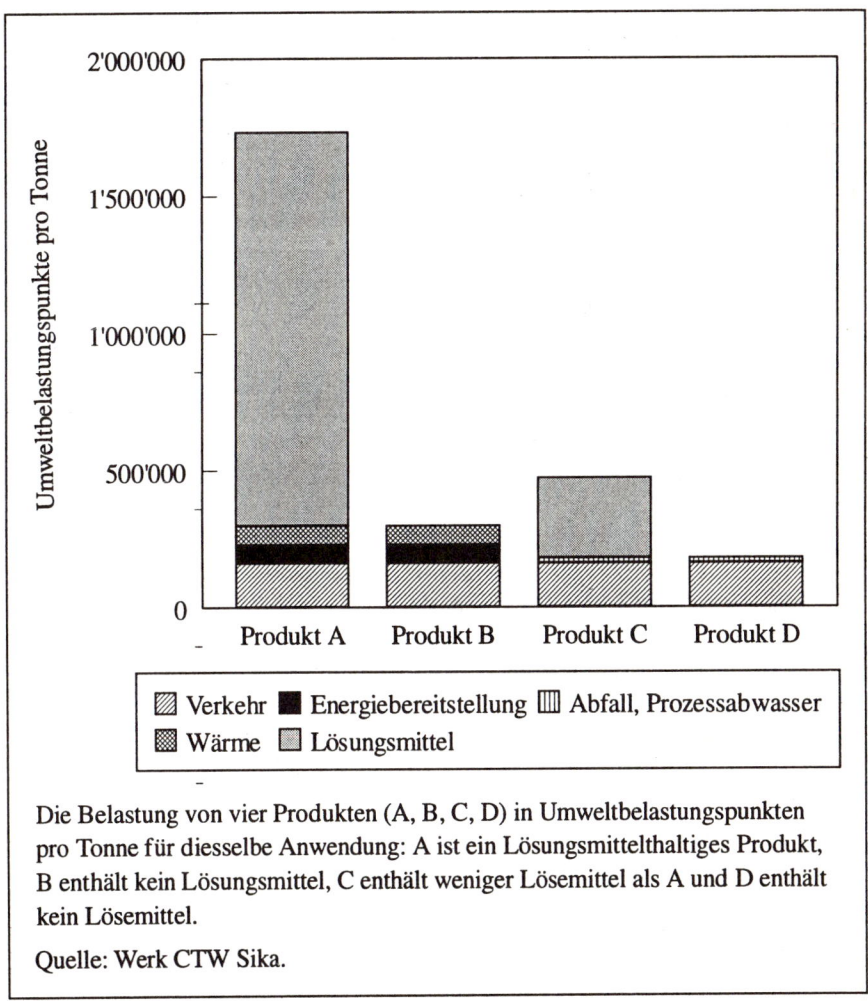

Die Belastung von vier Produkten (A, B, C, D) in Umweltbelastungspunkten
pro Tonne für diesselbe Anwendung: A ist ein Lösungsmittelhaltiges Produkt,
B enthält kein Lösungsmittel, C enthält weniger Lösemittel als A und D enthält
kein Lösemittel.

Quelle: Werk CTW Sika.

Abb. 7. Vergleich unterschiedlicher Produkte mit Hilfe der Wirkungsbilanz

Die SIKA AG sieht in dieser vergleichenden Darstellung vor allem ein wichtiges Kommunikationsinstrument, sowohl unternehmensintern (bei der Produktentwicklung) als auch gegenüber den Marktpartnern.

Als Datengrundlage der Optimierungsanalyse im Rahmen konkreter Entscheidungen hingegen erweisen sich die Ergebnisse der Wirkungsbilanzierung häufig als zu wenig differenziert.[10] Man greift hier auf die differenziertere Darstellung der Sachbilanzierung zurück, um ein problemadäquates Auflösungsvermögen zu erhalten. Auf den weitergehenden Nutzen der Sachbilanzierung im ökologischen Controlling wird an dieser Stelle nicht weiter eingegangen, da der vorliegende Beitrag auf das originäre Element schweizerischer Ökobilanzverfahren, die Wirkungsbilanzierung, fokussiert. Hier wird auf die Erfahrungen der Mohndruck AG, die in diesem Buch geschildert werden, verwiesen.

Zusammenfassend betrachtet zeigen die bisherigen Erfahrungen der betrieblichen Ökobilanzierung in der Schweiz vor allem den Nutzen der zusammenfassenden Belastungsprofile („Wirkungsbilanzen") zum Erkennen von Schwerpunkten und der Evaluation von Maßnahmen. Sie tragen dazu bei, die Aktivitäten und Leistungen des betrieblichen Umweltschutzes unternehmensinternen und -extern verständlich zu machen. Sie erzeugen damit eine weiterführende Informationsnachfrage; sei es, indem ausgehend von der Wirkungsbilanz energetische Feinanalysen erstellt werden, sei es, weil eine vergleichende ökologische Produktbetrachtung, wie sie die SIKA AG praktiziert, das Interesse – und auch den Widerspruch – der Betrachter weckt, ein „Nachfragen" initiiert und damit den ökologischen Lernprozeß zielgerichtet vorantreibt.

„Ökobilanz-Überlegungen"

Um 1 kg CO_2 zu sparen, muss man ca.

- 5 km weniger PKW fahren
- 1.19 kg Kehricht einsparen
- 2.26 kWh Strom sparen
- 100g H_2O_2 weniger verbrauchen
- usw.

Was fällt am leichtesten?

Abb. 8. Kommunikation der Ökobilanzergebnisse in der Mitarbeiterzeitung der FELA Mikrotechnik AG

---

[10] Vgl. dazu Schaltegger, S. u. Sturm, A., 1992, S. 224f.

3.2 Organisationsfunktion in der Praxis

Die oben erwähnte Generierung von Informationsnachfrage im Umwelt-schutzbereich ist ein zentrales Element der Organisationsfunktion der betrieblichen Ökobilanzierung in der Praxis. Die Ergebnisse betrieblicher Ökobilanzen sind, eine geeignete Darstellung gegenüber den Adressaten vorausgesetzt, in der Lage, das Interesse der Mitarbeiter am betrieblichen Umweltschutz zu wecken. Belastungsprofile („Wirkungsbilanzen"), wie sie im vorangehenden Abschnitt dargestellt wurden, sind dabei weitaus wirksamer als die Darstellung der umgesetzten Stoff- und Energieflüsse in physikalischen Maßeinheiten – vor allem gegenüber den nicht technisch interessierten und vorgebildeten Mitarbeiter/innen. Abbildung 8 zeigt ein Beispiel aus der Mitarbeiterzeitung der FELA Mikrotechnik AG für die Darstellung von Wirkungsbilanzergebnissen, die auf die Mitarbeitermotivation abzielt.

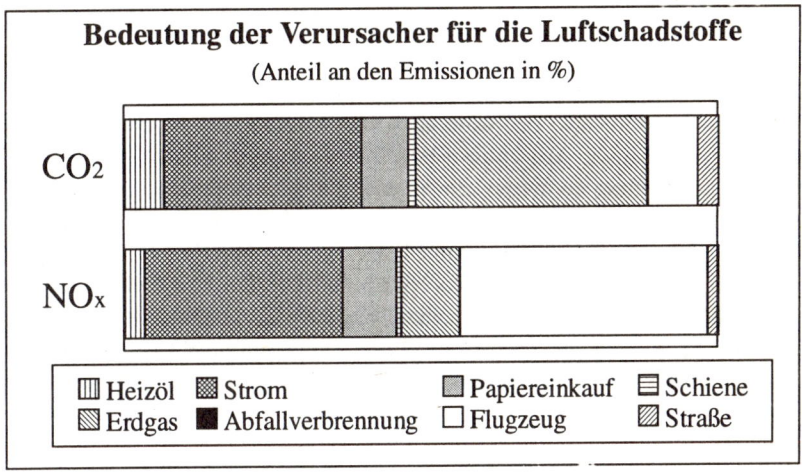

Abb. 9. Mitarbeiterinformation am Beispiel des Schweizerischen Bankvereins

Sachlicher, aber nicht weniger motivationsfördernd kommuniziert der Schweizerische Bankverein, ein weiterer Anwender der hier dargestellten Ökobilanzmethodik, einzelne Wirkungsbilanzergebnisse gegenüber seinen Mitarbeiter/innen. So wird beispielsweise der Beitrag verschiedener Verursacher zu allgemein bekannten und breit diskutierten Umweltbelastungen (Kohlendioxid und Stickoxide) dargestellt. Die Mitarbeiter/innen können einen direkten Bezug zwischen ihrem täglichen Handeln (Verkehrsverhalten, Energiesparen im Büro und Umgang mit Büromaterialien) und den resultierenden Umweltbelastungen herstellen. Zur Förderung umweltfreundlichen Verhaltens ist ein solcher Bezug in der Regel ein wirksamer Beitrag. Neben der Mitarbeiterinformation trägt die Aus- und Weiterbildung zum Verständnis des Aussagewerts der Ökobilanzergebnisse und der Förderung umweltbewußten Verhaltens bei. Neuere Schulungssoftware beispielsweise verwendet das in diesem Beitrag skizzierte Ökobilanzverfahren als Grundlage für betriebliche Umweltschutzplanspiele.[11]

Die Organisationsfunktion der betrieblichen Ökobilanzierung geht jedoch weit über den Nutzen ihrer Ergebnisse zur Mitarbeitermotivation hinaus. Im Vordergrund steht dabei die organisatorische Gestaltung des Prozesses der betrieblichen Ökobilanzierung. Der hier entstehende Nutzen läßt sich am Beispiel der SIKA AG illustrieren. Zum Zeitpunkt der Erstellung der ersten betrieblichen Ökobilanz (1991) war der betriebliche Umweltschutz bei der SIKA AG Zürich der Qualitätssicherung untergeordnet. Zur Erfüllung ihrer Aufgaben standen der Verantwortlichen vor allem Emissionsmeßprotokolle und Umweltschutzstatistiken als Informationsgrundlagen zur Verfügung. Diese bereitete sie zu Struktur- und Effizienzkennzahlen auf. Mit der Beteiligung am Responsible Care Programm 1992 entstand ein Anreiz, zusätzliche Informationen systematisch zu erfassen; wodurch jedoch gleichzeitig die Arbeitsbelastung für die Umweltschutzfachstelle zunahm. Der Prozeß der betrieblichen Ökobilanzierung wurde 1991 auf der Managementebene (Leitung der Qualitätssicherung) initiiert und geleitet. 1993 wurde beschlossen, die betriebliche Ökobilanzierung auf drei Betriebsstandorte auszuweiten. Im Zusammenhang mit dieser Entscheidung wurde begonnen, „REGIS für Windows" als Software zur Unterstützung der betrieblichen Ökobilanzierung einzusetzen. Mit Hilfe dieses PC-Programms konnte die Datenerfassung und -auswertung an die jeweils an den Betriebsstandorten verantwortlichen Mitarbeiter übertragen werden. Man stellte fest, daß mit dem Auftrag und der Befähigung die Umweltschutzleistungen des eigenen Betriebsstandortes zu untersuchen und gegenüber der Geschäftsleitung und Dritten darzustellen, das Engagement im betrieblichen Umweltschutz wesentlich zunahm. So erstellte beispielsweise der Leiter des Werkes in Muttenz eigeninitiativ betriebliche Ökobilanzen für zurückliegende Geschäftsjahre, um den Datenbestand, der ihm für das ökologische Controlling zur Verfügung steht, zu vergrößern. Die zentrale Umweltschutzfachstelle in Zürich wird durch dieses Vorgehen in tolerierbarem Ausmaß beansprucht. Im Ökobilanzierungsprozeß der verschiedenen Betriebsstandorte kommt ihr bei regelmäßig stattfindenden Sitzungen des Projektteams die Rolle der Moderatorin und Koordinatorin zu. Durch eine gezielte Abstimmung zwischen der Datenerfassung im Rahmen des Responsible Care Programms und der Ökobilanzierung wird sie in ihrer Arbeit sogar entlastet. Anfang 1995 wurde die zentrale Umweltschutzfachstelle in Zürich organisatorisch als eigener Aufgabenbereich aufgewertet und personell verstärkt.

3.3   Integrationsfunktion in der Praxis

Der Nutzen des Prozesses der betrieblichen Ökobilanzierung verändert nicht nur (wie oben am Beispiel der SIKA AG gezeigt) die Informationsflüsse zwi-

---

[11] Vgl. Franzen, M. u. Kok, L., 1994.

schen den verschiedenen Abteilungen oder Betriebsstätten, sondern wirkt auch auf die unternehmensintern verwendeten Informationstechniken, z.B. die Kostenrechnung, zurück. Bei der Einführung der betrieblichen Ökobilanzierung als neue Informationstechnik, treten die Verantwortlichen als Informationsnachfrager an das bestehende betriebliche Informationssystem heran. Sie fragen konkret nach Emissionsmeßprotokollen, Umweltschutzstatistiken und umweltschutzrelevanten Daten aus der Kostenrechnung und den Systemen der Produktionsplanung und -steuerung. Häufig treten dabei die Mängel des vorhandenen betrieblichen Informationssystems im Umweltschutzbereich zutage. Bei der FELA Mikrotechnik AG wurden vor der Einführung der Ökobilanz die Entsorgungskosten von Sonderabfällen nicht verursacherbezogen verrechnet, obwohl man in der Vergangenheit einen deutlichen Anstieg der Entsorgungskosten registriert hatte. Die Ergebnisse der ersten Ökobilanz stellten so wertvolle Informationen für das traditionell kostenorientierte Controlling bereit. Die Emissionsmeßberichte wurden im Rahmen der Einführung der Ökobilanzen auf Vollständigkeit hin überprüft. Ergänzende Analysen der organischen Abwasserbelastungen wurden notwendig, eine Maßnahme, die im Hinblick auf erwartete Entwicklungen der Umweltpolitik in Zukunft wertvolle Informationen liefern wird. Der Wert derartiger zukunftsgerichteter Informationen wurde in einem Forschungsprojekt des Bundesamt für Umwelt, Wald und Landschaft (BUWAL) anhand einer Stoffflußanalyse der Papierfabrik Horgen quantifiziert. Allein für die Einführung einer Abgabe für organische Abwasserbelastungen (CSB) errechneten die Autoren dieser Studie zusätzliche Kosten für die Unternehmung von 200'000 sFr. im Jahr.[12] Hinweise auf den Nutzen der betrieblichen Ökobilanz zur Abschätzung der Relevanz erwarteter umweltpolitischer Veränderungen zeigen sich auch in den Erfahrungen der FELA Mikrotechnik AG und der SIKA AG. Die erste Ökobilanz der FELA Mikrotechnik AG 1992 zeigte die alles überragende Bedeutung des Anteils der chlorierten Kohlenwasserstoffe an der Gesamtbelastung der Unternehmung. Das anstehende Verbot dieser Emissionen in der Schweiz spiegelt sich in diesen Ergebnissen wider. Hätten der FELA Mikrotechnik AG diese ökologischen Steuerungsgrößen bereits in vergangenen Jahren zur Verfügung gestanden, so wäre die Relevanz dieser umweltpolititschen Veränderungen bereits im Vorfeld in die unternehmensinternen Entscheidungen eingeflossen und man hätte sich besser auf diese Veränderungen einstellen können. Die SIKA AG hingegen ist heute durch die Ökobilanz auf die erwartete Einführung einer VOC-Abgabe vorbereitet. Die Verantwortlichen kennen die Höhe der Emissionen und damit die erwarteten Kosten ebenso wie die unternehmensinterne Verursacherstruktur.

Das häufig genannte Argument, die betriebliche Ökobilanzierung führe unternehmensintern zu Kosteneinsparungen, kann somit mit Hinweis auf die Integrationsfunktion der betrieblichen Ökobilanzierung begründet werden. Bei der ersten Ökobilanz werden vor allem bislang unentdeckte Kosteneinsparungspotentiale und Lücken in Emissionsmeßberichten und Umweltschutzstatistiken offengelegt. Im Rahmen der kontinuierlichen Fortführung der betrieblichen Ökobi-

---

[12] Henseler et al., 1995, S. 40.

lanzierung kann die Relevanz umweltschutzbezogener Veränderung des Umfelds, zum Beispiel aufgrund von Entscheidungen im politischen Prozeß, für das Unternehmen bereits im Vorfeld erkannt werden. Aufgrund dieser Charakteristika erscheint es angebracht, abschließend den Zusammenhang zwischen Unternehmensökobilanz und Umweltaudit herauszuarbeiten.

4 Betriebliche Ökobilanzierung und Öko-Audit

Die betriebliche Ökobilanzierung wird im Rahmen der EG-Verordnung zur Umweltbetriebsprüfung nicht als notwendiger Bestandteil des zu prüfenden Umweltmanagementsystems erwähnt. Das ist nicht weiter überraschend, da die Verordnung überwiegend nur allgemein beschreibt, was erreicht werden soll, nicht jedoch konkret vorschreibt, wie die Unternehmung diese Vorgaben zu erfüllen hat. Weder das Umweltschutzhandbuch noch eine bestimmte Organisationsform des betrieblichen Umweltschutzes (z.B. die Umweltschutzfachstelle) werden ausdrücklich genannt. Ebenso bleibt es den Unternehmen selbst überlassen, ob sie die betriebliche Ökobilanzierung als notwendigen Bestandteil ihres Umweltmanagementsystems auffassen. Betrachtet man die in diesem Beitrag beschriebenen Erfahrungen schweizerischer Unternehmen, so sprechen gute Gründe für diese Auffassung:

1. Die stetige Verminderung der Umweltbelastungen der Unternehmung wird nach der EG-Verordnung als betriebliches Umweltschutzziel verstanden. Die Verordnung beschreibt die Notwendigkeit einer Operationalisierung der betrieblichen Umweltschutzziele. Die Umweltziele der Unternehmung sollen „im Einklang mit der Umweltpolitik stehen und so formuliert sein, daß die Verpflichtung zur stetigen Verbesserung des betrieblichen Umweltschutzes, wo immer dies in der Praxis möglich ist, *quantitativ bestimmt* und mit Zeitvorgaben versehen wird."[13] Während das betriebliche Rechnungswesen und die Emissionsmeßberichte sich vor allem am Ziel der kostenoptimalen Einhaltung bestehender umweltschutzrelevanter Vorschriften orientieren; ermöglichen Checklisten keine Quantifizierung der Zielvorgaben. Einzig die betriebliche Ökobilanz stellt ausreichende Informationen bereit, um numerische Zielgrößen für die kontinuierliche Verminderung der Umweltbelastungen der Unternehmung festzulegen.

2. Einen Schwerpunkt legt die Verordnung auf den Bereich „Personal, Kommunikation und Ausbildung."[14] Es sollen die Eigenverantwortung der Mitarbeiter entwickelt und die Ziele des betrieblichen Umweltschutzes in die Unternehmenskultur integriert werden. Hier sind unter anderem Vorkehrungen zu tref-

---

[13] Verordnung (EWG) Nr. 1836/93: Anhang I, Abs. A. Pkt. 4.
[14] Verordnung (EWG) Nr. 1836/93: Anhang I, Abs. B. Pkt. 2.

fen, „die gewährleisten, daß sich die Beschäftigen auf allen Ebenen über die möglichen Auswirkungen ihrer Arbeit auf die Umwelt und den ökologischen Nutzen eines verbesserten betrieblichen Umweltschutzes bewußt sind."[15] Die betriebliche Ökobilanz zeichnet sich gerade dadurch aus, daß der Zusammenhang zwischen den Handlungen der Einzelnen und den resultierenden Umweltbelastungen im Rahmen der Mitarbeiterinformation und der Aus- und Weiterbildung hergestellt werden kann.

3. Die betriebliche Ökobilanz stellt eine systematische Ist-Analyse der Umweltbelastungen der Unternehmung bereit. Diese kann zur „Bewertung und Registrierung der Auswirkungen auf die Umwelt", die nach der EG-Verordnung als Teil des zu prüfenden Umweltmanagementsystems verstanden wird, verwendet werden.[16] Die zu berücksichtigenden Sachverhalte umfassen neben den Emissionen in die Umweltmedien und den Abfällen die Nutzung natürlicher Ressourcen. Diese Sachverhalte können mit Hilfe der Ökobilanz beschrieben werden.

Man könnte von einer isolierten Betrachung dieser Vorschrift ausgehend einwenden, daß in der Verordnung keine Vorgaben bzgl. der Bewertungsgrundlagen gemacht werden, eine Güterflußbetrachtung nicht ausdrücklich gefordert wird und nicht deutlich wird, ob die Emissionen in die Umweltmedien als Stoffflüsse oder Stoffkonzentrationen beschrieben werden sollen. Emissionsmeßberichte und Umweltschutzstatistiken stellen vor dem Hintergrund einer solchen isolierten Betrachtung ausreichende Informationen zur Bewertung (nach Maßgabe der bestehenden Vorschriften) und Registrierung (Darstellung der Schadstoffkonzentrationen) bereit. Im Gesamtzusammenhang der Vorschriften zum Umweltmanagementsystem mit seiner Ausrichtung an einer stetigen Verbesserung der Umweltschutzleistungen der Unternehmung hingegen greift diese Betrachtung zu kurz. Wenn tatsächlich eine „Beurteilung, Kontrolle und Verringerung der Auswirkungen der betreffenden Tätigkeit auf die verschiedenen Umweltbereiche"[17] erreicht werden soll, so kann auch bei der „Bewertung und Registrierung der Auswirkungen auf die Umwelt" nur eine stoffflußorientierte Betrachtung beabsichtigt sein und die Beurteilung muß über die Einhaltung bestehender umweltschutzrelevanter Vorschriften hinausgehen.

---

[15] Ebenda.
[16] Verordnung (EWG) Nr. 1836/93: Anhang I, Abs. B, Pkt. 3.
[17] Verordnung (EWG) Nr. 1836/93: Anhang I, Abs. C, Pkt. 1.

5 Fazit

Der vorliegende Beitrag beschreibt die Funktionen der betrieblichen Ökobilanzierung im Rahmen eines auf kontinuierliche Verbesserungen ausgerichteten Umweltmanagements. Dabei stand die Bedeutung der in der Schweiz vorherrschenden Bilanzbewertung anhand eines Gesamtindices (Umweltbelastungspunkte) im Vordergrund. Anhand der Beispiele aus zwei mittelständischen Unternehmen wurde gezeigt, welche Möglichkeiten sich in bezug auf die Entwicklung eines ökologischen Controllings, insbesondere auch in bezug auf die Organisations- und Integrationsfunktion der Ökobilanz ergeben.

Die Ökobilanz faßt vielfältige Umweltinformationen in einer Stoff- und Energieflußbetrachtung zusammen, liefert Datengrundlagen für zentrale Aufgaben des Umweltmanagements (Gesetzeskonformität, Umweltkostenrechnung, Mitarbeitermotivation, Kommunikation usw.) und unterstützt gezielt die Entscheidungsfindung der Verantwortlichen.

Ihr Nutzen besteht jedoch ganz im Gegensatz zu einem gerade in Deutschland weit verbreiteten Vorurteil nicht vornehmlich in der Bereitstellung einer „ökologischen Wahrheit" per Tastendruck, sondern vielmehr in der Initiierung und gezielten Unterstützung ökologischer Lernprozesse. Sie erweist sich damit als Schrittmacher einer ökologisch bewußten Unternehmensführung und sollte – unabhängig davon, ob sie verpflichtend vorgeschrieben ist oder nicht – im Rahmen der Umweltbetriebsprüfung über die erste Umweltprüfung hinaus als wesentlicher Bestandteil des Umweltmanagements betrachtet werden.

Literatur

Ahbe, S., Braunschweig, A. und Müller-Wenk, R. (1990): Methodik für Oekobilanzen auf der Basis ökologischer Optimierung. Schriftenreihe Umwelt Nr. 133 des Bundesamtes für Umwelt, Wald und Landschaft (BUWAL), Bern

Brauchlin, E. und Kytzia, S. (1994): Die direkte Steuerung von Stoff- und Energieflüssen als Ansatzpunkt für ein ökologisches Controlling. In: Seicht, G. (Hrsg.): Jahrbuch für Controlling und Rechnungswesen. Wien, S. 335-361

Braunschweig, A. et al. (1994): Evaluation und Weiterentwicklung von Bewertungsmethoden für Ökobilanzen - Erste Ergebnisse. Zwischenbericht des Nationalfondprojektes Nr. 5001-35066 SPP Umwelt. St. Gallen August

Braunschweig, A. und Müller-Wenk, R. (1993): Ökobilanzen für Unternehmungen. Eine Wegleitung für die Praxis. Bern, Stuttgart

Fischer-Winkelmann, W.F. und Hoffmann, N. (1994): „Öko"-Controlling – Der Quantensprung im Controlling? In: Seicht, G. (Hrsg.): Jahrbuch für Controlling und Rechnungswesen Wien, S. 363-395

Franzen, M. und Kok, L.(1994): Das BUSCH-Spiel: Lernsoftware zum Betrieblichen Umweltschutz. In: Hilty, L.M et al. (Hrsg.): Informatik für den Umweltschutz. Bd. II, Marburg, S. 67-76

Günther, E. (1994): Ökologieorientiertes Controlling: Konzeption eines Systems zur ökologieorientierten Steuerung und empirische Validierung. München

Günther, E. und Wagner, B. (1993): Ökologieorientierung des Controlling (Öko-Controlling): Theoretische Ansätze und praktisches Vorgehen. In: Die Betriebswirtschaftslehre. H. 2, S. 143-166

Hallay, H. und Pfriem, R. (1992): Öko-Controlling. Umweltschutz in mittelständischen Unternehmen. Ein Informationssystem für die Zukunft von Natur und Unternehmen. Frankfurt, New York

Henseler, G. et al. (1995): COUNTER – Methode und Anwendung der betrieblichen Stoffbuchhaltung. Zürich

Hofstetter, P. et al. (1991): Die ökologische Rückzahldauer der Mehrinvestitionen in zwei Nullenergiehäuser. Ueberarbeitung einer interdisziplinären Semesterarbeit der ETHZ, Laboratorium für Energiesysteme, Zürich

Janzen, H. und Wagner, R. (1991): Ökologisches Controlling: Mehr als ein Schlagwort? In: Controlling. H. 3, S. 120-129

Ö.B.U. (o. J.): Ökobilanzen für Unternehmen. Resultate der Ö.B.U.-Arbeitsgruppe: Konzept und praktische Beispiele. Schriftenreihe Nr. 7, St. Gallen

Schaltegger, S. und Sturm, A. (1992): Ökologieorientierte Entscheidungen in Unternehmen. Ökologisches Rechnungswesen statt Ökobilanzierung: Notwendigkeit, Kriterien, Konzepte. Bern, Stuttgart

Schulz, E. und Schulz, W. (1993): Umweltcontrolling in der Praxis. Ein Ratgeber für Betriebe. München

Seidel, E. (1988): Ökologisches Controlling. Zur Konzeption einer ökologisch verpflichteten Führung von und in Unternehmen. In: Wunderer, R. (Hrsg.): Betriebswirtschaftslehre als Management- und Führungslehre, 2. Aufl., Stuttgart, S. 307-322

Sturm, A. (1993): Öko-Controlling. Von der Ökobilanz zum Führungsinstrument. In: GAIA, H. 2, 1993, S. 107-120

UBA (1992): Ökobilanzen für Produkte. Bedeutung - Sachverstand - Perspektiven. Texte 38/1992, Berlin

Betriebliche und überbetriebliche Umweltinformationssysteme als informationstechnische Infrastruktur für das Stoffstrommanagement

Lorenz M. Hilty, Hamburg

1 Einführung

Betriebliche Umweltinformationssysteme (BUIS) dienen zur informationstechnischen Unterstützung des betrieblichen Umweltschutzes. Die wenigen Systeme, die bereits praktisch eingesetzt werden, zeigen ein sehr heterogenes Bild: Ihre Aufgabenbereiche variieren von der Erfüllung gesetzlicher Dokumentationspflichten (z.B. automatische Erstellung von Entsorgungsnachweisen) über die Berechnung von Betriebs- und Produktökobilanzen bis hin zu einer umweltorientierten Produktionsplanung und -steuerung.

Die in Forschung und Entwicklung diskutierten BUIS-Konzepte sind bereits weiter gediehen; sie zielen auf eine umfassende Unterstützung des Ökocontrolling (Hallay, 1992), auf die Integration von Produktions- und Recycling-Informationssystemen (Rautenstrauch, 1994) oder auf ein überbetriebliches Stoffstrommanagement (Jepsen, 1994).

Die konzeptionellen Grundlagen für solche Systeme stammen aus dem Überschneidungsbereich zweier Teilgebiete der Angewandten Informatik: Wirtschaftsinformatik und Umweltinformatik (siehe Abb. 1).

Während sich die Wirtschaftsinformatik mit ihrem zentralen Gegenstand "Betriebliche Informationssysteme" als Fachgebiet schon vor längerer Zeit etablieren konnte, ist die neuere Umweltinformatik noch relativ unbekannt. Deshalb werden Inhalt und Zielsetzung dieses Fachgebietes zunächst kurz skizziert (Abschnitt 2).

Daran schließt sich eine Einführung in das Thema BUIS an (Abschnitt 3), gefolgt von einer Darstellung des überbetrieblichen Stoffstrommanagements, das eine Integration von BUIS über Betriebsgrenzen hinweg erfordert (Abschnitt 4). Ein Beispiel aus dem Bereich der Krankenhausentsorgung verdeutlicht das Konzept der innerbetrieblichen Stoffstromverfolgung und die Vorteile einer überbetrieblichen Integration für ein effektives und effizientes Stoffstrommanagement (Abschnitt 5).

Mario Schmidt, Achim Schorb (Hrsg.)
Stoffstromanalysen in Ökobilanzen und
Öko-Audits
© Springer-Verlag Berlin Heidelberg 1995

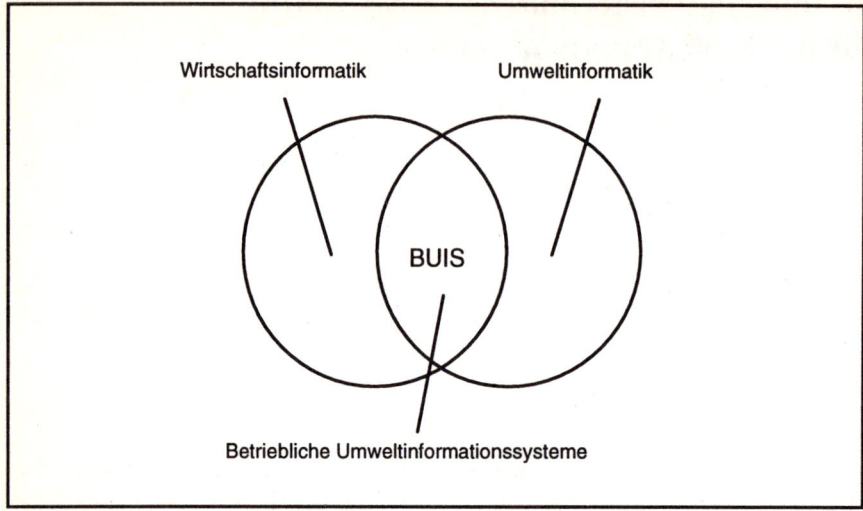

Abb. 1. Fachliche Einordnung betrieblicher Umweltinformationssysteme

2 Umweltinformatik

Seit Anfang der achtziger Jahre gibt es systematische Bemühungen, innovative Computeranwendungen im Umweltbereich zu strukturieren und voranzutreiben (Hilty, 1985; Page, 1986; Jaeschke, 1987). Daraus ist die Umweltinformatik entstanden, ein Teilgebiet der Informatik, das sich mit der Entwicklung und Anwendung von Verfahren der Informationsverarbeitung für Aufgaben des Umweltschutzes und der Umweltforschung befaßt (Jaeschke, 1994; Page, 1994; Hilty, 1995a).

Die Umweltinformatik hat drei aufeinander aufbauende Zielsetzungen:

1. Beschaffung von Daten und Informationen, die zur Beschreibung des Zustandes und der Entwicklung der Umwelt sowie zur Vermeidung oder Begrenzung negativer und Unterstützung positiver Veränderungen benötigt werden.
2. Auswertung und Analyse solcher Informationen zur Schaffung dauerhafter Grundlagen für ein Verständnis der Umwelt und der Wechselwirkungen zwischen Natur, Technik und Gesellschaft sowie für die Unterstützung umweltrelevanter Entscheidungen.
3. Synthese von Maßnahmen zur Beeinflussung der Entwicklung (Systemkorrektur), Abschätzung der Wirkungen und Nebenwirkungen möglicher Maßnahmen und Schaffung von Werkzeugen für die routinemäßige Planung, Durchführung und Kontrolle von Maßnahmen.

Die meisten, im praktischen Einsatz stehenden Umweltinformatiksysteme sind der ersten Stufe zuzuordnen. Dazu gehören Umweltmonitoringsysteme (z.B automatische Meßnetze oder satellitengestützte Fernerkundungssysteme zur Vegetations- und Klimabeobachtung), die den Zustand der Umwelt kontinuierlich überwachen. Die zweite Stufe wird seltener und die dritte in der Praxis nur ausnahmsweise erreicht. Die Problemdiagnose wird also bisher wesentlich besser unterstützt als die Therapie – die Umweltinformatik scheint sich ähnlich zu entwickeln wie die Medizininformatik, die zunächst vor allem die Diagnostik revolutioniert hat, wie das Beispiel Computertomographie zeigt.

Einen Überblick über die Umweltinformatikaktivitäten im deutschsprachigen Raum geben die Proceedings der jährlichen Symposien "Informatik für den Umweltschutz" (Jaeschke, 1987, 1988, 1989; Pillmann, 1990; Hälker, 1991; Jaeschke, 1993; Hilty, 1994), die Bände der Reihe "Umweltinformatik aktuell" (z.b. Haasis, 1995) und "Praxis der Umweltinformatik" des Metropolis-Verlages sowie der Band "Umweltinformatik" in der Reihe "Handbuch der Informatik" des Oldenbourg-Verlages (Page, 1994).

Eine zentrale Rolle spielt in der Umweltinformatik der Begriff des Umweltinformationssystems (UIS). Das Spektrum der Systeme, die als UIS bezeichnet werden, ist sehr breit, so daß eine umfassende Definition entsprechend allgemein bleiben muß: Ein UIS ist ein computergestütztes System, das regelmäßig umweltrelevante Informationen bereitstellt.

Hinsichtlich Form und Inhalt der verarbeiteten Daten gibt es erhebliche Variationen. Nicht in jedem Fall handelt es sich um Daten über die Umwelt (Umweltdaten im Sinne von Baumewerd-Ahlmann und Zink, 1994), wie z.B. Daten zur Luft- und Wassergüte, Verbreitungsgebiete von Tieren und Pflanzen, Wetterdaten), sondern auch um Daten mit indirektem Umweltbezug wie beispielsweise Angaben zu

- Materialien, Produktionsprozessen und Produkten,
- Abfällen, Entsorgungsverfahren und Sanierungskonzepten,
- Gesetzen, Verordnungen und Normen,
- Forschungsergebnissen, Institutionen, Fachliteratur usw.

Die Liste ließe sich fast beliebig fortsetzen. Entscheidend für die Umweltrelevanz der Daten ist letztlich nicht ihr Inhalt, sondern ihr Verwendungszweck. So können beispielsweise die Zulassungsdaten von Kraftfahrzeugen oder die Emissionsfaktoren verschiedener Kraftwerkstypen Bestandteil eines UIS sein, wenn sie für Modellrechnungen zur Erstellung von Emissionsprognosen oder als Ausgangsdaten für Ökobilanzen verwendet werden.

3 Betriebliche Umweltinformationssysteme

Betreiber der "klassischen" Umweltinformationssysteme waren und sind überwiegend Umweltbehörden und Forschungsinstitute. Seit mehr als zwei Jahrzehnten werden bei den Umweltbehörden des Bundes und der Länder solche UIS aufgebaut und für Aufgaben des Umweltschutzes, der Umweltplanung und Umweltforschung eingesetzt (Page, 1989); sie sind zum Teil öffentlich zugänglich (Lohse, 1994).

Seit einigen Jahren werden in der Fachliteratur jedoch zunehmend auch Konzepte und Praxisbeispiele für betriebliche Umweltinformationssysteme (BUIS) vorgestellt. Der erste Beitrag wurde 1989 von Haasis, Hackenberg und Hillenbrand veröffentlicht (Haasis, 1989). In jüngerer Zeit häufen sich die Publikationen (vgl. z.B. die Sammelbände Hilty, 1994; **Haasis, 1995** und die Proceedings zum GI-Workshop "Umweltinformationssysteme in der Produktion", 1995), was das wachsende Interesse an dieser Thematik zeigt.

3.1 Zum Begriff des betrieblichen Umweltinformationssystems

Ein betriebliches Umweltinformationssystem (BUIS) ist ein organisatorisch-technisches System zur systematischen Erfassung, Verarbeitung und Bereitstellung umweltrelevanter Informationen in einem Betrieb. Es dient in erster Linie der Erfassung betrieblicher Umweltbelastungen und der Unterstützung von Maßnahmen zu deren Vermeidung und Verminderung. Neben reinen Dokumentationsaufgaben unterstützen BUIS zunehmend auch Aufgaben der Planung, Steuerung und Kontrolle von Maßnahmen eines integrierten betrieblichen Umweltschutzes.

In einem Teil der Fachliteratur wird der Begriff des BUIS gelegentlich unabhängig von informationstechnischer Unterstützung verwendet, so daß etwa eine Ökobilanz als Informationssystem bezeichnet wird (vgl. z.B. Wicke, 1992; Hallay, 1990). In diesem Beitrag wird mit "Informationssystem" jedoch grundsätzlich ein computergestütztes System bezeichnet. Dies entspricht der Fachterminologie der Informatik, die sich in diesem Punkt von der betriebswirtschaftlichen Terminologie unterscheidet.

3.2 Aufgaben betrieblicher Umweltinformationssysteme

Adressaten der von einem BUIS bereitgestellten Informationen sind Management und Mitarbeiter des Betriebes, aber auch betriebsexterne Institutionen wie Behörden, Geschäftspartner und Versicherungen (Hilty, 1995c). Auch Konsumenten und die interessierte Öffentlichkeit, häufig durch die Medien auf Problemfelder aufmerksam gemacht, melden immer häufiger Informationsbedarf hinsichtlich der von Unternehmen verursachten oder vermiedenen Umweltbelastungen an.

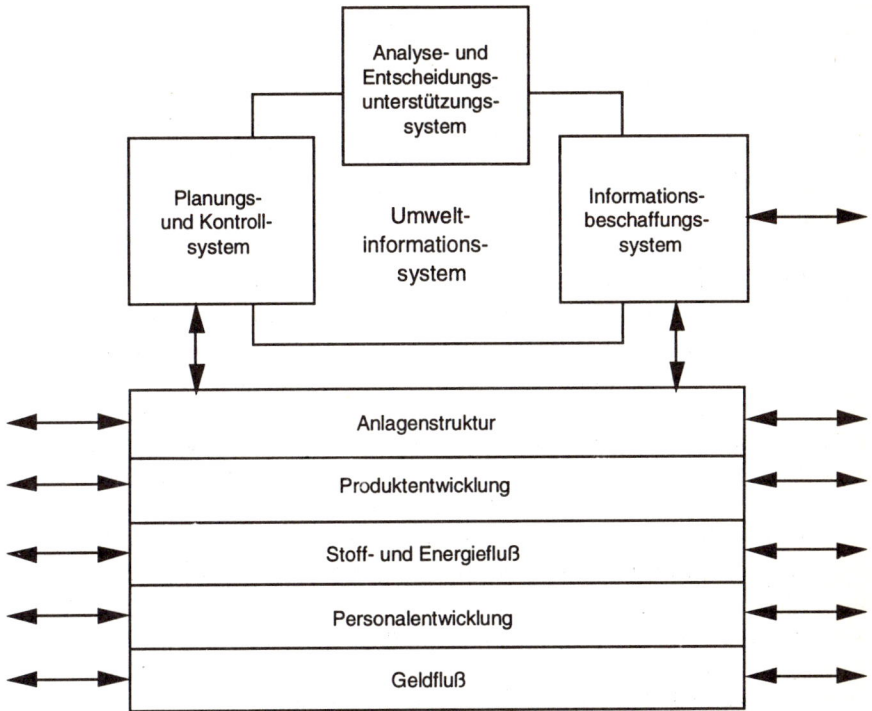

Abb. 2. Funktionen eines Öko-Controlling-Systems nach Hallay und Pfriem (1992)

Neben operativ orientierten, produktionsnahen BUIS (Stichwort "Umwelt-PPS", vgl. Haasis, 1992), gibt es eine große Zahl von mehr strategisch orientierten BUIS-Konzepten, die aus dem Bereich Ökobilanzen und Öko-Controlling entstanden sind. So beruht das Öko-Controlling-Konzept des Instituts für ökologische Wirtschaftsforschung (IÖW) im Kern auf einem Umweltinformationssystem (Abb. 2). Die drei Funktionen "Informationsversorgung", "Analyse und Entscheidungsunterstützung" sowie "Planung und Kontrolle" lassen sich grob den in Abschnitt 2 definierten drei Zielsetzungen der Umweltinformatik zuordnen. Selbstverständlich sind aber diese drei Funktionen im Unternehmen nicht spezifisch für das Umweltinformationssystem, sondern werden durch dieses lediglich um neue Aspekte erweitert. Das erfordert gleichzeitig eine Integration des BUIS in die vorhandenen betrieblichen Informationssysteme. Das System "[...] ist nicht als Einzelinstrumentarium zu sehen, sondern integrativer Bestandteil des gesamten betrieblichen Informations- und Kommunikationssystems. Entsprechend muß es inhaltliche und formale Interdependenzen zwischen den klassischen betriebswirtschaftlichen und den ökologisch orientierten Informationsinstrumenten geben [...] Eine wesentliche Anforderung an dieses Instrument ist deshalb die Orientierung an bestehenden Strukturen und Strategien. Gleichzeitig muß es aber die Schwachstellen und Optimierungspotentiale der Strukturen aufzeigen und auch die eingeschlagene Gesamtstrategie kritisch reflektieren können" (Hallay, 1992, S. 34).

Aus der notwendigen Verflechtung eines BUIS mit betriebswirtschaftlichen und technischen Strukturen und Abläufen ergeben sich Anforderungen, die sich bei anderen Umweltinformationssystemen in dieser Form nicht stellen. Sie werden anhand der erwähnten drei Kernfunktionen eines BUIS in den folgenden Abschnitten skizziert (vgl. auch Hilty, 1995b).

3.2.1 Informationsbeschaffung

Ein wesentliches Merkmal betrieblicher Umweltinformationssysteme ist paradoxerweise die Tatsache, daß sie praktisch keine Daten über die natürliche Umwelt (Umweltdaten im Sinne von Baumewerd-Ahlmann und Zink, 1994) verarbeiten. Vielmehr beschaffen und verarbeiten sie Daten über anthropogene Systeme – Betriebe mit ihren Produktionsanlagen, Materialien und Energieformen, Produkten, Abfällen, Emissionen und weiteren Formen von Umwelteinwirkungen sowie über Möglichkeiten zu ihrer Vermeidung oder Verringerung.

Die wichtigste Quelle solcher Daten ist das bestehende betriebliche Informationssystem. Bei der Einführung eines BUIS ist deshalb von entscheidender Bedeutung, daß die bereits geführten Daten unter Umweltaspekten genutzt werden können. Beispielsweise kann es darum gehen, den vorhandenen Materialklassenkatalog eines PPS-Systems in einen Umweltkontenrahmen abzubilden und zur Erstellung von Ökobilanzen aufgelöste Stücklisten in das BUIS zu importieren (Hunscheid, 1994).

Die technische Datenintegration ist dabei eine vergleichsweise niedrige Hürde. Das Hauptproblem liegt auf der inhaltlichen Ebene und besteht darin, daß verschiedene Verwendungskontexte betrieblicher Daten aufeinanderstoßen. Daten, die in einem rein betriebswirtschaftlichen Kontext erfaßt wurden, sollen nun im Rahmen des BUIS unter Umweltaspekten interpretiert werden. Die Strukturierung der Daten, das zugrundeliegende Begriffssystem, der Detaillierungsgrad und nicht zuletzt die jeweils geltenden Kriterien für die Relevanz, Konsistenz und Vollständigkeit von Information können in den beiden Kontexten unterschiedlich sein.

Die Überbrückung dieser "Kontextlücke" erfordert heute in Projekten zur Einführung von Ökobilanzen oder Öko-Controlling (auch ohne EDV-Unterstützung) einen enormen Aufwand und langwierige Lernprozesse bei allen Beteiligten. Nur wenige Unternehmen werden sich auf ein solches Experiment einlassen. Die Herausforderung an die Umweltinformatik besteht darin, diesen Prozeß selbst zu strukturieren und Wege zu finden, die Integration der Daten und Informationen routinemäßig auch auf der semantischen Ebene durch softwaretechnische (z.B. halbautomatische) Hilfsmittel zu unterstützen.

3.2.2 Entscheidungsunterstützung

Die Verdichtung von Daten zu entscheidungsrelevanten Informationen ist fast immer mit einer Bewertung verbunden. Beispielsweise können die Emissionsmassenströme zweier Luftschadstoffe, etwa Kohlenmonoxid (CO) und Stickoxide (NO_x), nicht ohne Bewertung der von ihnen ausgehenden Umwelt- und Gesundheitsrisiken zu einer einzigen Zahl zusammengefaßt werden. Eine Addition der Massenströme wäre unsinnig, weil die Stoffe völlig unterschiedliche Wirkungen und Abbauraten haben. Vielmehr ist eine Gewichtung der Stoffströme notwendig, wobei verschiedene Ansätze zur ökologischen Bewertung (z.B. Toxizität, kritische Volumina oder ökologische Knappheit) in der Regel zu unterschiedlichen Gewichtungsfaktoren und damit zu potentiell widersprüchlichen Ergebnissen führen.

Diese Bewertungsproblematik stellt sich in noch schärferer Form, wenn verschiedene Umweltmedien (Luft, Wasser, Boden) alternativ belastet werden oder verschiedene Schutzgüter (Mensch, Tier, Pflanze, Bauwerke, Rohstoffvorräte) in unterschiedlicher Weise von den zur Auswahl stehenden Maßnahmen betroffen sind. Eine ökologische Bewertung ist auf rein naturwissenschaftlicher Grundlage nicht möglich, weil in letzter Konsequenz immer auf den subjektiven Wert der Schutzgüter und auf ebenfalls subjektive Zeithorizonte (z.B. hinsichtlich des Abbaus begrenzter Rohstoffvorräte) Bezug genommen werden muß.

Ungeachtet dieses Problems erwarten Entscheidungsträger jedoch aggregierte, verdichtete Informationen. Es besteht daher die Gefahr, daß bei automatisierter Anwendung entsprechender Aggregationsverfahren implizite Bewertungskriterien einfließen, die für den Benutzer des Systems nicht mehr klar erkennbar sind. Darüber hinaus würde ein System wenig Akzeptanz finden, das den Entscheidungsträger mit einer Fülle von Daten überschüttet und auf jede Bewertung verzichtet. Wie läßt sich dieses Dilemma auflösen?

Ein gangbarer Weg besteht darin, erstens alle Möglichkeiten auszuschöpfen, die bewertungsfreie Aggregationsmethoden bieten, selbst wenn sich dadurch die Komplexität der bereitgestellten Information nicht so weit reduzieren läßt, wie es wünschenswert ist. Zweitens müssen Verfahren genutzt werden, auch komplexe Ergebnisse verständlich zu präsentieren, etwa durch den systematischen Einsatz von Visualisierungstechniken. Drittens schließlich sind Bewertungsmethoden, wo sie dennoch eingesetzt werden, auf eine möglichst transparente, nachvollziehbare Weise zu verwenden.

Die Konzeption eines BUIS mit diesen Qualitäten der Entscheidungsunterstützung wäre eine Herausforderung z.B. für die Software-Ergonomie, die Computergraphik und eventuell auch für Erklärungskomponenten und Methoden der Begründungsverwaltung (truth maintenance) bei wissensbasierten Systemen.

3.2.3 Planung, Steuerung und Kontrolle

Für Aufgaben der Planung, Steuerung und Kontrolle ist eine enge Kopplung zwischen dem BUIS und den bestehenden Systemen im Produktionsbereich erforderlich. Diese Systeme werden üblicherweise unter dem CIM-Konzept (Computer Integrated Manufacturing) zusammengefaßt.

Hier gibt es insbesondere Forschungsarbeiten im PPS-Bereich (Produktionsplanung und -steuerung). Umweltorientierte PPS-Systeme müssen neben den bekannten Zielgrößen (Minimierung von Lagerbeständen und Durchlaufzeiten, Sicherung der Termintreue und Maximierung der Kapazitätsauslastung) auch die Emissions- bzw. Abfallvermeidung bzw. -reduzierung sowie die Reststoffverwertung berücksichtigen (Haasis, 1992).

Besondere Anforderungen an die umweltorientierte Planung, Steuerung und Kontrolle betrieblicher Abläufe stellt der Recyclingbereich. Weil das Recycling technischer Produkte (z.B. Haushaltgeräte, Autos) ähnlich aufwendig ist wie deren Produktion, erfordert die Planung und Steuerung der Recyclingprozesse ein ähnliches Instrumentarium wie die PPS. Zur Unterstützung des Massenrecycling beispielsweise müssen Stücklisten- und Arbeitsplandaten weitgehend automatisch aus dem Produktions- in den Recyclingbereich umgesetzt werden. Eine effiziente Recyclingplanung und -steuerung ist aber letztlich nur erreichbar, wenn Produktions- und Recyclingprozesse ineinandergreifen und auf Basis einer integrierten Funktionen- und Datenbasis geplant werden, wenn also eine integrierte Produktions- und Recyclingplanung und -steuerung (PRPS) realisiert wird (Rautenstrauch, 1994).

3.3   Betriebliche Umweltinformationssysteme und Stoffstrommanagement

Eine häufig formulierte Anforderung an betriebliche Umweltinformationssysteme verlangt die Modellierung der betrieblichen Abläufe auf der Ebene der Stoff- und Energieflüsse. Diese Forderung kann nicht genügend unterstrichen werden, denn nur ein Stoff- und Energieflußmodell zeigt die tatsächliche physische Interaktion eines Betriebes mit seiner Umwelt. Auch ist ein naturwissenschaftlich fundiertes *Modell* in gewisser Hinsicht realistischer als eine (kaum realisierbare) kontinuierliche *Messung* aller Stoff- und Energieflüsse im Sinne eines lückenlosen betrieblichen Umweltmonitoring, denn das Modell kann sich auf prinzipielle physikalische und chemische Zusammenhänge abstützen und ist damit nicht von aktuellen Besonderheiten abhängig. Das Stoff- und Energieflußmodell ermöglicht außerdem die Identifikation von Optimierungspotentialen, was das betriebliche Umweltmonitoring nicht leisten kann. Als Grundlage für die *Simulation* geplanter Maßnahmen ("Was wäre, wenn...?") ermöglicht es auch die Abschätzung der Auswirkungen der Maßnahmen, bevor diese mit möglicherweise hohen Kosten praktisch umgesetzt werden. Ein BUIS, das auf dem Paradigma der Stoff- und Energieflußmodellierung beruht, ist somit eine ideale Voraussetzung für ein betriebliches Stoffstrommanagement.

4 Überbetriebliche Integration betrieblicher Umweltinformationssysteme

Die Stoffstromdiskussion ist vor allem unter dem Druck der wachsenden Probleme im Entsorgungsbereich entstanden. Zunehmend wird erkannt, daß die Vermeidung des sowohl quantitativ als auch qualitativ problematischen Abfalls nur durch eine ganzheitliche Betrachtung und Steuerung der Stoffflüsse erreichbar ist: "Die stetige Entwertung von wertvollen Rohstoffen zu nutzlosen Abfällen läßt die Beseitigung des Mülls zum Problem werden. Nicht nur das aktuelle Problem, den Müll nicht oder nicht umweltschonend beseitigen zu können, gilt es zu bearbeiten, sondern das prinzipielle Problem des Stoffflusses unserer Gesellschaft" (Schenkel, 1993).

Hierfür ist aber ein Stoffstrommanagement auf betrieblicher Ebene nicht mehr ausreichend. Vielmehr ist eine überbetriebliche Betrachtung der Stoffströme erforderlich. Jepsen und Lohse (1994) betonen die Notwendigkeit von Diskussions- und Verhandlungsprozessen zwischen den verschiedenen Akteuren entlang der Stoffstromketten und haben hierfür den Begriff der *Produktlinienkonferenz* geprägt.

Zur Unterstützung des Stoffstrommanagements auf der strategischen Ebene schlagen sie die Entwicklung eines DV-Werkzeuges vor, das "zum einen die Veranschaulichung der verzweigten Interdependenzen ermöglicht, zum anderen aber vor allem Restriktionen innerhalb der Stoffflußzusammenhänge (techn. Mischungsgrenzen, Qualitätsanforderungen, Normen u.a.) verdeutlicht und die Verlagerungsmöglichkeiten bei Veränderung einzelner Restriktionen simuliert" (Jepsen, 1994, S. 218). An ein solches Werkzeug stellen sie die folgenden Anforderungen:

- Unterstützung der Modellbildung,
- Visualisierung der Stoffströme,
- Berechnung der Stoffstromgrößen,
- Darstellung der Kennzahlenentwicklung im Zeitverlauf,

wobei die Autoren die folgenden Kennzahlen für die Charakterisierung überbetrieblicher Stoffflüsse vorschlagen: "Altstoffeinsatzquote, Verwertungsquote, Energieverlust bei der Verwertung, Bestandsveränderung, Altprodukterfassungsquote und Wiederverwendungsquote" (Jepsen, 1994, S. 219). Potentielle Anwender eines solchen Werkzeugs wären:

- Industrie- und Wirtschaftsverbände, die von der Diskussion über Rücknahmeverordnungen von Entsorgungsengpässen betroffen sind bzw. die als Dienstleistung für ihre Mitglieder die Ermittlung branchenspezifischer Kennwerte übernommen haben.
- Kommunale und regionale Planungsbehörden, die mit der organisatorischen und rechtlichen Ausgestaltung von Kreislaufwirtschaftsbestrebungen befaßt sind.

- Institute und Ingenieurbüros, die Betriebe, Branchen oder Behörden bei stoffstrombezogenen Fragestellungen beraten.

Für ein *operatives* Stoffstrommanagement ist jedoch über Diskursprozesse hinaus auch die Integration der Informationssysteme verschiedener Akteure erforderlich. Analog zur Logistik, die durch die Verbesserung der zwischenbetrieblichen Informationsflüsse große Optimierungspotentiale ausschöpfen konnte, wird auch das Stoffstrommanagement eine Vernetzung der Informationssysteme erfordern. Man denke beispielsweise an die Integration der Informationssysteme im Produktions- und Recyclingbereich (Rautenstrauch, 1994), durch die erst ein effizientes Recycling möglich wird.

Betriebliche Umweltinformationssysteme sind daher zumindest perspektivisch als Knoten in einem Netz von Informationssystemen zu sehen, das ebenso weit verzweigt ist wie das Netz der Stoffströme. Durch die Vernetzung entsteht ein überbetriebliches Umweltinformationssystem als verteiltes System. Für diese Integrationsaufgabe sollte frühzeitig an eine Standardisierung im Sinne eines Umweltdatenprotokolls gedacht werden.

5 Beispiel: Betriebliche und überbetriebliche Informationssysteme in der Krankenhausentsorgung

Ein Beispiel aus dem Bereich der Krankenhausentsorgung soll die vorausgegangenen Überlegungen veranschaulichen. Nach Boysen (1995) stellt sich die Situation wie in Abb. 3 gezeigt dar. *Medical-Unternehmen* versorgen das Krankenhaus mit Produkten und Verpackungen, die nach dem Verbrauch aus mehreren Gründen besondere Entsorgungsprobleme bereiten (Hygiene, Toxizität, Verletzungsgefahr bei Handsortierung, Datenschutzbestimmungen bei Büroabfällen usw.). Die Entsorgung muß teilweise von spezialisierten *Entsorgungsunternehmen* mit hohen Kosten für die Krankenhäuser durchgeführt werden. Die Abfallentsorgung ist neben einem hohen Energie- und Wasserkonsum und dem hohen Verbrauch an Desinfektions- und Reinigungsmitteln das bedeutendste Umweltproblem von Krankenhäusern.

Die Informationsflüsse im gezeigten System sind in mehrfacher Hinsicht ungenügend. Zwar verfügen die *Versorger* in der Regel über eigene Informationssysteme, die über die Zusammensetzung von Produkten und Verpackungen informieren, geben solche Informationen aber nicht in ausreichendem Maß an die *Konsumenten* (Krankenhäuser) weiter. Dort bestehen bisher auch keine Informationssysteme, die eine Stoffstromverfolgung gestatten und die Erstellung eines umfassenden Entsorgungskonzeptes ermöglichen würden. Ein solches Konzept könnte die Getrennterfassung der Abfälle unter der Zielsetzung einer möglichst kostengünstigen und umweltgerechten Entsorgung optimieren. Das Entsorgungskonzept müßte auch die laufende Weitergabe von Informationen an die *Entsor-*

gungsunternehmen und einen Informationsrückfluß (z.B. über die tatsächliche Qualität abgenommener Wertstoffe und eventuell bei der Verwertung aufgetretene Probleme) vorsehen.

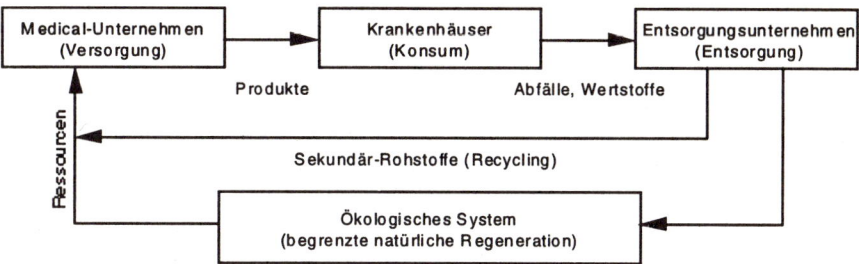

Abb. 3. Stofffluß bei der Ver- und Entsorgung von Krankenhäusern (nach Boysen, 1995)

Davon ist die Wirklichkeit leider noch weit entfernt: "Bei dem parallel zum Stoffstrom vom Versorger über den Verbraucher zum Entsorger fließenden Informationsstrom geht viel Information verloren, wodurch die Verfügbarkeit von Informationen (z.B. über Aufbau und Zusammensetzung der Stoffe) beständig auf ein niedrigeres Niveau sinkt. Diese Informationsentropie birgt zum einen das Risiko, daß aus dem Informationsmangel durch unsachgemäßen Umgang mit den Stoffen ökologische Probleme resultieren. Dies betrifft sowohl die Verarbeitung der Stoffe beim Hersteller oder Verbraucher als auch alle Stufen der Entsorgung von der Erfassung der Reststoffe bis zur Deponierung oder Weiterverwertung und führt dazu, daß an bestimmten, besonders kritischen Punkten die Notwendigkeit besteht, verloren gegangene Informationen mit großem Aufwand wiederherzustellen. Zum anderen werden durch einen geringen Informationsgrad Chancen vergeben, in der Hinsicht, daß auch in unkritischen Entscheidungssituationen die ökologisch sinnvollere Handlungsalternative aus Mangel an Information nicht gewählt werden kann" (Boysen, 1995, S. 66).

Der Bereich der Krankenhausentsorgung ist nur ein Beispiel dafür, wie durch eine Verbesserung der Informationsflüsse erhebliche Optimierungspotentiale im Sinne eines ökologisch und ökonomisch effizienten Stoffstrommanagements ausgeschöpft werden könnten. Beim Aufbau betrieblicher Umweltinformationssysteme sollte daher frühzeitig die Anforderung einer späteren überbetrieblichen Vernetzung beachtet werden, die die Stoffströme durch Informationsströme begleitet und damit die Erhaltung stoffbezogener Informationen entlang der Produktions-, Konsum- und Entsorgungskette sicherstellen kann.

Literatur

Baumewerd-Ahlmann, A. und Zink, L. (1994): Umweltdatenbanken – Sachstand und Zukunftsperspektiven. In: Page, B. und Hilty, L. M. (Hrsg.): Umweltinformatik – Informatikmethoden für Umweltschutz und Umweltforschung. Oldenbourg, München, Wien:, S. 79-101

Boysen, Ch. (1995): Konzept für ein integriertes Informationssystem zur Krankenhausversorgung. Universität Hamburg

Haasis, H. D., Hackenberg und D. Hillenbrand, R. (1989): Betriebliche Umweltinformationssysteme. Information Management 4/1989

Haasis, H. D. und Rentz, O. (1992): "Umwelt-PPS" – Ein weiterer Baustein der CIM-Architektur? In: Görke, W., Rininsland, H. und Syrbe, M. (Hrsg.): Information als Produktionsfaktor. Springer-Verlag, Berlin

Haasis, H.-D. et al. (Hrsg.) (1995): Betriebliche Umweltinformationssysteme – Projekte und Perspektiven. Metropolis, Marburg

Hälker, M. und Jaeschke, A. (Hrsg.) (1991): Informatik für den Umweltschutz. Proc. 6. Symposium München, Dezember 1991, Springer-Verlag, Berlin

Hallay, H., Hildebrandt, E. und Pfriem, R. (1990): Die Ökobilanz. Ein betriebliches Informationssystem. Schriftenreihe des Instituts für ökologische Wirtschaftsforschung (IÖW) Bd. 27/89, Springer-Verlag, Berlin

Hallay, H. und Pfriem, R. (1992): Öko-Controlling. Umweltschutz in mittelständischen Unternehmen. Campus, Frankfurt a. M.

Hilty, L. M. und Page, B. (1985): Computeranwendungen im Umweltschutz – Eine erste Analyse. Angewandte Informatik 10/85, S. 409-419

Hilty, L. M. und Rolf, A. (1992): Anforderungen an ein ökologisch orientiertes Logistik-Informationssystem. In: Proc. GI – 22. Jahrestagung: Information als Produktionsfaktor. Springer-Verlag, Berlin, Heidelberg, New York, Tokio, S. 254-263

Hilty, L. M. et al. (Hrsg.) (1994): Informatik für den Umweltschutz, 8. Symposium, Hamburg 1994. Band II: Anwendungen für Unternehmen und Ausbildung. Metropolis-Verlag, Marburg

Hilty, L. M. et al. (1995a): Environmental Informatics as a New Discipline of Applied Computer Science. In: Avouris, N. (Hrsg.): Environmental Informatics – Methodology and Applications of Environmental Information Processing. Kluwer Academic Publishers, Dordrecht, S. 1-12

Hilty, L. M. (1995b): Information Systems for Industrial Environmental Management. In: Avouris, N. (Hrsg.): Environmental Informatics – Methodology and Applications of Environmental Information Processing. Kluwer Academic Publishers, Dordrecht, S. 371-384

Hilty, L. M. und Rautenstrauch, C. (1995c): Betriebliche Umweltinformationssysteme (BUIS). In: Zilahi-Szabo, M. G. (Hrsg.) : Kleines Wörterbuch der Informatik. Oldenbourg, München, Wien

Hunscheid, J. (1994): Betriebliche und industrielle Umweltinformationssysteme – Beispiele. it+ti 4/5, S. 49-52

Jaeschke, A. und Page, B. (Hrsg.) (1987): Kolloquium Informatikanwendungen im Umweltbereich. Kernforschungszentrum Karlsruhe 1986, KfK-Bericht 4223, Karlsruhe

Jaeschke, A. und Page, B. (Hrsg.) (1988): Informatikanwendungen im Umweltbereich. Proc. 2. Symposium, Karlsruhe 1987. Springer-Verlag, Berlin

Jaeschke, A., Geiger, W. und Page, B. (Hrsg.) (1989): Informatik im Umweltschutz. Proc. 4. Symposium, Karlsruhe, November 1989. Springer-Verlag, Berlin

Jaeschke, A. et al. (Hrsg.) (1993): Informatik für den Umweltschutz. Proc. 7. Symposium, Ulm, April 1993. Springer-Verlag, Berlin

Jaeschke, A. (1994): Umweltinformatik – Ein neues Anwendungsgebiet der Informatik. it+ti 4/5, S. 10-13

Jepsen, D. und Lohse, J. (1994): Anforderungen an EDV-Werkzeuge zur Unterstützung des überbetrieblichen Stoffstrom-Managements. In: Hilty, L. M. (Hrsg.): Informatik für den Umweltschutz, 8. Symposium, Hamburg 1994. Band II: Anwendungen für Unternehmen und Ausbildung. Metropolis-Verlag, Marburg, S. 215-222

Lohse, S. (1994): Die öffentlich zugänglichen Datenbanken des Umweltbundesamtes. In: Hilty, L. M. et al. (Hrsg.): Informatik für den Umweltschutz, Proc. 8. Symposium, Hamburg 1994. Band I. Metropolis, Marburg, S. 227-232

Page, B.(Hrsg.) (1986): Informatik im Umweltschutz - Anwendungen und Perspektiven. Oldenbourg, München, Wien

Page, B. (1989): Studie über DV-Anwendungen in den Umweltbehörden des Bundes und der Länder. Phase I und II. UBA-Texte 35/86 und 30/89, Springer-Verlag, Marburg

Page, B. und Hilty, L. M. (Hrsg.) (1994): Umweltinformatik – Informatikmethoden für Umweltschutz und Umweltforschung. Handbuch der Informatik, Band 13.3. Oldenbourg, München, Wien

Pillmann, W. und Jaeschke, A. (Hrsg.) (1990): Informatik für den Umweltschutz. Proc. 5. Symposium, Wien, September 1990. Springer-Verlag, Berlin

Rautenstrauch, C. (1994): Integrating Information Systems for Production and Recycling. In: Hilty, L. M. et al. (Hrsg.): Informatik für den Umweltschutz, 8. Symposium, Hamburg. Band II. Metropolis, Marburg, S. 183-190

Schenkel, W. (1993): Recht auf Abfall? Berlin

Umweltinformationssysteme in der Produktion. Proc. Workshop des GI-AK (1995), Betriebliche Umweltinformationssysteme. Metropolis, Berlin, Marburg (in Vorb.)

Wicke, L. et al. (1992): Betriebliche Umweltökonomie – Eine praxisorientierte Einführung. München

V   Ansätze zur Durchführung von Öko-Audits

Die Umsetzung der EG-Öko-Audit-Verordnung in Deutschland

Reinhard Peglau, Berlin

Die EG „Öko-Audit-Verordnung" war eine „schwierige Geburt". Bis es zur politischen Einigung im März 1993 kam, wurde zum Teil leidenschaftlich über das „Für" und „Wider" gestritten. Ursprünglich sah die EG-Kommission eine *„Richtlinie des Rates über Umweltaudits für bestimmte industrielle Tätigkeiten"* vor. Doch aus der zunächst beabsichtigten Pflicht zu Umweltaudits für bestimmte Industriezweige wurde eine freiwillige Teilnahme. Diese Freiwilligkeit ist erst nach wiederholtem Protest, auch der deutschen Wirtschaft, geschaffen worden.

Die politische Einigung gelang schließlich am 23. März 1993 in Brüssel. Auf expliziten Wunsch Deutschlands müssen sich die Betriebe, die sich freiwillig bereit erklären, die „Spielregeln" der EG-Verordnung umzusetzen, jetzt zum Einsatz der *„bestmöglichen Technologie"* verpflichten, der allerdings - so der Wunsch der übrigen Mitgliedstaaten - *„wirtschaftlich vertretbar"* sein muß. Die Verordnung wurde am 10. Juli 1993 im Amtsblatt der EG veröffentlicht, trat am 13. Juli 1993 in Kraft, konnte allerdings erst am 10. April 1995 vollständig umgesetzt werden. Diese 21monatige Frist sollte einerseits den EG-Mitgliedstaaten die Gelegenheit geben, die äußeren Rahmenbedingungen (*„Akkreditierungssystem für Umweltgutachter"*) zu gestalten und andererseits den Unternehmen einen Zeitraum für die betriebsinterne Umsetzung der „EG-Öko-Audit-Regeln" zur Verfügung stellen, ehe die Verordnung „live auf der europäischen Bühne" stattfindet.

Um die Anforderungen dieser EG-Verordnung zu verstehen und die Kontroversen um die Festlegung der *„Zulassungsstelle für Umweltgutachter"* sowie der *„national zuständigen Stelle"* einordnen zu können, ist ein kurzer Rückblick in die historische Entwicklung dieser Öko-Audit-Verordnung sinnvoll, da sich weltweit zahlreiche Initiativen mit Selbstverpflichtungen der Industrie auf dem Gebiet des Umweltschutzes und mit der Entwicklung von industriellen Umweltschutzprinzipien sowie der Einführung von betrieblichen Umweltmanagementsystemen befaßt haben. Die europäische Öko-Audit-Verordnung ist *eine* wichtige Antwort auf diese internationalen Entwicklungen.

Mario Schmidt, Achim Schorb (Hrsg.)
Stoffstromanalysen in Ökobilanzen und
Öko-Audits
© Springer-Verlag Berlin Heidelberg 1995

1 Geschichte der EG-Öko-Audit-Verordnung

Ende der siebziger Jahre wurden bereits die ersten Umweltaudits von US-amerikanischen Firmen durchgeführt. Anlaß für diese Maßnahmen waren eine Reihe umweltrelevanter Störfälle und verschärfte Umweltrechtsvorschriften. Ein wichtiges Anliegen der Umweltaudits bestand auch in der Unterrichtung der Aktionäre über die Einhaltung der Umweltgesetze „ihrer" Unternehmen.

Weitere historische Daten sind:

1984: Die Internationale Handelskammer (ICC) veranstaltet die erste "World Industry Conference on Environmental Management (WICEM I).

1986: Die ICC publiziert "Environmental Guidelines for World Industry".

1989: Die ICC veröffentlicht einen "Guide to Effective Environmental Auditing".

1990: Ein erstes inoffizielles Papier für eine EG-Richtlinie zum Umweltaudit wird auf EG-Ebene vorgelegt.

1991: Die ICC veranstaltet die zweite "World Industry Conference on Environmental Management" (WICEM II) und veröffentlicht die "Business Charter for Sustainable Development".

1991: Ein offizielles Dokument für eine "EG-Richtlinie zu Umweltaudits" wird von der EG-Kommission vorgelegt.

1991: Das "Business Council for Sustainble Development" (BCSD) schlägt der internationalen Normungsorganisation ISO die Einrichtung einer "Strategic Advisory Group on Environment" (SAGE) vor.

1992: Das British Standards Institut (BSI) legt einen nationalen Normenentwurf zu Umweltmanagementsystemen (BS 7750) vor.

1992: SAGE unterbreitet der ISO Vorschläge zur Normierung von Umweltmanagementsystemen und Umweltauditing.

1992: Die ISO richtet ein neues Normungsgremium, das Technical Committee (TC) 207 "Environmental Management", ein.

1992: Bundesumweltministerium und Deutsches Institut für Normung (DIN) gründen den deutschen „Normenausschuß Grundlagen des Umweltschutzes" (NAGUS).

1993: Die EG-Öko-Audit-Verordnung wird im Amtsblatt der EG veröffentlicht.

1994: Das British Standards Institute legt den "zertifizierungsfähigen" BS 7750 vor.

Bis 1993 wurden weiterhin weltweit von den unterschiedlichsten Gruppierungen zahlreiche freiwillige *„Environmental Codes of Practice in Industry"* vorgelegt, u. a.:

- US Chemical Manufacturers Association: "Responsible Care Programme"
- Coalition for Environmentally Responsible Economics: „Code of Environmental Conduct" (Valdez Principles)
- Japanische Industrie: „Keidanren Global Environmental Charter"
- UK Chemical Industries Association: „Responsible Care Programme"
- Niederländische Industrie: „Care Systems"
- European Chemical Industry Council`s (CEFIC): „Guidelines on Environmental Reporting for the European Chemical Industry"

- Bundesdeutscher Arbeitskreis für umweltbewußtes Management e.V. (B.A.U.M.): „B.A.U.M. - Kodex"
- Evangelische Akademie Tutzing: „Tutzinger Erklärung zur umweltorientierten Unternehmenspolitik"
- chweizerische Vereinigung für ökologisch bewußte Unternehmensführung (Ö.B.U.): „Ö.B.U.-Leitbild"
- Deutsche Gruppe der Internationalen Handelskammer (ICC): „Charta für eine langfristig tragfähige Entwicklung - Grundsätze des Umweltmanagements"

1993 wurden von folgenden Normungsorganisationen eine Reihe nationaler Umweltmanagementnormen veröffentlicht:

- The National Standards Authority of *Ireland* (nsai)
- The Council of the *South African* Bureau of Standards (SABS)
- Association *Française* de Normalisation (AFNOR)
- *Canadian* Standards Association (CSA)

1993 wurde die *EG-Öko-Audit-Verordnung* verabschiedet, nachdem die deutsche Delegation einige Textergänzungen durchsetzen konnte und ihre allgemeinen Vorbehalte aufgab. Die Definition "*Umweltbetriebsprüfung*" (environmental audit) der EG-Öko-Audit-Verordnung (1993) lautet demnach:

"Ein Managementinstrument, das eine systematische, dokumentierte, regelmäßige und objektive Bewertung der Leistung der Organisation, des Managements und der Abläufe zum Schutz der Umwelt umfaßt und folgenden Zielen dient:

- Erleichterung der Managementkontrolle von Verhaltensweisen, die eine Auswirkung auf die Umwelt haben können;
- Beurteilung der Übereinstimmmung mit der Unternehmenspolitik im Umweltbereich."

Dieser kurze historische Rückblick soll verdeutlichen, daß die EG-Öko-Audit-Verordnung keine „isolierte" EG-Aktivität darstellt, sondern weltweit an der Standardisierung von Umweltmanagementsystemen und Umweltaudits gearbeitet wird. Verkürzt ausgedrückt: Die EG-Öko-Audit-Verordnung ist eine Art europäischer Standard, der 1996 durch die weltweit gültige ISO-Norm 14000 „Environment Management Sytems"„Konkurrenz" erhalten wird.

2 Intention der EG bei der Entwicklung der EG-Öko-Audit-Verordnung

Im Februar 1993 wurde vom Rat der EG und den im Rat vereinigten Vertretern der Regierungen der Mitgliedstaaten das EG-Programm „Für eine dauerhafte und umweltgerechte Entwicklung" vorgelegt.

Dieses Aktionsprogramm der EG kann als Wendepunkt der europäischen Umweltpolitik bezeichnet werden. Der Industrie wird als Verursacher von Umweltproblemen eine eigenverantwortliche Rolle zu deren Lösung übertragen. Eine der wesentlichen Aussagen des EG-Programms zum `sustainable development´ ist, daß „*die Industrie im Umweltbereich nicht nur einen Teil des Problems darstellen darf, sondern auch ein Teil der Lösung dieses Problems sein muß.*"

Im ökonomischen Konzept dieses EG-Programms wird neben Abgaben und Gebühren, steuerlichen Anreizen und staatlichen Beihilfen die umweltorientierte Bilanzprüfung, das sogenannte Öko-Auditing als eigenständiger Maßnahmenbereich genannt. Die jetzt vorliegende EG-Öko-Audit-Verordnung ist Ausdruck dieses neuen EG-Konzepts des betrieblichen Umweltschutzes.

3 Zielsetzung und Anforderungen der EG-Öko-Audit-Verordnung

Folgende Grundsätze kennzeichnen die wesentlichen Ziele der Verordnung:

1. Die Industrie trägt *Eigenverantwortung* für die Bewältigung der Umweltfolgen ihrer Tätigkeiten und sollte daher in diesem Bereich zu einem aktiven Konzept kommen.
2. Ziel des Öko-Audit-Systems ist die Förderung der *kontinuierlichen Verbesserung des betrieblichen Umweltschutzes* im Rahmen der gewerblichen Tätigkeiten durch:

   - Festlegung und Umsetzung *standortbezogener* Umweltpolitik, -programme und -managementsysteme durch die Unternehmen;
   - systematische, objektive und regelmäßige Bewertung der Leistung dieser Instrumente;
   - Bereitstellung von Informationen über den betrieblichen Umweltschutz für die Öffentlichkeit.

3. An dem Öko-Audit-System können sich alle Unternehmen beteiligen, die eine betriebliche Umweltpolitik festlegen, die nicht nur die Einhaltung aller einschlägigen Umweltvorschriften vorsieht, sondern auch Verpflichtungen zur angemessenen kontinuierlichen Verbesserung des betrieblichen Umweltschutzes umfaßt. Diese Verpflichtungen müssen darauf abzielen, die Umweltauswirkungen in einem solchen Umfang zu verringern, wie es sich mit einer wirtschaftlich vertretbaren Anwendung der besten verfügbaren Technik erreichen läßt.

3.1 Umsetzungserfordernisse

Ab 10. April 1995 mußte die Öko-Audit-Verordnung in allen EU-Staaten vollständig umsetzbar sein, damit den teilnehmenden Unternehmen die Möglichkeit

eröffnet werden konnte, mit folgendem Text für ihren verifizierten Betriebsstandort zu werben:

 **Dieser Standort verfügt über ein Umweltmanagementsystem. Die Öffentlichkeit wird im Einklang mit dem Gemeinschafts- system für das Umweltmanagement und die Umweltbetriebs- prüfung über den betrieblichen Umweltschutz dieses Stand- orts unterrichtet. (Register-Nr. ...)**

In diesem Fall müßten allerdings folgende grundlegende Voraussetzungen in
Deutschland erfüllt worden sein:

1. Die an der EG-Verordnung *teilnahmeberechtigte Unternehmen* müßten die
   Regeln der EG-Verordnung *innerbetrieblich umgesetzt* haben.
2. *Betriebsinterne oder ggf. externe Umweltbetriebsprüfer* (Auditoren) müßten
   den Vollzug dieser Umsetzung *bestätigt* haben.
3. Die von der Audit-Verordnung geforderten *institutionellen* Voraussetzungen
   sind funktionsfähig geworden, d.h., daß eine *national zuständige Stelle*
   (Standortregisterstelle) eingerichtet worden ist und eine *Zulassungsstelle für
   Umweltgutachter* (Akkreditierungssystem) existiert.
4. Die externen *akkreditierten Umweltgutachter* haben eine *Gültigkeitserklärung*
   hinsichtlich der unternehmensinternen standortbezogenen Umsetzung der EG-
   Öko-Audit-Verordungsregeln" abgegeben.
5. Die in Deutschland „Zuständige Stelle" hat diesen Unternehmensstandort *registriert.*

3.2 Anforderungen der EG-Verordnung an das teilnehmende Unternehmen

Um an dem EG-Öko-Audit-System erfolgreich teilnehmen zu können, müssen
die Unternehmen eine Reihe von "Spielregeln" beachten (siehe Abb. 1):

(1) Festlegung einer standortübergreifenden Umweltpolitik
(2) Durchführung einer ersten standortbezogenen Umweltprüfung
(3a) Festlegung eines standortbezogenen Umweltprogramms
(3b) Einführung eines Umweltmanagementsystems
(4) Durchführung interner Umweltbetriebsprüfungen am jeweiligen Standort
(5) Festlegung der Umweltziele aufgrund der Umweltbetriebsprüfung
(6) Erstellung einer standortspezifischen Umwelterklärung
(7a) Prüfung durch zugelassene (akkreditierte) unabhängige Umweltgutachter
(7b) Gültigkeitserklärung der Umwelterklärung durch zugelassene Umweltgutachter
(8) Übermittlung der gültigen Umwelterklärung an die zuständige Stelle

(9)   Eintragung der Standorte in ein Verzeichnis durch die zuständige Stelle
(10)   Veröffentlichung des Verzeichnisses der eingetragenen Standorte durch die EU

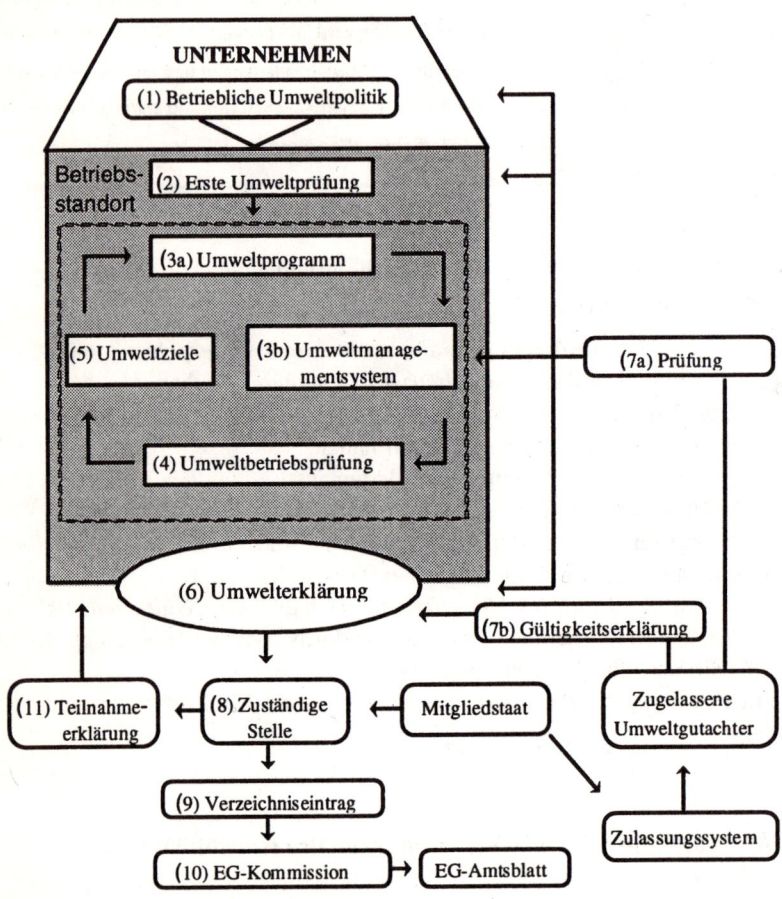

Abb. 1. Verfahrensverlauf des Öko-Audit-Systems

3.4   Teilnahmeberechtigte Unternehmensbranchen

Am EG-Öko-Audit-System können sich gemäß Artikel 3 der Verordnung diejenigen Unternehmen beteiligen, die an einem oder an mehreren Standorten eine
"gewerbliche Tätigkeit" ausüben. In Artikel 2 i der Verordnung wird diesbezüglich allerdings folgende Einschränkung gemacht: Diese *„gewerbliche Tätigkeit"*

muß unter die Abschnitte C und D der statistischen Systematik der Wirtschafts-
zweige in der EG gemäß EG-Verordnung Nr. 3037/90 vom 24.10.1990 fallen.
Folgenden Unternehmen wird daher eine Teilnahme möglich:[1]

*Kohlenbergbau; Torf-, Erdöl- und Erdgasgewinnung; Bergbau auf Spalt- und brut-
stoffhaltige Erze* (Steinkohlebergbau und -brikettherstellung, Braunkohlebergbau und
-brikettherstellung, Torfgewinnung und -veredelung, Gewinnung von Erdöl, Erdgas
und bitumösen Schiefern, Bergbau auf Spalt- und brutstoffhaltige Erze); *Erzbergbau*
(Eisen- und NE-Metallerzbergbau; Gewinnung von Schiefer, Kies, Sand, Ton, Kaolin,
chemischen und Düngemittelmineralien und Salz)
Ernährungsgewerbe und Tabakverarbeitung (Fleisch-, Fisch-, Obst- und Gemüseverar-
beitung; Herstellung von Speiseöl, Margarine und ähnlichen Nahrungsfetten; Stärke;
Futtermittel; Backwaren; Süßwaren; Getränkeherstellung; Tabakverarbeitung)
Textil- und Bekleidungsgewerbe (Baumwoll-, Woll- und Flachsaufbereitung; Verede-
lung)
Ledergewerbe (Erzeugung; Verarbeitung)
Holzgewerbe (Säge-, Hobel- und Imprägnierwerke; Furnier-, Sperrholz- und Spanplat-
ten; Herstellung von Teilen und Elementen aus Holz; Kork-, Flecht- und Korbwaren)
Papier-, Verlags- und Druckgewerbe (Herstellung von Holzstoff, Zellstoff, Papier,
Karton und Pappe; Bürobedarf; Tapeten, Buch-, Zeitungs- und Zeitschriftenverlag;
Druckgewerbe)
Kokerei, Mineralölverarbeitung, Herstellung und Verarbeitung von Spalt- und Brut-
stoffen (Mineralölverarbeitung; Herstellung und Verarbeitung von Spalt- und Brutstof-
fen)
Chemische Industrie (chemische Grundstoffe; Schädlingsbekämpfungs- und Pflanzen-
schutzmittel; Anstrichmittel, Druckfarben und Kitte; pharmazeutische Erzeugnisse;
Seifen, Wasch-, Reinigungs- und Körperpflegemittel; sonstige chemische Erzeugnisse;
Chemiefasern)
Gummi- und Kunststoffwaren (Bereifungen; Platten, Folien, Schläuche und Profile aus
Kunststoff; Verpackungsmittel aus Kunststoff; sonstige Kunststoffwaren)
Glasgewerbe, Keramik, Verarbeitung von Steinen und Erden (Glas; Glasfaser; kerami-
sche Haushaltswaren und Erzeugnisse für sanitäre Zwecke; Isolierteile; Wand- und Bo-
denfliesen; Zement, Kalk und Gips; Beton; Natursteine; Schleifwerkzeuge)
Metallerzeugung und -bearbeitung, Metallerzeugnisse (Roheisen; Stahl; Ferrolegierun-
gen; Rohre; Band; Profile; Draht; Edelmetalle; Aluminium; Blei; Zink; Zinn; Kupfer;
sonstige NE-Metalle; Gießerei; Metallbau; Kessel- und Behälterbau; Pulvermetallur-
gie; Veredlung; Werkzeuge; Schlösser und Beschläge; sonstige Eisen-, Blech- und Me-
tallwaren)
Maschinenbau (Maschinen; Motoren; Turbinen; Pumpen; Verdichter; Armaturen; He-
bezeuge; Fördermittel; Kälte- und Klimaanlagen; land- und forstwirtschaftliche Maschinen; Werkzeugmaschinen; Waffen und Munition; Haushaltsgeräte)
*Büromaschinen, Datenverarbeitungsgeräte und -einrichtungen; Elektrotechnik; Fein-
mechanik und Optik* (Büromaschinen, Datenverarbeitungsgeräte und -einrichtungen;
Elektromotoren, Generatoren und Transformatoren; Kabel; Akkumulatoren und Batte-
rien; Lampen und Leuchten; elektronische Bauelemente; Rundfunk-, Fernseh- und

---

[1] Weiterhin wird nach Artikel 2 i die Teilnahme von Unternehmen ermöglicht, die mit
der Erzeugung von Strom, Gas, Dampf und Heißwasser sowie Recycling und
Vernichtung oder Entlagerung von festen oder flüssigen Abfällen zu tun haben.

phonotechnische Geräte; medizinische Geräte; Prozeßsteuerungsanlagen; optische und photographische Geräte; Uhren)
Fahrzeugbau (Kraftwagen; Karosserie, Aufbauten und Anhänger; Teile und Zubehör; Schiffbau; Schienenfahrzeugbau; Luft- und Raumfahrzeugbau)
Herstellung von Möbeln, Schmuck, Musikinstrumenten, Sportgeräten, Spielwaren und sonstigen Erzeugnissen (Möbel; Matratzen; Musikinstrumente; Sportgeräte; Spielwaren;
Rückgewinnung von Schrott und nichtmetallischen Reststoffen

4 Die Normung von Umweltmanagementsystemen und Umweltauditing im Kontext der EG-Öko-Audit-Verordnung

Bei Durchsicht der EG-Verordnung fällt auf, daß keine materiellen Vorgaben (z.B. Grenzwerte für Emissionen in Luft, Abfall, Wasser) für die Erfassung der umweltrelevanten betrieblichen Tätigkeiten vorgegeben werden. Lediglich bei der Durchführung der Umweltbetriebsprüfung ("Environmental Audit") sollen die Leitlinien der internationalen Norm ISO 10 011 herangezogen werden und bei der Zulassung (Akkreditierung) der Umweltgutachter soll die europäische Norm EN 45 012 (Artikel 4 und 5) eine Rolle spielen.

Der nicht konkretisierte Grad der Erfassung aller Umweltauswirkungen eines Unternehmens entspricht der "Philosophie" dieses Öko-Audit-Systems: Die teilnehmenden Unternehmen sollen eigenverantwortlich anhand selbstgesteckter Ziele eine "Environmental Performance" darlegen, die einerseits auf einer fundierten betriebsinternen Umsetzung (Umweltmanagementsystem) basiert und sich andererseits, anhand der Umwelterklärung, durch eine hohe Glaubwürdigkeit in der Öffentlichkeit auszeichnet. Von grundlegender Bedeutung für die an diesem Audit-System teilnehmenden Unternehmen sind jedoch der zu erbringende Nachweis über die Einhaltung aller gesetzlichen Vorschriften und die Festlegung auf eine kontinuierliche Verbesserung des betrieblichen Umweltschutzes. Entscheidend ist, daß die Anforderungen der EG-Verordnung grundsätzlich aus sich heraus – also ohne zusätzliche Ausführungbestimmungen bzw. Normen – von den Unternehmen umgesetzt werden können. Allerdings haben einige Textpassagen der Verordnung (außerhalb der einschlägigen Fachwelt) zu zahlreichen Spekulationen geführt. So heißt es in der Präambel:

> „Damit eine ungerechtfertigte Belastung der Unternehmen vermieden und eine Übereinstimmung zwischen dem Gemeinschaftssystem und einzelstaatlichen, europäischen und internationalen *Normen für Umweltmanagementsysteme und Umweltbetriebsprüfungen* hergestellt wird, sollten die Normen, die von der Kommission nach einem geeigneten Verfahren anerkannt wurden, als den einschlägigen Vorschriften dieser Verordnung entsprechend angesehen werden ... Die Kommission sollte nach einem gemeinschaftlichen Verfahren die Anhänge zu dieser Verordnung anpassen, einzelstaatliche, europäische und internationale Normen für Umweltmanagementsysteme anerken-

nen, Leitlinien für die Festlegung der Häufigkeit von Umweltbetriebsprüfungen aufstellen und die Zusammenarbeit zwischen den Mitgliedstaaten in bezug auf die Zulassung der und die Aufsicht über die Umweltgutachter fördern."

Welche Konsequenzen diese "Anerkennung von Normen" durch die europäische Kommission für die teilnehmenden Unternehmen haben kann, ist weiterhin in Artikel 12 der Verordnung festgelegt:

Artikel 12: Verhältnis zu einzelstaatlichen, europäischen und internationalen Normen

(1) Unternehmen, die einzelstaatliche, europäische oder internationale Normen für Umweltmanagementsysteme und Betriebsprüfungen anwenden und nach geeigneten Zertifizierungsverfahren eine Bescheinigung darüber erhalten haben, daß sie diese Normen erfüllen, gelten als den einschlägigen Vorschriften dieser Verordnung entsprechend, vorausgesetzt, daß

a) die Normen und Verfahren von der Kommission gemäß dem Verfahren des Artikels 19 anerkannt werden;

b) die Bescheinigung von einer Stelle erteilt wird, deren Zulassung in dem Mitgliedstaat, in dem sich der Standort befindet, anerkannt ist.

Quellenangaben betreffend die anerkannten Normen und Kriterien werden im Amtsblatt der Europäischen Gemeinschafte veröffentlicht.

(2) Damit solche Standorte im Rahmen dieses Systems eingetragen werden können, müssen die betreffenden Unternehmen in allen Fällen den Vorschriften der Artikel 3 und 5 betreffend die Umwelterklärung einschließlich der Gültigkeitserklärung sowie den Bestimmungen des Artikels 8 entsprechen.

Bei den hier angesprochenen Normen soll festgelegt werden, wie ein Umweltmanagementsystem aufgebaut sein sollte und welchen Anforderungen es genügen sollte. Die in der EG-Verordnung in Anhang ID aufgeführten "Guten Managementpraktiken" stellen einen ersten Anhaltspunkt für die in diesem Bereich zu normierenden Aspekte dar.
Folgende Fragen wurden u.a.. in diesem Zusammenhang gestellt:

- "Kann ein Unternehmen erst dann an der EG-Verordnung teilnehmen, wenn das Deutsche Institut für Normung (DIN) eine Norm vorgelegt hat?"
- "Wann wird der Normenausschuß Grundlagen des Umweltschutzes beim DIN (NAGUS) eine deutsche Norm veröffentlichen?"
- "Wird die EG-Kommission den British Standard 7750 anerkennen?"
- "Welche materiellen Richtwerte werden für die Erfassung der Umweltbereiche Energie, Luft, Wasser, Abfall etc. fixiert werden?"
- "Wenn eine Umweltmanagementnorm wie z.B. der BS 7750 angewendet wird, bekommt das Unternehmen dann leichter das EG-Symbol?"

Um diese Fragen beantworten zu können, sind zunächst einige Sachverhalte darzulegen, damit die Zusammenhänge zwischen EG-Verordnung, BS 7750, ISO 9000, ISO 14000, DIN, NAGUS, CEN und ISO deutlich werden und um die derzeit stattfindenden "Interaktionen" auf unterschiedlichen Ebenen einordnen zu können.

Ein neues Gebiet umweltbezogener Normung entsteht zur Zeit bei den integrierenden Normen in den Bereichen Umweltmanagement, Produktökobilanzen und Umweltschutzterminologie. Die Normierung eines betrieblichen Umweltmanagementsystems legt z.B. Grundprinzipien der Organisation des Umweltschutzes im Unternehmen fest und eröffnet damit eine Vergleichbarkeit und Überprüfbarkeit unternehmerischen Handelns. Umweltschutzvorgaben sollen zum Bestandteil der Unternehmensphilosophie werden, alle Unternehmensbereiche durchdringen und durch ihre schriftliche Dokumentation nach innen und außen transparent werden.

Juristisch gesehen handelt es sich bei Normen um rechtlich unverbindliche Vorgaben, an die nur die Mitglieder der jeweiligen nationalen Normungsorganisation (in Deutschland z.B. das DIN) gebunden sind. In der Praxis kommt ihnen jedoch darüber hinausgehend große Bedeutung zu: Behörden greifen bei ihren Entscheidungen neben Rechtsverordnungen und Verwaltungsvorschriften auf Normen zurück, um die Anforderungen von Gesetzen zu konkretisieren. Im Fall der EG-Öko-Audit-Verordnung geht es dabei um eine Konkretisierung der Vorgaben "Gutes Umweltmanagementsystem" und "Effektives Auditing".

Eine rein nationale Normungsarbeit existiert allerdings praktisch nicht mehr: Europäische Normen lösen nationale Normen zunehmend ab. Ihre Übernahme in das deutsche Normenwerk ist im allgemeinen für das Deutsche Institut für Normung (DIN) verbindlich, nationale Abweichungen sind nur in besonderen Fällen möglich. Die Erstellung dieser Normen folgt dem Mehrheitsprinzip in den Gremien der europäischen Normungsorganisation "Comité Européen de Normalisation" (CEN). In CEN sind die nationalen Normungsinstitute sowohl aller EU-Länder als auch die der EFTA zusammengeschlossen. Vertreter der Bundesrepublik Deutschland in CEN ist das Deutsche Institut für Normung e.V. (DIN). In CEN werden europäische Normen (EN) festgelegt, die ohne jede Änderung in das nationale Normenwerk aufgenommen werden müssen. Da die Abstimmung innerhalb von CEN mit unterschiedlich stark gewichteten Stimmen (z. B. Deutschland 10 Stimmen, Island 1 Stimme) erfolgt und nicht mehr als drei CEN-Mitgliedsorganisationen überstimmt werden dürfen, ist die Positionierung der einzelnen Länder hinsichtlich der Anerkennung einer nationalen Norm (z.B. des BS 7750) von großer Bedeutung. Am 27. Januar 1991 schloß CEN mit der Internationalen Organisation für Standardisierung (ISO) das "Wiener Abkommen". Darin wurde zwischen CEN und ISO vereinbart, daß Normungsangelegenheiten, die bereits von der ISO behandelt werden, nicht weiter im Rahmen von CEN verfolgt werden sollen. Dies bedeutet, daß die weltweite ISO-Normung in Zukunft eine immer bedeutsamere Rolle spielen wird. Die in CEN zusammengeschlossenen Normungsinstitute sind auch Mitglieder in der ISO, der weltweiten Vereinigung von ca. 90 nationalen Normungsinstituten. Dort werden in den sogenannten Technical Committees (TC) internationale Normen erarbeitet.

Die Europäische Union hat sich verpflichtet, wo immer möglich, auf europäische Normen zu verweisen und CEN die Aufgabe übertragen, entsprechende Normen für bestimmte Bereiche zu erarbeiten. Für diese behördlichen Normungswünsche werden Mandate erteilt, die mit Terminen für die Ausarbeitung der Normen versehen sind. Einen Hinweis auf ein derartiges Mandat findet sich in Artikel 12 der EG-Audit-Verordnung.

Am 16. August 1991 wurde von der ISO die Strategic Advisory Group on Environment (SAGE) gegründet. Dies geschah vor dem Hintergrund diverser Initiativen der Wirtschaft (z.B. dem Business Council of Sustainable Development, der Internationalen Handelskammer etc.) hinsichtlich der Entwicklung freiwilliger Selbstverpflichtungen der Industrie auf Umweltstandards. SAGE erhielt den Auftrag, den Bedarf für eine internationale Standardisierung der Schlüsselelemente des Konzepts "Sustainable Industrial Development" zu ermitteln, Vorschläge für eine übergeordnete, strategische Planung der ISO auf den Gebieten Umweltschutzverhalten und Umweltschutzmanagement zu erarbeiten und entsprechende Empfehlungen für die weitere ISO-Arbeit vorzulegen. Um diese Aufgabenstellung zu bearbeiten, wurden von SAGE Unterarbeitsgruppen (Subgroups) eingerichtet, von denen sich zwei Subgroups mit der Normung von "Umweltmanagementsystemen" und "Umweltauditing" befaßten. Das von SAGE vorgelegte Umweltmanagementnormen-Dokument zeichnete sich dadurch aus, daß hiermit erstmals auf internationaler Normungsebene ein Diskussionspapier für eine "Umweltmanagementsystemnorm" präsentiert wurde. Weiterhin war an diesem Papier bemerkenswert, daß es auf den engen Zusammenhang mit der ISO-9000er-Normenserie zum Qualitätsmanagement bezug nimmt. Im Juni 1993 beschloß die ISO in Toronto die Auflösung von SAGE und überführte die SAGE-Arbeitsgruppen in das ISO-Technical Commitee (TC) Nr. 207 "Environmental Management".

Im Kontext der EG-Öko-Audit-Verordnung sind vor allem die Sub-Committees 1 und 2 und die dort eingerichteten Working Groups (WG) relevant:

- Sub Committee 1 "Environmental Management Systems" (WG 1: EMS Specifications; WG 2: EMS Guidelines);
- Sub Committee 2: Environmental Auditing (WG 1: General Principles; WG 2: Audit Procedures; WG 3: Qualification of Auditors; WG 4: Other Types of Environmental Investigation).

Bereits vor der Verabschiedung der EG-Öko-Audit-Verordnung und vor Gründung des ISO-TC 207 hatten einige Länder nationale Entwürfe für Umweltmanagementnormen vorgelegt (z.B. Süd-Afrika, Kanada, Frankreich, Spanien). Der international bekannteste Normenentwurf war der am 16. März 1992 vom British Standards Institute (BSI) in Großbritannien veröffentlichte British Standard (BS) 7750 "Specification for Environmental Management Systems". In dieser Norm fanden sich nahezu alle Inhalte der EG-Audit-Verordnung wieder. Dies war nicht überraschend, da der BS 7750 eine der entscheidenden Grundlagen für die ersten EG-Verordnungsentwürfe darstellte. Darüber hinaus war der BS 7750 die Basis für das von der SAGE auf ISO-Ebene präsentierte Dokument. Der BS 7750 wird z.Zt. von der britischen Industrie als aussichtsreiche Grundlage für die durch Artikel 12 der EG-Öko-Audit-Verordnung mögliche Anerkennung angesehen. Obwohl das BSI normalerweise (wie auch die Normungsorganisationen anderer Länder) Normen nicht in Pilotprojekten "testet", wurde die inhaltliche Ausgestaltung des BS 7750 durch einen Modellversuch in Großbritannien begleitet. An ihm beteiligten sich 140 englische Unternehmen aus 25 Branchen. Die Ergebnisse dieses Pilotprojektes wurden im April 1993 vorgelegt und ausgewertet. Nach weiteren Überarbeitungen liegt seit Januar 1994 die endgültige Fassung des BS 7750 vor. Eine Anerkennung dieser Norm durch CEN würde somit Grundlage für die Durchführung der EG-Öko-Audit-Verordnung werden und denjenigen britischen Unternehmen, die dieses System bereits eingeführt haben, einen Vorsprung vor allen anderen europäischen Öko-Audit-Teilnehmern verschaffen. Aber nicht nur die Briten haben ein Interesse, ihre nationale Umweltmanagementnorm durch CEN anerkennen zu lassen, sondern auch die Spanier, Iren und Franzosen. Sollte es nun durch CEN zu einer Anerkennung aller vorhandenen Umweltmanagementnormen kommen, würde sich in der Praxis ein europaweites sehr heterogenes Bild betrieblicher Umweltmanagementsysteme ergeben. Um dies zu verhindern, richtet sich z.Zt. die Aufmerksamkeit auf die internationale ISO-Normungsebene, das TC 207.

Als Reaktion auf die Gründung des ISO TC 207 wurde am 22. Oktober 1992 vom Bundesumweltministerium und Deutschen Institut für Normung (DIN) "spiegelbildlich" der Normenausschuß Grundlagen des Umweltschutzes (NAGUS) gegründet. Im Beirat und in den 15 Arbeitsgremien des NAGUS sind ca. 300 Vertreter aus der Industrie, von Umweltbehörden, Umwelt- und Verbraucherverbänden, den Gewerkschaften und der Wissenschaft ehrenamtlich tätig. Der NAGUS ist das zuständige Arbeitsgremium des DIN für die Normung von fachgebietsübergreifenden Grundlagen des Umweltschutzes auf nationaler, europäischer und internationaler Ebene; hierzu gehören die Gebiete Terminologie, Umweltmanagement/Umweltaudit, Ökobilanzen und umweltbezogene Kennzeichnung. In den entsprechenden Arbeitsausschüssen (AA) des NAGUS werden u.a. internationale Normenentwürfe gesichtet, um eine tragfähige deutsche Position zu entwickeln, die dann als deutscher Standpunkt in den entsprechenden Arbeitsgremien der ISO vertreten werden soll. Der NAGUS-AA2 "Umweltmanagementsysteme" soll - insbesondere auch angesichts der EG-Verordnung - Vorschläge für die Normierung von Umweltmanagementsystemen und Umweltauditing entwickeln, bislang allerdings keine eigenständigen deutschen Normen (wie z.B. des BS 7750). Ziel ist vielmehr, deutsche Positionen möglichst wirkungsvoll und flexibel in die internationale Normungsarbeit einzubringen.

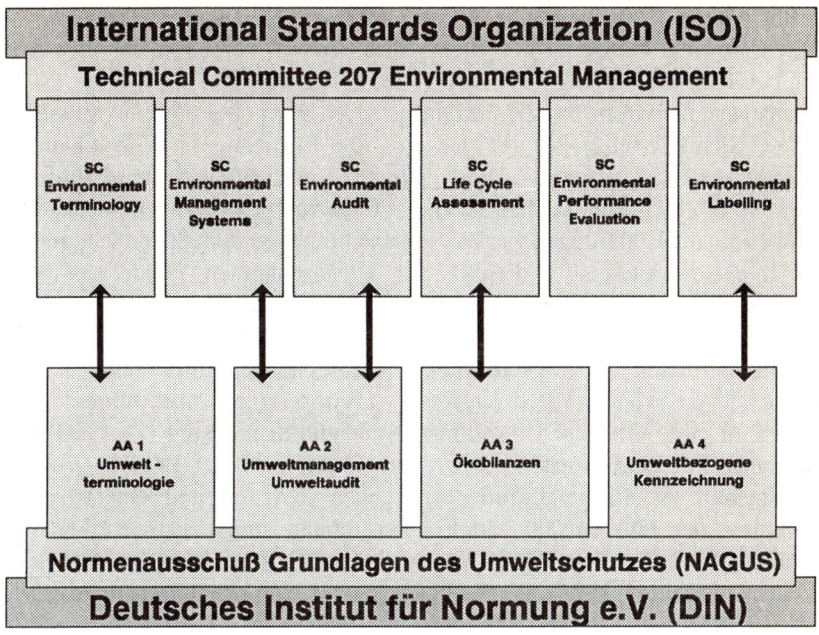

Abb. 2. Nationale und internationale Gremien für die Normung von fachübergreifenden Grundlagen des Umweltschutzes

Der NAGUS-AA 2 veröffentlichte Ende August 1994 einen deutschen Beitrag zur internationalen Normung von Umweltmanagementsystemen (DIN-Fachbericht 45). Das vorgelegte Positionspapier beschreibt die wichtigsten Elemente eines Umweltmanagementsystems für Unternehmen jeder Größe und Branche. Es enthält grundlegende Forderungen für dessen Entwicklung, Einführung und Aufrechterhaltung und damit die wesentlichen Spezifikationen für eine eventuelle Zertifizierung. Das Positionspapier kann aber auch dazu dienen, den Unternehmen bei der Umsetzung der Forderung der EG-Öko-Audit-Verordnung nach einem "guten Managementsystem" zu helfen. Die EG-Öko-Audit-Verordnung ist zwar bereits aus sich heraus anwendbar und umsetzbar und bedarf keiner zusätzlichen Norm, ist jedoch für kleine und mittlere Unternehmen in ihrer Komplexität mit allen Einzelforderungen nur schwer zu überblicken und zu erfüllen. Der DIN-Fachbericht 45 "Umweltmanagementssysteme" bietet einerseits ein handhabbares Hilfsmittel zur Implementierung eines Umweltmanagementsystems und andererseits eine erste Vorstellung von der neuen ISO-Norm 14000 "Environmental Management Systems", da er sich an der Grundstruktur dieser neuen Normenreihe orientiert.

Wichtig ist allerdings: Für die innerbetriebliche Umsetzung der EG-Öko-Audit-Verordnung gilt, daß es keinem Unternehmen verwehrt ist, ein Umweltmanagementsystem analog zum bereits vorhandenen Qualitätssicherungssystem aufzubauen.

Im März 1994 wurde von der ISO ein Entwurf (Draft) für eine "Environmental Management Systems Specification" vorgelegt, der nach Ansicht des NAGUS der Anfang 1996 der offiziell vorliegenden weltweiten ISO-Umweltmanagementnorm Nr. 14 000 entsprechen wird. Bei diesem Entwurf handelte es sich allerdings erst um eines von drei Elementen einer ISO-Norm, und zwar um die "Specifications". Diese enthalten Vorschriften, die zur Erfüllung der Norm verbindlich sein werden. In einem noch zu entwickelnden Annex werden darüber hinaus Erklärungen zu den einzelnen Inhalten der „Specifications" erfolgen. In einem weiteren Teil dieser Norm, den sogenannten "Guidelines", werden unverbindliche Anwendungs- bzw. Umsetzungsvorschläge erfolgen, die darauf abzielen, denjenigen Anwendern Hilfestellung zu geben, die eine über die Mindestanforderungen der „Specification" hinausgehende "Environmental Performance" zeigen wollen. Die divergierenden Vorstellungen über Mindestanforderungen an eine weltweite Umweltmanagementnorm prägen z. Zt. die ISO-Diskussionen. Für die Europäer, die vor dem Hintergrund der EG-Öko-Audit-Verordnung auf ISO-Ebene diskutieren, ergeben sich aufgrund unterschiedlicher Strukturen der ISO 14 000 und EG-Verordnung einige Schwierigkeiten. Zustimmung fand allerdings der im Vergleich zur EG-Verordnung wesentlich straffere und logischere Aufbau der ISO-Norm sowie eine dynamischere Ablauffolge von "Environmental Policy, Environmental Planning, Implementation und Operations, Monitoring, Corrective Actions, Management Review". Der Prozeß der kontinuierlichen Verbesserung des betrieblichen Umweltschutzes sowie der nicht fixierte Standortbezug (siehe EG-Öko-Audit-Verordnung) für die Umsetzung dieser Norm werden begrüßt. Positiv anzumerken ist ebenfalls, daß sich die ISO 14000 auf alle Aktivitäten, Produkte und Dienstleistungen einer Organisation bezieht. Ein großes Problem stellt aber die Ausklammerung einer Pflicht zur Veröffentlichung aller umweltrelevanten Daten (Umweltberichterstattung bzw. Umwelterklärung nach EG-Verordnung) dar. Gerade die Umwelterklärung ist das charakteristische Merkmal der EG-Öko-Audit-Verordnung im Vergleich zur Zertifizierung eines Managementsystems nach ISO 9000.

Angesichts der Tatsache, daß die ISO 14 000 ein weltweit akzeptiertes Regelwerk werden wird und damit einen Meilenstein in der Vergleichbarkeit betrieblicher Umweltmanagementsysteme bildet, ist die Einbindung der öffentliche Berichterstattung in diese Norm von größter Bedeutung. Die ISO 14 000 wird den Umweltschutz zwar nicht in "materieller" Hinsicht regeln, sondern ein gutes betriebliches Umweltmanagement festschreiben. Dies eröffnet jedoch auch für den Stand der eingesetzten Umweltschutztechnik und die Umsetzung gesetzlicher Vorgaben eine neue Dynamik: gute betriebliche Umweltpolitik, optimale Organisation des Umweltschutzes, systematisches Umweltaudit können sich unmittelbar auf die Verbesserung des materiellen Umweltschutzes auswirken.

Trotz der bereits weit fortgeschrittenen ISO-Aktivitäten hat die EG-Kommission im September 1994 CEN das Mandat erteilt, innerhalb von 18 Monaten eine europäische Umweltmanagementnorm zu entwickeln oder eine bestehende nationale Norm anzuerkennen. Gemäß dem Wiener Abkommen hätte CEN auf europäische Normungsmaßnahmen verzichten und unter Verweis auf die ISO-Normung das Mandat ablehnen können, da die ISO-Normung einen höheren Stellenwert als jede nationale oder regionale europäische Norm besitzt.

Da die EG-Öko-Audit-Verordnung aber auch eine Art europäischer "Norm" darstellt, die ab 1995 eine indirekte Handelsbarriere für nichteuropäische Unternehmen bedeuten könnte, haben die in der ISO vertretenen außereuropäischen Länder ein starkes Interesse, so schnell wie möglich eine internationale Norm zu verabschieden, in der bestimmte Inhalte der EG-Öko-Audit-Norm auf einem international akzeptierten Level enthalten sind. Angesichts der sehr unterschiedlichen Interessen wird es selbst für Normungsfachleute immer schwieriger, diese Auseinandersetzungen zu verstehen.

Anhand dieser Ausführungen lassen sich die anfangs gestellten Fragen wie folgt beantworten:

- Jedes teilnahmeberechtigte Unternehmen kann ohne Heranziehung von Normen an dem EG-Öko-Audit-System teilnehmen.
- Der NAGUS hat noch keine nationale Norm veröffentlicht, könnte aber zu diesem Schritt veranlaßt werden, wenn CEN diverse europäische Normen im Kontext der EG-Verordnung anerkennen sollte.
- Umweltmanagement- und Auditnormen werden keine materiellen Richtwerte für die Erfassung der Umwelteffekte enthalten, sondern Vorgaben liefern, wie und auf welchen Ebenen, mit welchen Mitteln und welcher Zielsetzung ein Umweltmanagementsystem und ein Umweltaudit einzurichten bzw. durchzuführen sind.
- Wenn Umweltmanagementsystemnormen für die Durchführung der EG-Verordnung anerkannt werden, so bedeutet dies in erster Linie eine Hilfestellung für das teilnehmende Unternehmen.

Zusätzlich zu dem CEN-Mandat zur Entwicklung einer europäischen Umweltmanagementnorm hat die EG-Kommission im April 1994 ein Mandat an die "European Organization for Testing and Certification" (EOTC) erteilt (Doc. No. XI/207/94, April 1994). Die Kommission begründete diese Mandatserteilung anhand einer nichtveröffentlichten Protokollerklärung zum Artikel 13 der EG-Öko-Audit-Verordnung in der 1992 festgelegt wurde: "The commission will ask the appropriate European standardization *and certification bodies* to develop and adopt standards for systems of environmental management *and of certification* [...]". Die EOTC ist u.a. zentraler Ansprechpartner von EG und CEN beim Entstehen neuer Zertifizierungssysteme und Zertifikate. Die in der EOTC vertretenen nationalen Akkreditierungs- und Zertifizierungseinrichtungen sollen eine europäische Koordination hinsichtlich gemeinsamer Prinzipien und Verfahrensweisen wahrnehmen. In diesem Mandat an die EOTC heißt es u.a.: "Im Geiste der Verordnung wird die Akkreditierung und Supervision der Umweltgutachter dezentral (bzw. national eigenständig) organisiert, die anzuwendenden Kriterien und Verfahren sollten allerdings EU-einheitlich erfolgen (siehe auch Artikel 6.6/6.7 der EG-Verordnung) [...]". Welche Relevanz dieses Mandat für diejenigen Akkreditierungseinrichtungen in denjenigen EU-Ländern haben wird, die nicht in der EOTC vertreten sind, kann z.Zt. noch nicht eingeschätzt werden.

5 Zulassungssysteme für Umweltgutachter

5.1 Die Einigung auf ein Verfahren in Deutschland

Die Ausgestaltung des Zulassungs- und Aufsichtssystems hat in allen EU-Ländern relativ viel Zeit in Anspruch genommen. Auch in Großbritannien, dem Vorreiter auf dem Gebiet der Umweltmanagementnormung (siehe BS 7750) und der betriebsinternen Umsetzung von Umweltmanagementsystemen, wurde erst im März 1995 das Akkreditierungssystem funktionsfähig. Allerdings sind in keinem anderen europäischen Land die Auseinandersetzungen zwischen „Industrie" und „Umweltpolitik" derart heftig geführt worden wie in der Bundesrepublik Deutschland. Angesichts der Schlagzeilen in der Presse hätte man als Unbeteiligter den Eindruck gewinnen können, daß es bei dieser EG-Verordnung um eine Entscheidung über „Alles oder Nichts" gegangen ist: *„Bonn blockt Öko-Audit"* (Handelsblatt); *„Freiheitlicher Zwang"* (Focus); *„Streit um das vertretbare Maß an Öko-Bürokratie"* (Handelsblatt); *„Öko-Audit ohne Staat"* (Der Tagesspiegel); *„Töpfer lehnt Vorschlag der Wirtschaft ab/Rexordt unterstützt Verbände"* (FAZ); *„Consultingfirmen warnen vor wertlosen Labels"* (VDI-Nachrichten), waren nur einige Überschriften. Am 24. Dezember 1994 erfolgte die überraschende Mitteilung im Handelsblatt: *„Kompromiß beim Öko-Audit gefunden - der Weg ist frei."* Aber auch das Handelsblatt mußte einschränkend eingestehen, die Beteiligten hätten sich *„.... weitgehend auf ein Kompromißkonzept geeinigt."* und offizielle Stellen betonten, *„ es sei noch nicht so weit"*, *„die Entscheidung falle erst im Frühjahr 1995"*; *„Wir sind erst auf dem Weg zu einer Einigung"*.

Zur Erinnerung: 1993 fanden im Umweltministerium Anhörungen der betroffenen Kreise (Industrie, Behörden, Umweltverbände) statt, um herauszufinden, welches institutionelle Umsetzungsmodell von diesen Parteien angestrebt wird. Im Verlauf des Jahres 1994 kam es zu einer Polarisierung zwischen zwei konträren Akkreditierungsmodellen. Zur Kennzeichnung dieser unterschiedlichen Positionen sollen hier lediglich die Leitgedanken der jeweiligen Position zitiert werden.

Bundesverband der Deutschen Industrie (BDI), Deutscher Industrie- und Handelstag (DIHT), Zentralverband des Deutschen Handwerks (ZDH) und Bundesverband der Freien Berufe (BFB):
„Es soll ein System geschaffen werden, das unabhängig ist auch vom staatlichen Vollzug und daher Vertrauen bei denen schafft, die an dem System freiwillig mitarbeiten sollen: den Unternehmen der gewerblichen Wirtschaft."

Bundesminister für Umwelt, Naturschutz und Reaktorsicherheit (BMU):

„Ziel der EG-Öko-Audit-Verordnung ist die Förderung der kontinuierlichen Verbesserung des betrieblichen Umweltschutzes. Dieses Ziel muß sich in der Zuständigkeits- und Organisationsstruktur des Zulassungs-, Aufsichts- und Registrierungssystems widerspiegeln. Da es sich bei der Zulassung von Umweltgutachtern und der Aufsicht über Umweltgutachter um eine Regelung des Grundrechts der Berufsausübung nach Art. 12 GG und bei der Registrierung von Standorten um eine Regelung des Rechts am eingerichteten und ausgeübten Gewerbebetrieb nach Art. 14 GG handelt, ist eine gesetzliche Regelung des Zulassungs-, Aufsichts- und Registrierungssystems erforderlich. Bezüglich der Zulassung von Umweltgutachtern und der Aufsicht über Umweltgutachter wird eine Arbeitsteilung zwischen Umweltbehörden und wirtschaftsnahen Institutionen erforderlich."

Am 26. Juli 1994 konnte sich der damalige Bundesumweltminister Klaus Töpfer in einem Gespräch mit den Spitzenverbänden der Wirtschaft nicht über das Zulassungs- und Aufsichtssystem zur Umsetzung der EG-Verordnung einigen. Aber bereits damals bekräftigte BMU-Staatssekretär Clemens Strotmann, daß der vom BMU vorgelegte Gesetzesentwurf nicht gegen den Willen der Wirtschaft durchgedrückt werden solle – auch wenn eine Klage wegen Fristüberschreitung vor dem Europäischen Gerichtshof drohe. Im November 1994 wurden die Koalisationsvereinbarungen zwischen CDU, CSU und F.D.P. für die 13. Legislaturperiode des Deutschen Bundestages veröffentlicht. Darin heißt es unter der Überschrift „Marktwirtschaftliche Anreize im Umweltschutz": *„Für die betrieblichen Umweltkontrollverfahren (Öko-Audit) werden die erforderlichen rechtlichen Rahmenbedingungen gesetzt. Dabei werden die Eigenverantwortung der Wirtschaft gestärkt und Möglichkeiten zur Verminderung der behördlichen Überwachung geprüft."*

Am 20. Dezember 1994 legte das Umweltministerium einen Kompromißvorschlag vor, der in wesentlichen Teilen von den Vertretern der Wirtschaft akzeptiert wurde, da er die angestrebte Eigenverantwortlichkeit der Wirtschaft in den Vordergrund stellt. Am 4. April 1995 wurde der von Bundesumweltministerin Dr. Angela Merkel vorgelegte Entwurf eines Umweltgutachterzulassungs- und Standortregistrierungsgesetzes (UZSG) im Bundeskabinett beschlossen. Auf der Grundlage des im Dezember 1994 erreichten Kompromisses haben sich die Umwelt- und Wirtschaftsverwaltungen von Bund und Ländern, die Wirtschaftsverbände, die Gewerkschaften und die Umweltverbände auf eine gemeinsame Konzeption geeinigt. Dazu äußerte sich Bundesumweltministerin Dr. Angela Merkel in einer Pressemitteilung folgendermaßen: *„Der vom Bundeskabinett beschlossene Gesetzentwurf zum Öko-Audit hat Pilotfunktion. Er enthält eine wichtige Weichenstellung bei der Grundentscheidung, wie viel oder wie wenig Staat wir in Zukunft haben wollen. Das Umweltgutachterzulassungs- und Standortregistrierungsgesetz belegt den ernsthaften Willen der Bundesregierung, den Umfang der staatlichen Aufgabenwahrnehmung zu vermindern und den Staat soweit wie möglich auf Aufsichtsfunktionen zu beschränken."*

Ziel des Gesetzes ist es, die Vorgaben der Öko-Audit-Verordnung der Europäischen Union über die Zulassung und Beaufsichtigung von Umweltgutachtern und über die Registrierung von geprüften Betriebsstandorten in innerstaatliches Recht umzusetzen. Die erste Lesung dieses Gesetzentwurfes im Bundestag am 28.4.95 ergab eine grundsätzliche Unterstützung der Opposition hinsichtlich der Pläne der Bundesregierung zur bundesweiten Umsetzung der EG-Öko-Audit-Verordnung. Allerdings forderte die SPD-Fraktion eine Anhörung im Umweltausschuß, die klären solle, *„wie das Audit Aufschluß über die tatsächliche Umweltqualität eines Unternehmens gegen könne und welche wirtschaftlichen Auswirkungen zu erwarten seien"*. Bündnis 90/Die Grünen forderten, die Effizienz des Gesetzes spätestens nach zwei Jahren zu überprüfen.

Der jetzt vorliegende Entwuf des Umweltgutachterzulassungs- und Standortregistrierungsgesetz (UZSG) sieht – graphisch dargestellt – folgendermaßen aus:

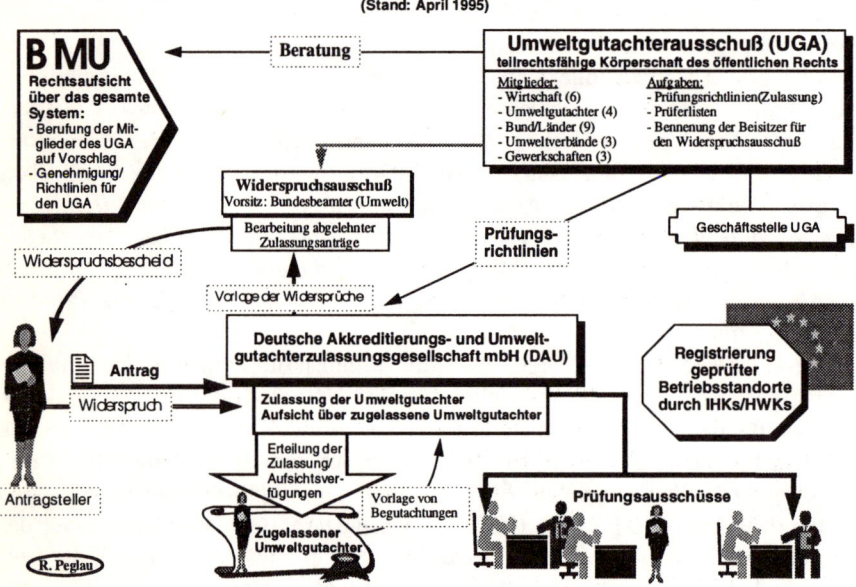

Abb. 3. Graphische Darstellung des vorliegenden Entwurfs des Umweltgutachterzulassungs- und Standortregistrierungsgesetzes (UZSG)

Mit diesem Gesetzesentwurf werden die einzelnen Regelungsaufträge der EG-Öko-Audit-Verordnung umgesetzt: Das Gesetz trifft Regelungen über die Konkretisierung der materiellen Anforderungen an die Zulassung von Umweltgutachtern und Umweltgutachterorganisationen und über das Zulassungsverfahren sowie über die diesbezüglichen Organisationsstrukturen. Weiterhin wird die Registrierung geprüfter Betriebsstandorte geregelt.

Mit der Zulassung und Beaufsichtigung von Umweltgutachtern und Umweltgutachterorganisationen wird eine Einrichtung der Wirtschaft betraut, die die Eigenverantwortung der Unternehmen zur Geltung bringen soll. Dies ist die "Deutsche Akkreditierungs- und Umweltgutachterzulassungsgesellschaft mbH (DAU)", die mit Sitz in Bonn vom Bundesverband der Deutschen Industrie, dem Deutschen Industrie- und Handelstag, dem Zentralverband des Deutschen Handwerk und vom Bundesverband Freier Berufe errichtet wurde.

Die Registrierung geprüfter Betriebsstandorte (also die in der EG-Verordnung als zuständige Stelle bezeichnete Einrichtung) wird den Industrie- und Handelskammern und den Handwerkskammern übertragen. Beim Bundesumweltministerium wird ein Umweltgutachterausschuß gebildet, der pluralistisch besetzt ist und in dem die Unternehmen, die Umweltgutachter, Bund und Länder, die Gewerkschaften sowie die Umweltverbände vertreten sind. Der Umweltgutachterausschuß erläßt Prüfungsrichtlinien, an denen sich die DAU bei ihrer Zulassungstätigkeit zu orientieren hat. Der Staat beschränkt sich weitgehend auf Aufsichtsfunktionen.

Besetzung des Umweltgutachterausschusses

6 Vertreter der Wirtschaftsverbände

4 Vertreter der Umweltgutachter

9 Vertreter von Bund und Ländern
1 Bundeswirtschaftsministerium
2 Bundesumweltministerium
2 Länderwirtschaftsministerien
4 Länderumweltministerien

3 Vertreter der Umweltverbände

3 Vertreter der Gewerkschaften

25 Mitglieder insgesamt

Die Entscheidungen im Umweltgutachterausschuß werden mit einer qualifizierten Mehrheit von zwei Dritteln (17 Stimmen) gefällt werden.

Damit verfügen die Vertreter der wirtschaftlichen und der ökologischen Interessen jeweils über eine Sperrminorität.

Abb. 4. Besetzung des Umweltgutachterausschusses

Der Gesetzesentwurf muß noch das parlamentarische Gesetzgebungsverfahren durchlaufen. Um bis zum Inkrafttreten des Gesetzes die Funktionsfähigkeit des Gemeinschaftssystems zu gewährleisten, haben sich Bund und Länder auf eine Übergangsregelung für die Zulassung von Umweltgutachtern und Umweltgutachterorganisationen geeinigt, die sich am Gesetzesentwurf orientiert und von den Ländern vollzogen werden soll.

Für den Übergangszeitraum zwischen dem Ablauf der Umsetzungsfrist der EG-Verordnung am 10.04.1995 und dem Inkrafttreten des Umsetzungsgesetzes (ca. Herbst 1995), müssen sich Bund und Länder auf ein einheitliches Vorgehen bei der Behandlung von Anträgen auf Zulassung als Umweltgutachter, Anträgen auf Registrierung geprüfter Betriebsstandorte und Notifizierungen ausländischer Umweltgutachter einigen. Hierbei soll, soweit möglich, an die im UZSG fixierten Regelungen für das Zulassungs- und Registrierungssystem angeknüpft werden.

Für die Zulassung von Umweltgutachtern im Rahmen des Art. 6 Abs. 1 der EG-Verordnung sollen demnach zunächst die Länder zuständig sein.

Am 4.4.1995 wurde im Bundesland Berlin vom Umweltsenat, der Industrie- und Handelskammer und der Handwerkskammer bundesweit der erste Vertrag über die Einrichtung einer Registrierungsstelle für geprüfte Unternehmensstandorte geschlossen. Sowohl der Geschäftsführer der IHK als auch der Geschäftsführer der Handwerkskammer stellten ein großes Interesse der Berliner Wirtschaft am Öko-Audit-System fest und die Senatsverwaltung für Wirtschaft kündigte ein weiteres Förderprogramm für teilnahmewillige Unternehmen an. Das mit 750.000 DM ausgestattete Programm „Zukunftsinititative Ökologisches Wirtschaften" bietet derzeit Berliner Unternehmen die Möglichkeit, bis zu 50 % der förderfähigen Kosten für die erstmalige Einführung eines Öko-Audit-Systems. Im Sommer 1995 soll eine Million DM hinzukommen und 25 bis 30 Unternehmen zur Verfügung gestellt werden.

5.2 Anforderungen an Umweltgutachter

Im Zusammenhang mit den Auseinandersetzungen um das Zulassungs- und Aufsichtssystem in Deutschland wurde vielfach die Besorgnis geäußert, daß angesichts der noch nicht geklärten äußeren Rahmenbedingungen im April 1995 in Deutschland folgende Situation entstehen könnte: *„Ein englischer Gutachter bestätigt einem deutschen Unternehmen die Umsetzung der EG-Verordnung und das Unternehmen wird in Großbritannien registriert".* Diese Spekulationen sind falsch! Ein britischer Gutachter muß sich bei einer deutschen Stelle notifizieren lassen, um in Deutschland nach EG-Regeln arbeiten zu können und ein teilnehmendes Unternehmen muß der deutschen zuständigen Stelle gemeldet werden, um das EG-Zeichen zu erhalten. Es hat sich allerdings herauskristallisiert, daß – unabhängig davon, welche institutionelle Umsetzung bei der Bestimmung der zuständigen Stelle und der Zulassungsstelle für Umweltgutachter vorgeschlagen wurde – alle "Stakeholder" der EG-Verordnung (Industrie, Behörden, Öffentlichkeit, Umweltverbände, Gewerkschaften, Unternehmensberater etc.) der Notwendigkeit der Erarbeitung von Anforderungsprofilen hinsichtlich der externen akkreditierten Umweltgutachter, einen sehr hohen Stellenwert beimessen. Allen Beteiligten ist klar, daß die Position des zu akkreditierenden Umweltgutachters von zentraler Bedeutung für das Funktionieren des EG-Öko-Audit-Systems ist.

Allein der akkreditierte Umweltgutachter entscheidet darüber, ob die von einem Unternehmen erstellte Umwelterklärung den Regeln der Verordnung entspricht. Eine derartige, mit relativ großen Beurteilungsspielräumen versehene Prüfung ist auf das Vertrauen von Wirtschaft und Öffentlichkeit angewiesen. Die EG hat daher im Vorwort der Verordnung zu Recht festgestellt, daß dafür zu sorgen ist, *"daß die Zulassung der und die Aufsicht über die Umweltgutachter auf unabhängige und unparteiische Weise erfolgen, damit die Glaubwürdigkeit des Systems gewährleistet wird."* Sie fordert weiterhin, daß dieses Zulassungssystem *"über ausreichende Mittel und fachliche Qualifikationen sowie über geeignete förmliche Verfahren verfügt, um die in dieser Verordnung für ein solches System festgelegten Aufgaben wahrnehmen zu können."*

Angesichts der Aufgaben des Umweltgutachters hinsichtlich der Prüfung des standortbezogenen Umweltmanagementsystems, der betrieblichen Umweltpolitik, des Umweltprogramms, des Umweltprüfungsverfahrens, des Umweltbetriebsprüfungsverfahrens, der Umwelterklärung auf Einhaltung der Vorschriften der EG-Verordnung und auf Zuverlässigkeit der Daten und insbesondere der vom Unternehmen zu belegenden Umsetzung der Verpflichtung zur kontinuierlichen Verbesserung des betrieblichen Umweltschutzes unter Anwendung der wirtschaftlich vertretbaren, besten verfügbaren Technik (s. Artikel 3a der VO) ergibt sich ein grundsätzliches Anforderungsprofil für die Umweltgutachter: Nach Artikel 4 Abs. 6 der Verordnung darf nur ein zugelassener Umweltgutachter die Gültigkeitserklärung einer Umwelterklärung erteilen. Die nationale Zulassungsstelle ist verpflichtet, die Fachkunde, Zuverlässigkeit, Unabhängigkeit und Objektivität des Umweltgutachters zu überprüfen und über die Berufszulassung zu entscheiden.

Dies kommt auch in den entsprechenden Ausführungen des Umweltgutachterzulassungs- und Standortregistrierungsgesetzes (UZSG) zum Ausdruck: Das UZSG enthält folgendes Anforderungsprofil an den neuen Beruf des zugelassenen Umweltgutachters:

Gemäß Anhang III der EG-Verordnung wird es eine Zulassung von Einzelpersonen und Organisationen als Umweltgutachter geben. Das UZSG legt diesbezüglich daher fest, daß Umweltgutachter im Sinne dieses Gesetzes natürliche Personen sind und Umweltgutachterorganisationen eingetragene Vereine, Aktiengesellschaften, Kommanditgesellschaften auf Aktien, Gesellschaften mit beschränkter Haftung, Offene Handelsgesellschaften, Kommanditgesellschaften und Partnerschaftsgesellschaften sowie Personenvereinigungen, die in einem anderen Mitgliedstaat der Europäischen Union als Umweltgutachterorganisationen zugelassen sind.

Gemäß EG-Verordnung müssen Umweltgutachter für die Wahrnehmung ihrer Aufgabe die erforderliche *Zuverlässigkeit, Unabhängigkeit und Fachkunde* besitzen.

Die erforderliche *Zuverlässigkeit* besitzt ein Umweltgutachter, wenn er aufgrund seiner persönlichen Eigenschaften, seines Verhaltens und seiner Fähigkeiten zur ordnungsgemäßen Erfüllung der ihm obliegenden Aufgaben geeignet ist, d.h. nicht vorbestraft ist und sich in geordneten wirtschaftlichen Verhältnissen befindet.

Die erforderliche *Unabhängigkeit* besitzt ein Umweltgutachter, wenn er keinem wirtschaftlichen, finanziellen oder sonstigen Druck unterliegt, der sein Urteil beeinflussen oder das Vertrauen in die unparteiische Aufgabenwahrnehmung in Frage stellen kann. Diese erforderliche Unabhängigkeit ist nicht gegeben, wenn der Antragsteller

- neben seiner Tätigkeit als Umweltgutachter Inhaber (bzw. Angestellter) eines Unternehmens oder der Mehrheit der Anteile an einem Unternehmen in einem gewerblichen oder nichtgewerblichen Bereich ist, auf den sich seine Tätigkeit als Umweltgutachter bezieht;
- eine Tätigkeit aufgrund eines Beamtenverhältnisses, Soldatenverhältnisses oder eines Anstellungsvertrags mit einer juristischen Person des öffentlichen Rechts, mit Ausnahme der unten genannten Fälle ausübt;
- eine Tätigkeit aufgrund eines Richterverhältnisses, öffentlich-rechtlichen Dienstverhältnisses als Wahlbeamter auf Zeit oder eines öffentlich-rechtlichen Amtsverhältnisses ausübt, es sei denn, daß er die ihm übertragenen Aufgaben ehrenamtlich wahrnimmt;
- Weisungen aufgrund vertraglicher oder sonstiger Beziehungen bei der Tätigkeit als Umweltgutachter auch dann zu befolgen hat, wenn sie ihn zu gutachterlichen Handlungen gegen seine Überzeugung verpflichten;
- organisatorisch, wirtschaftlich, kapital- oder personalmäßig mit Dritten verflochten ist, ohne daß deren Einflußnahme auf die Wahrnehmung der Aufgaben als Umweltgutachter durch Festlegungen in Satzung, Gesellschaftsvertrag oder Anstellungsvertrag auszuschließen ist.

Vereinbar mit dem Beruf des Umweltgutachters ist gemäß UZSG eine Beratungstätigkeit als Bediensteter einer Industrie- oder Handelskammer, Handwerkskammer, Berufskammer oder sonstigen Körperschaft des öffentlichen Rechts, die eine Selbsthilfeeinrichtung für Unternehmen ist, die sich an dem Gemeinschaftssystem beteiligen können.

Die erforderliche *Fachkunde* besitzt ein Umweltgutachter, wenn er aufgrund seiner Ausbildung, beruflichen Bildung und praktischen Erfahrung zur ordnungsgemäßen Erfüllung der ihm obliegenden Aufgaben geeignet ist. Die Fachkunde erfordert den Abschluß eines Studiums auf den Gebieten der Wirtschafts- oder Verwaltungswissenschaften, der Naturwissenschaften oder Technik, der Biowissenschaften oder der Rechtswissenschaften an einer Hochschule.

Ausreichende Fachkenntnisse werden über folgende Bereiche vorausgesetzt:

- Methodik und Durchführung der Umweltbetriebsprüfung,
- betriebliches Management,
- betriebsgezogene Umweltangelegenheiten,
- technische Zusammenhänge des betrieblichen Umweltschutzes und
- Rechtsvorschriften, einschließlich Ausführungsvorschriften und Normen des betrieblichen Umweltschutzes.

Die erforderliche *Berufserfahrung* wird im UZSG folgendermaßen gekennzeichnet: Eine mindestens dreijährige eigenverantwortliche hauptberufliche Tätigkeit als Freiberufler, in der Wirtschaft, in der Umweltverwaltung oder bei in der Umweltberatung tätigen Stellen, bei der praktische Kenntnisse über den betrieblichen Umweltschutz erworben wurden.

Von der Anforderung eines Hochschulstudiums können Ausnahmen erteilt werden, wenn in den gewerblichen oder nichtgewerblichen Unternehmensbereichen, für die die Zulassung beantragt ist, eine Fachschulausbildung, die Qualifikation als Meister oder eine gleichwertige Zulassung oder Anerkennung durch eine oberste Bundes- oder Landesbehörde oder eine Körperschaft des öffentlichen Rechts vorliegt und Aufgaben in leitender Stellung oder als Selbständiger mindestens acht Jahre hauptberuflich wahrgenommen wurden.

Wer für einen Umweltgutachter oder eine Umweltgutachterorganisation gutachterliche Tätigkeiten wahrnimmt, *ohne selbst* als Umweltgutachter zugelassen zu sein, muß ebenfalls die Anforderungen an die Zuverlässigkeit und Unabhängigkeit erfüllen. Er muß sogenannte *Fachkundeanforderungen* erfüllen und auf mindestens einem genannten Fachgebiet diejenigen Fachkenntnisse besitzen, die für die Wahrnehmung gutachterlicher Tätigkeiten in einem oder mehreren Unternehmensbereichen erforderlich sind. Wenn diese Anforderungen erfüllt sind, ist von der Zulassungsstelle über Art und Umfang der nachgewiesenen Fachkenntnisse eine Bescheinigung zu erteilen, die erkennen läßt, auf welchen Fachgebieten und für welche Unternehmensbereiche die erforderlichen Fachkenntnisse vorliegen *(Fachkenntnisbescheinigung)*. Diese Fachkenntnisbescheinigung gestattet eine gutachterliche Tätigkeit nur im Zusammenwirken mit einem Umweltgutachter, der Berichte und die Gültigkeitserklärung von Umwelterklärungen verantwortlich zeichnet.

Die Zulassung als Umweltgutachter erstreckt sich auch auf Unternehmensbereiche, für die der Umweltgutachter nicht selbst über die erforderliche Fachkunde verfügt, wenn er im Hinblick auf Artikel 4 Abs. 6 der EG-Verordnung zeichnungsberechtigte Personen angestellt hat,

- die für diese Unternehmensbereiche als Umweltgutachter zugelassen sind oder
- die erforderlichen Fachkenntnisbescheinigungen besitzen oder
- gültige Lehrgangsbescheinigungen bzw. sonstige Fachkenntnisnachweise für Methodik und Durchführung von Umweltbetriebsprüfungen für mindestens ein weiteres Fachgebiet besitzen und
- sicherstellt ist, daß diese Personen regelmäßig an Fortbildungsmaßnahmen teilnehmen.

In dem Zulassungsbescheid der DAU sind die Unternehmensbereiche genau zu bezeichnen, für die der Umweltgutachter selbst die erforderliche Fachkunde besitzt und auf die sich die Zulassung aufgrund der angestellten fachkundigen Personen erstreckt.

Soweit sich die Zulassung auf Unternehmensbereiche erstreckt, für die der Umweltgutachter nicht selbst über die erforderliche Fachkunde verfügt, gestattet die Zulassung eine gutachterliche Tätigkeit nur im Zusammenwirken mit den o.g. Personen; insbesondere sind Berichte und die Gültigkeitserklärung von Umwelterklärungen von diesen Personen mitzuzeichnen.

Die Zulassung umfaßt die Befugnis, gemäß Artikel 12 Abs. 1 der EG-Verordnung Zertifizierungsbescheinigungen nach den von der Kommission der Europäischen Gemeinschaften anerkannten Zertifizierungsverfahren zu erteilen.

Zulassung als Umweltgutachterorganisation

Die Zulassung als Umweltgutachterorganisation setzt voraus, daß mindestens ein Drittel der persönlich haftenden Gesellschafter oder Partner oder der Mitglieder des Vorstandes oder der Geschäftsführer als Umweltgutachter zugelassen sind oder aus Personen mit Fachkenntnisbescheinigungen und mindestens einem Umweltgutachter besteht.

Die Zulassung als Umweltgutachterorganisation setzt weiterhin voraus, daß im Hinblick auf Artikel 4 Abs. 6 der EG-Verordnung zeichnungsberechtigte Vertreter oder zeichnungsberechtigte Angestellte für die Unternehmensbereiche, für die die Zulassung beantragt ist, als Umweltgutachter zugelassen sind oder die erforderlichen Fachkenntnisbescheinigungen besitzen oder gültige Lehrgangsbescheinigungen oder sonstige Fachkenntnisnachweise für Methodik und Durchführung von Umweltbetriebsprüfungen und für mindestens eine weiteres Fachgebiet besitzen sowie die übrigen Anforderungen erfüllen.

Weiterhin muß sichergestellt sein, daß die zeichnungsberechtigten Vertreter oder Angestellten der Umweltgutachterorganisation

- regelmäßig an Fortbildungsmaßnahmen teilnehmen können,
- bei diesen geordnete wirtschaftliche Verhältnisse bestehen,
- kein wirtschaftlicher, finanzieller oder sonstiger Druck ihre gutachterliche Tätigkeit beeinflussen oder
- das Vertrauen in die unparteiische Aufgabenwahrnehmung in Frage stellen können.

Die Zulassung als Umweltgutachterorganisation gestattet gutachterliche Tätigkeiten nur in denjenigen Unternehmensbereichen, für die die entsprechenden Voraussetzungen vorliegen. In dem Zulassungsbescheid ist genau zu bezeichnen, für welche Unternehmensbereiche die Umweltgutachterorganisation über die erforderlichen fachkundigen Personen verfügt. Diese Zulassung gestattet gutachterliche Tätigkeiten von diesen fachkundigen Personen nur im Zusammenwirken mit einem zugelassenen Umweltgutachter, der Berichte und die Gültigkeitserklärung der Umwelterklärungen verantwortlich zeichnet; die genannten Personen müssen ebenfalls mitzeichnen. Die zugelassene Umweltgutachterorganisation hat die Bezeichnung "Umweltgutachter" in die Firma oder den Namen aufzunehmen.

Bescheinigungs- und Zulassungsverfahren

Das Verfahren für die Erteilung einer Fachkenntnisbescheinigung setzt einen schriftlichen Antrag voraus. Dem Antrag sind die zur Prüfung erforderlichen Unterlagen beizufügen. Die Fachkunde des Umweltgutachters wird in einer mündlichen Prüfung von einem Prüfungsausschuß der Zulassungsstelle festgestellt. Gegenstand der mündlichen Prüfung sind folgende Fachgebiete:

- Methodik und Durchführung der Umweltbetriebsprüfung,
- betriebliches Management,
- betriebsgezogene Umweltangelegenheiten,
- technische Zusammenhänge des betrieblichen Umweltschutzes,
- Rechtsvorschriften, einschließlich Ausführungsvorschriften und Normen des betrieblichen Umweltschutzes sowie
- praktische Probleme aus der Berufsarbeit eines Umweltgutachters.

Die Themen der Fachkundeprüfung können beschränkt werden, wenn der Antragsteller für bestimmte Fachgebiete Fachkenntnisbescheinigungen, gültige Lehrgangsbescheinigungen oder sonstige gleichwertige Fachkenntnisnachweise vorgelegt hat.

Die Bundesregierung kann nach Anhörung des Umweltgutachterausschusses durch Rechtsverordnung, die nicht der Zustimmung des Bundesrates bedarf, u.a. Verfahren regeln, die

- die Qualifikation der Mitglieder der Prüfungsausschüsse,
- die Durchführung der mündlichen Prüfung,
- die Anerkennung von Lehrgängen oder sonstigen Qualifikationsnachweisen sowie
- die Ausgestaltung der schriftlichen Prüfungen betreffen.

Mündliche Prüfungen vor Prüfungsausschüssen

Die Mitglieder des Prüfungsausschusses müssen auf ihrem Fachgebiet ein Hochschulstudium abgeschlossen haben und über mindestens fünf Jahre eigenverantwortliche, hauptberufliche Erfahrungen in der Praxis des betrieblichen Umweltschutzes verfügen. Die DAU als Zulassungsstelle wählt die Prüfer für die einzelnen Zulassungs- und Bescheinigungsverfahren aus der Prüferliste des Umweltgutachterausschusses aus und bestimmt den Vorsitzenden. Die Prüfer müssen jeweils die erforderliche Fachkunde für diejenigen Unternehmensbereiche und Fachgebiete besitzen, für die die Zulassung oder die Fachkenntnisbescheinigung im Einzelfall beantragt ist. Der Prüfer für das Fachgebiet "Recht" muß zusätzlich die Befähigung zum Richteramt haben. Der Prüfungsausschuß besteht aus mindestens drei und höchstens fünf Mitgliedern. Mindestens ein Mitglied des Prüfungsausschusses muß jeweils als Umweltgutachter zugelassen sein. Die mündliche Prüfung ist unselbständiger Teil der Zulassungs- und Bescheinigungsverfahren. Über den wesentlichen Inhalt und Ablauf der Prüfung ist eine Niederschrift zu fertigen.

Lehrgänge und sonstige Qualifikationsnachweise

Die Zulassungsstelle kann Lehrgänge als Nachweis der Fachkenntnisse im Einvernehmen mit dem Umweltgutachterausschuß allgemein anerkennen, wenn diese den Anforderungen der Prüfungsrichtlinien des Umweltgutachterausschusses inhaltlich und methodisch entsprechen und mit einer schriftlichen Prüfung abschließen. Die Bescheinigung über die erfolgreiche Lehrgangsteilnahme ist während eines Zeitraums von drei Jahren seit der Ausstellung als Fachkenntnisnachweis gültig.

Sonstige Qualifikationsnachweise auf den erforderlichen Fachgebieten sollen von der Zulassungsstelle im Einvernehmen mit dem Umweltgutachterausschuß allgemein anerkannt werden, wenn sie unter Berücksichtigung der Prüfungsrichtlinien des Umweltgutachterausschusses als gleichwertige Fachkenntnisnachweise in einem rechtlich geregelten Prüfungsverfahren erbracht worden sind. Die Anerkennungsentscheidung kann befristet werden.

Register der zugelassenen Umweltgutachter, Umweltgutachterorganisationen und Inhaber von Fachkenntnisbescheinigungen

Die DAU als Zulassungsstelle führt ein Zulassungsregister für Umweltgutachter, Umweltgutachterorganisationen und Inhaber von Fachkenntnisbescheinigungen. Das Zulassungsregister enthält Name, Anschrift sowie Gegenstand der Zulassungen und Bescheinigungen der eingetragenen Personen und Organisationen. Die Zulassungsstelle übermittelt halbjährlich der Kommission der Europäischen Gemeinschaften über das Bundesumweltministerium nach Artikel 7 der EG-Verordnung eine fortgeschriebene Liste der eingetragenen Umweltgutachter und Umweltgutachterorganisationen. Diese Liste, ergänzt um die registrierten Inhaber von Fachkenntnisbescheinigungen, ist gleichzeitig dem Umweltgutachterausschuß, den zuständigen obersten Landesbehörden und der Zuständigen Stelle zuzuleiten. Jeder ist nach Maßgabe des Umweltinformationsgesetzes berechtigt, das Zulassungsregister einzusehen.

Überprüfung von Umweltgutachtern, Umweltgutachterorganisationen und Inhabern von Fachkenntnisbescheinigungen

Umweltgutachter, Umweltgutachterorganisationen und Inhaber von Fachkenntnisbescheinigungen sind von der Zulassungsstelle in regelmäßigen Abständen, mindestens alle 36 Monate nach Wirksamwerden der Zulassung oder der Fachkenntnisbescheinigung dahingehend zu überprüfen, ob die Voraussetzungen für die Zulassung und für die Erteilung der Fachkenntnisbescheinigung weiterhin vorliegen. Dabei muß auch eine Überprüfung der Qualität der vorgenommenen Begutachtungen erfolgen.

Umweltgutachter, Umweltgutachterorganisationen und Inhaber von Fachkenntnisbescheinigungen sind verpflichtet, Zweitschriften der von ihnen (mit)gezeichneten Vereinbarungen mit den Unternehmen über Gegenstand und Umfang der Begutachtung, Berichte an die Unternehmensleitung, für gültig erklärte Umwelterklärungen und Niederschriften über Besuche auf dem Betriebsgelände und über Gespräche mit dem Betriebspersonal im Sinne des Anhangs III Buchstabe B Nr. 2 und 3 der EG-Verordnung bis zur Überprüfung durch die Zulassungsstelle, jedoch nicht länger als fünf Jahre, aufzubewahren. Weiterhin muß die Zulassungsstelle unverzüglich über alle Veränderungen unterrichtet werden, die auf die Zulassung oder die Fachkenntnisbescheinigung Einfluß haben können. Sie sind darüber hinaus verpflichtet, sich fortzubilden.

6 Fazit

An Stelle eines Resümees bisheriger Erfahrungen deutscher Unternehmen mit der Umsetzung der EG-Öko-Audit-Verordnung wird auf folgende Mitteilung hingewiesen:

AEG- Daimler-Benz Industrie Dezember 1994

Schon seit Jahren unterzieht die AEG Daimler-Benz Industrie ihre Produktionsbetriebe einer regelmäßigen Umweltrisiko-Bewertung.

Anfang 1993 wurde am Standort *Belecke* ein Umweltaudit nach den neuen Vorgaben der EU durchgeführt. Die dabei entwickelte Vorgehensweise und die Software für das Informationsmanagement wurden auch beim zweiten und dritten Umweltaudit 1994 an den Standorten *Konstanz* und *Aschau* angewandt.

Nach dem Erfolg dieser Pilot-Audits werden künftig *a l l e* AEG Produktionsstandorte in Deutschland im Dreijahresturnus gemäß EG-Verordnung geprüft werden.

Die Tatsache, daß es heute schon zahlreiche Unternehmen gibt, die auf freiwilliger Basis Umweltmanagementsysteme eingeführt haben und Umweltaudits durchführen, ist ein deutliches Indiz dafür, daß es eine Reihe von Vorteilen geben muß – auch wenn sich diese nicht direkt und sofort in „Mark und Pfennig" rechnen lassen. Die folgende Aufstellung zeigt die Fülle der möglichen Nutzen von Umweltaudits:

- Sicherstellung und Einhaltung von Umweltvorschriften
- Verminderung der Gefahr von Rechtsstreitigkeiten
- weniger Bußgeld und Strafen wegen des Verstoßes gegen Vorschriften
- Förderung des Umweltschutzes
- verbesserte Statistik über umweltrelevante Vorkommnisse und Störfälle
- Minderung von Umweltrisiken
- Verbesserung der Gesundheit am Arbeitsplatz
- Minderung des Risikos einer Betriebsunterbrechung aufgrund eines umweltrelevanten Zwischenfalls
- niedrigere Versicherungsprämien für Umweltrisikoabsicherung
- höhere Zufriedenheit der Arbeitnehmer
- Förderung guter Beziehungen zu Behörden
- Hinweis auf Kostensenkungspotentiale durch betriebliche Umweltschutzmaßnahmen (beispielsweise beim Energie- und Wasserverbrauch)
- Verbesserung der Möglichkeiten, gute Umweltschutzleistungen zu erkennen und zu prämieren
- erhöhtes Bewußtsein der Arbeitnehmer für Umweltschutzmaßnahmen und -verantwortlichkeiten
- Verbesserung der Möglichkeiten, notwendige Qualifizierungsmaßnahmen für das Personal erkennen und veranlassen zu können
- wichtiges Element eines Umweltmanagementsystems
- höhere Glaubwürdigkeit eines Unternehmens gegenüber der Öffentlichkeit in Fragen des Umweltschutzes

Umweltmanagementsysteme und Öko-Audit – Eine Betrachtung aus Managementsicht

Joachim Karnath, Karlsruhe

Zur unternehmerischen Bedeutung von Umweltmanagement

Die Situation der Unternehmen ist in den letzten Jahren stets komplizierter geworden. Es ist eine Binsenweisheit, daß die althergebrachten Vorstellungen von Unternehmenssteuerung zwischen den drei Ecksteinen Liquidität, Kapitalerhaltung und Rentabilität für eine moderne Unternehmensführung nicht mehr ausreicht.

Große gesellschaftliche Veränderungen und eine Dynamisierung der Märkte sowie der Technologien stellen neue Anforderungen an die Unternehmen, die ebenso Chancen wie Risiken bergen. Der langfristige Bestand eines Unternehmens ist abhängig vom Potential zur Innovation, zur schnellen und adäquaten Reaktion auf Kundenanfragen sowie zur mittel- und langfristigen Wandlung des Unternehmens, um mit veränderten Umgebungsbedingungen besser zurechtzukommen.

Es ist die Aufgabe guter Unternehmensführung, durch geeignete Strukturierung und Steuerung des internen Potentials kurzfristig optimal und auf die Dauer lebenserhaltend mit den äußeren Anforderungen umzugehen. Zu den äußeren Anforderungen gehört der Markt, es gehören die Mitbewerber dazu, aber auch der Personalmarkt, die Öffentlichkeit und die politischen Funktions- und Entscheidungsträger.

Die äußeren Anforderungen schließen auch das Verhältnis zur natürlichen Umwelt mit ein. Ein qualitativ gutes Management ist daher ohne Umweltmanagement nicht denkbar. Die aktuelle Bedeutung von Umweltmanagement und umweltbezogenen Maßnahmen wird von Unternehmen zu Unternehmen unterschiedlich, aber auch in verschiedenen Zeitabschnitten von nicht immer gleichbleibendem Gewicht sein.

Die Anforderungen an gutes Umweltmanagement erwachsen aus drei Quellen:

- sich verändernden nationalen und internationalen Gesetzen,
- Normen, Spielregeln und Standard der economic society und
- aus eklatanten, absehbaren Beeinträchtigungen der natürlichen Umgebung, auch wenn keine gesetzlichen Regelungen vorliegen.

Mario Schmidt, Achim Schorb (Hrsg.)
Stoffstromanalysen in Ökobilanzen und
Öko-Audits
© Springer-Verlag Berlin Heidelberg 1995

Rückblickend läßt sich erkennen, daß die Gesetzgebung der sensibilisierten öffentlichen Meinung folgt, wenn auch mit einigem zeitlichen Abstand. Das hat eine schrittweise Ächtung und Sanktionierung von Ressourcenverbrauch und Umwelteinträgen zur Folge, die freilich meist nicht so weit geht wie die Umweltverbände es wünschen. Wenn auch der Gesetzgeber nicht immer klar und entschlossen handelt (Beispiel: Katalysator-Einführung bei PKW in der BRD), so ist doch meist lange vorher klar, wo die Reise hingeht. Aufgabe des Umweltmanagements ist die Früherkennung von ökologischen Sackgassen im Handeln des Unternehmens sowie die rechtzeitige Entwicklung von Alternativen – sei es bei Prozessen als auch bei Produkten.

Normen, Spielregeln und Standards werden nicht nur von DIN- und ISO-Ausschüssen gesetzt, sondern oft noch viel wirkungsvoller von anderen wirtschaftlichen Akteuren – den Versicherungen, den Banken, den Mitbewerbern sowie dem Abnehmermarkt. Große ökologische Katastrophen, wie sie mit dem Namen Seveso, Bophal oder Exxon Valdez verbunden sind, haben deutlich gemacht, wie sehr ökologische Risiken einen Einfluß auf die wirtschaftlichen Faktoren eines Unternehmens haben können. Neben Regreßforderungen schlagen Versicherungskosten, Verfall des Produkt- und Produzenten-Images, Umsatzeinbrüche und schließlich auch eine niedrigere Firmenbewertung zu Buche. Dementsprechend ist eine Betrachtung ökologischer Risiken bei der Vergabe von Krediten oder beim Abschluß von Unternehmensversicherungen in den USA bereits sehr viel verbreiteter als bei uns. Die Treuhand hat schließlich die Erfahrung gemacht, daß ökologisch bedenkliche Altlasten den Wert eines ostdeutschen Unternehmens gegen Null drücken konnten.

Weiterhin hat sich am Beispiel des Qualitätsmanagements nach ISO 9000 ff. gezeigt, daß die freiwillige veröffentlichte Einhaltung von Standards die Voraussetzung sein kann, um weiterhin erfolgreich im Markt zu bleiben. Ist die kritische Masse der zertifizierten Unternehmen nur groß genug, ergibt sich auch für die anderer Mitbewerber eine Verpflichtung, sich an die Standards zu halten. Auf eine solche wirtschaftsimmanente Eigendynamik setzt die EG bei der von ihr erlassenen Verordnung zu Öko-Audit.

Ein weiterer Aspekt, die absehbaren Beeinträchtigungen unserer natürlichen Umwelt, erfordert in hohem Maße die Eigenverantwortung des handelnden Managements. Hier stehen keine gesetzlichen Regelungen oder Standards der economic players im Wege, sondern hier ist tatsächlich zwischen ökonomisch Machbarem und ökologisch Vertretbarem zu entscheiden. Als Beispiel mag angesichts der in Berlin im April `95 tagenden Welt-Klima-Konferenz die Motorisierung in der Dritten Welt stehen, die auch in Führungskreisen der Automobilindustrie für Unbehagen sorgt. Den ökonomisch auf der Hand liegenden Zielen, möglichst große Marktanteile in China oder Indien zu realisieren, stehen klimatische Belastungen entgegen, die nicht mehr akzeptabel sind.

Auf dieser Makroebene liegt es auf der Hand, daß das alleinige ökonomische Kalkül kaum zu guten Lösungen führt – was leider nicht bedeutet, daß es sich nicht doch durchsetzen wird.

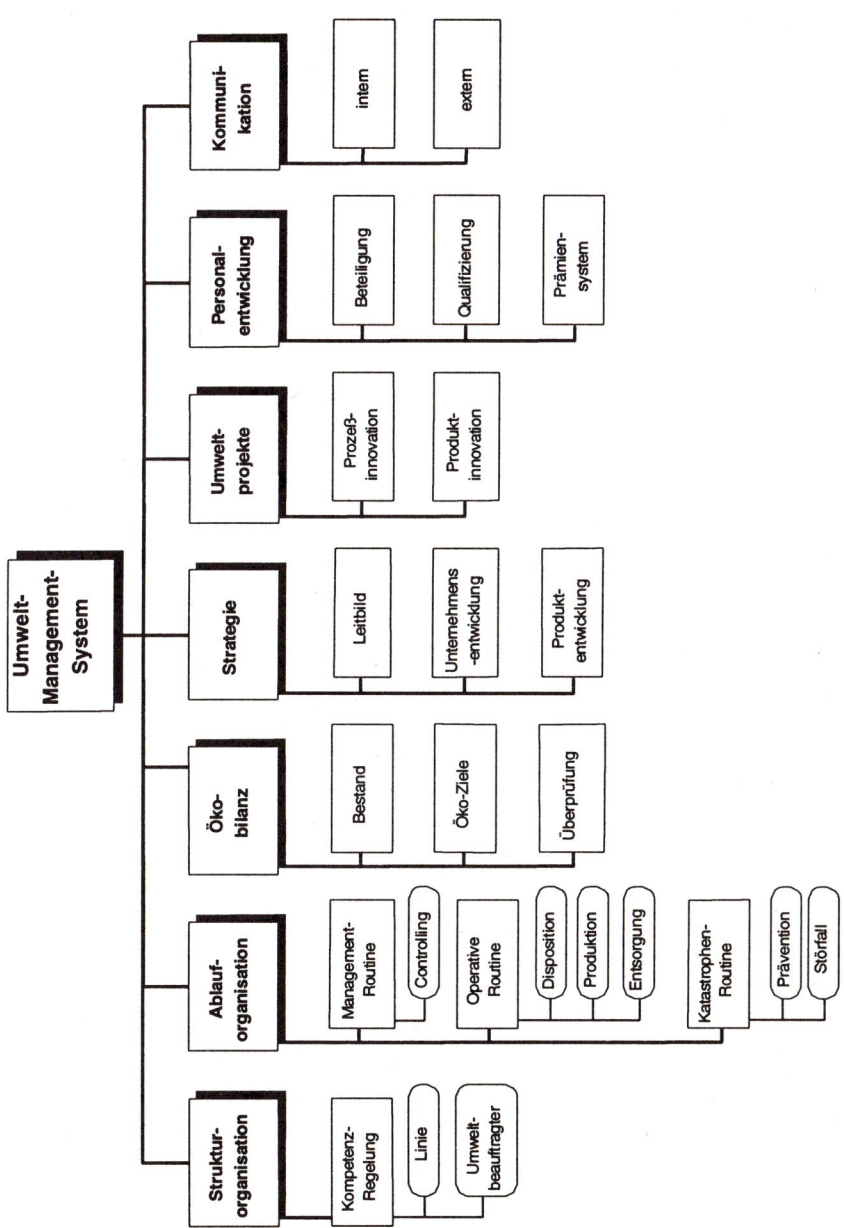

Abb. 1. Struktur eines Projektes

In Unternehmen werden jedoch eine Vielzahl von Entscheidungen getroffen, deren Konsequenzen im einzelnen nicht immer so klar auf der Hand liegen. Zur verantwortlichen Abwägung ökonomischer und ökologischer Chancen und Risiken bedarf es eines Umweltmanagementsystems.

Das läßt sich freilich kaum auf bestimmte Unternehmensbereiche einschränken, sondern es zieht sich durch alle Unternehmensbereiche.

In vielen Unternehmen werden vorrangig die Bereiche Produktion und Energieversorgung untersucht. So sinnvoll es ist, mit diesen wichtigen Punkten anzufangen, so wenig ist damit allein eine mittel- bis langfristige Absicherung des Unternehmens zu erreichen. Im Marketing, in der Produktentwicklung, in der strategischen Unternehmensentwicklung wird das Unternehmen von morgen gemacht – sowohl was seine ökonomische Tragkraft als auch seinen ökologischen Standard anbelangt. Im Einkauf, in der Disposition, in der Logistik, in der Distribution wird über das operative Geschäft und damit auch über die jeweils aktuelle ökologische Interaktion entschieden.

Ein umfassendes Umweltmanagement wird sich um die Integration aller Aspekte bemühen müssen. Die bisher in der Literatur zitierten und in der Praxis angewendeten Instrumente des Umweltmanagements wie Stoffstrombilanzen, Ökobilanzen, Öko-Controlling, Produktlinienanalyse etc. sind wesentliche Bausteine eines Umweltmanagementsystems. Ob, wann und in welcher Kombination sie eingesetzt werden, ist eine Auslegungsentscheidung für das Umweltmanagementsystem. Diese hängt in hohem Maße von der jeweiligen Situation des Unternehmens ab – seinem Zweck, seiner Größe, seiner Branche und seiner Umweltproblematik – und nicht zuletzt von der Bereitschaft des Managements, diese Verantwortung auch wahrzunehmen.

Umfang und Bestandteile eines Umweltmanagementsystems

Die Grafik zeigt beispielhaft einen Strukturplan für ein Projekt "Umweltmanagementsystem". Dabei wird unter Umweltmanagementsystem die Zusammenfassung aller unter Umweltgesichtspunkten relevanten Maßnahmen und Instrumente verstanden, die sich letztlich in einem Umwelthandbuch dokumentiert wiederfinden lassen.

Die erste Strukturierungsebene der Grafik zeigt die Bereiche auf, in denen sinnvolle Maßnahmen vereinbart werden können. Das soll für einige Bereiche illustriert werden.

Stichwort Strukturorganisation

Ein Umweltmanagementsystem kann nicht auf schriftlichem Wege eingeführt werden, es muß gelebt werden. Wesentliche Voraussetzung dafür ist, daß die Entscheidungsträger im Unternehmen in die Verantwortung für das Funktionieren des Umweltmanagementsystems mit eingebunden sind. In klassisch organisierten Unternehmen wird das immer noch der Linienvorgesetzte sein – in moderneren Organisationen sind es die Personen, die für Geschäftsbereiche, Profit-Center, Prozeßketten oder Dienstleistungen verantwortlich sind.

Einbindung in die Verantwortung heißt z. B. Berücksichtigung von Ökozielen in die jeweilige persönliche Zielvereinbarung. Neben einer wirtschaftlichen Ergebnisverantwortung für den jeweils eigenen Bereich entsteht eine ökologische Ergebnisverantwortung. Daß letztere keineswegs grundsätzlich die erstere gefährdet, sei hier nur erwähnt, aber nicht weiter ausgeführt. Für die Managerin oder den Manager ist eine solche Ergebnisverantwortung nichts grundsätzlich Neues. Neben den ertragsorientierten Zielen stehen auch heute schon Ergebnisverantwortungen für Qualitätsanforderungen und für die Umsetzung strategischer Ziele und Profilierungen des Unternehmens. Diese Verantwortungsbereiche erfordern, ebenso wie der ökologische Verantwortungsbereich, ein Abwägen zwischen kurzfristigen Erträgen und langfristiger Existenzsicherung.

In der Qualitätssicherung hat sich seit dem Beginn der 80er Jahre durchgesetzt, daß Qualität nur produziert nicht aber *hineinkontrolliert* werden kann. Dieser Grundsatz gilt sicherlich auch für die Qualität eines Umweltmanagements. Eine klare Delegation der ökologischen Ergebnisverantwortung ist für die Erreichung von Ökozielen sicherlich relevanter als die Einrichtung eines Umweltbeauftragten mit Controlling-Kompetenzen.

Gelingt es, die Köpfe der Entscheidungsträger zu erreichen und die Ergebnisverantwortung zu delegieren, dann reduziert sich die Rolle eines Umweltbeauftragten darauf, den roten Faden des Umweltmanagements in der Hand zu halten und als Fachkraft Ideengeber und Sparingspartner für die Führungskräfte zu sein.

Stichwort Ablauforganisation

Wie weit sich die Aktivitäten des Umweltmanagements in der Ablauforganisation auffächern, hängt in erster Linie von dem ab, was das Unternehmen herstellt. So wird beispielsweise im Chemieunternehmen, das mit ökologisch brisanten Stoffen arbeitet, sehr viel Gewicht auf ausgearbeitete und geübte Katastrophenroutinen legen, während ein Dienstleister – etwa in der Consultingbranche – sich stärker auf das Controlling konzentriert, z. B. hinsichtlich der genutzten Reisemittel.

Aber auch in der Ablauforganisation ist das Umweltmanagement um so wirkungsvoller, je dichter es mit den unternehmensüblichen Routinen verkoppelt ist. Bei einer logistischen Disposition läßt sich leichter die umweltfreundlichere Variante wählen, wenn der dafür Verantwortliche außer den wirtschaftlich-technischen Informationen auf dem gleichen Medium die ökologisch relevanten Informationen zur Verfügung hat.

Die Zukunft liegt dabei in der Verkopplung von Daten einer rechnergestützten Stoffstromanalyse mit den rechnergestützten betrieblichen Prozessen, wie sie etwa das ifeu in Heidelberg anbietet.

Eine weitere Verknüpfung von ökonomischen und ökologischen Zielsetzungen ist heute schon möglich in Aktivitäten zum "kontinuierlichen Verbesserungsprozeß" (KVP). Wenn auch hier eine gute Datenbasis über die ökologische Relevanz des betrieblichen Geschehens von Vorteil ist, so kann oft auch ohne eine aufwendig erstellte Ökobilanz mit dem Expertenwissen der Mitarbeiter begonnen werden. Betriebliche Arbeitsgruppen sind in der Regel in der Lage, gleichermaßen an der Verbesserung der Produkt- und Prozeßqualität wie an der Umweltqualität des Unternehmens zu arbeiten.

Stichwort Ökobilanz

Die Bedeutung der Ökobilanz – erstellt auf der Grundlage einer Stoffstromanalyse – liegt in der Datenbasis für alle ökologisch orientierten Aktivitäten. Aus Managementsicht stellt sie eine "Nebenbuchhaltung" dar, wie sie ein Unternehmen auch zu anderen, sie interessierenden Tatbeständen eröffnet – wie z. B. bei der inhaltsorientierten Lagerverwaltung oder bei der Bewirtschaftung von Produktionskapazitäten.

Sie steht im Öko-Audit sicherlich im Zentrum der Aufmerksamkeit. Weniger ihre reine Existenz ist von Bedeutung, sondern vielmehr die Art und Weise, wie damit gearbeitet wird. Im übrigen rechtfertigt erst eine intensive Arbeit mit der Ökobilanz den investiven Aufwand, der für ihre Erstellung aufgebracht werden muß.

Stichwort Personalentwicklung

Zwischen Umweltmanagementaktivitäten und der Personalentwicklung bestehen sich verstärkende Wechselwirkungen. Da Umweltschutz ein gesellschaftlich hoch angesehenes Gut ist, ist die Bereitschaft, sich dafür am eigenen Arbeitsplatz und im eigenen Unternehmen zu engagieren, in der Regel hoch. Meist bringen die Mitarbeiterinnen und Mitarbeiter dafür unerwartet viel an Vorüberlegungen und Qualifikationen ein, die bis dato nicht in Anspruch genommen wurde. Darüber hinaus steigt die Identifikation mit dem Unternehmen sowie die generelle Bereitschaft, sich für die eigene Arbeit ins Zeug zu legen. Es tut dem Selbstbild des Einzelnen gut, ethisch hochrangige Aktivität zu unterstützen. Dies wird auch auf das Unternehmen übertragen. Dem Einzelnen werden damit Zugänge zur Arbeit eröffnet, wie sie ansonsten Non-Profit-Organisationen bieten, die sich sozialen, politischen oder eben umweltschützenden Zielen verschrieben haben.

Wesentlicher Faktor dafür ist eine frühzeitige Beteiligung der Mitarbeiterinnen und Mitarbeiter – sowohl bei der Bestandsaufnahme, als auch bei Auslegungsentscheidungen des Umweltmanagements oder bei der Konzipierung und Durchführung einzelner Maßnahmen.

Auch wenn die Entwicklung und Etablierung eines Umweltmanagements erstmal einer zusätzlichen Belastung für alle Beteiligten gleichkommt, so wird die Bereitschaft zur Mitarbeit ungleich größer sein, als bei der Ausarbeitung eines TQM-Systems im Vorfeld einer Zertifizierung nach ISO 9000.

Einführungsproblematik von Umweltmanagementsystemen

Organisationen sind lebendige soziale Systeme, die Innovationen gegenüber offen sind. Auch wenn bei Umweltmanagementsystemen eine Aufgeschlossenheit der Mitarbeiterinnen und Mitarbeiter erwartet werden kann, so führt diese doch nicht automatisch zu einer konzentrierten Aktion mit überprüfbaren positiven Ergebnissen. Auch Umweltmanagementsysteme führen zu Veränderung im sozialen Gefüge einer Organisation und damit zu potentiellen Gewinnern und Verlierern, was bei ersteren zu Aktionismus und bei letzteren zu Widerständen führen kann.

Es ist daher sinnvoll, die Auslegung und die Einführung eines Umweltmanagementsystems in der Form eines Organisationsentwicklungsprojektes durchzuführen. Dabei lassen sich drei generelle Phasen unterscheiden: die Phase des Auftauens der bestehenden Situation, die Phase der eigentlichen Veränderung und die Phase der Wiederverfestigung.

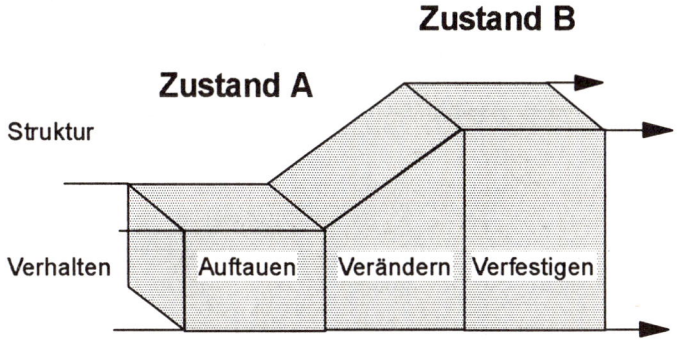

Abb. 2. Auftauen – Verändern – Verfestigen

Wie die Grafik zeigt, betrifft die organisatorische Veränderung stets die Strukturen als auch das Verhalten der Organisationsmitglieder. Zu Brüchen und Schwierigkeiten in einem solchen Organisationsentwicklungsprozeß kommt es dann, wenn nur einseitig auf der Ebene der Strukturen oder des Verhaltens gearbeitet wird. Für das Umweltmanagementsystem heißt das, daß entweder ausschließlich an ausgefeilten Instrumentarien für die Ökobilanzierung und das Ökocontrolling gearbeitet wird, ohne daß der Anwendungszusammenhang im

Managementalltag berücksichtigt wird oder daß das Umweltbewußtsein der Organisationsmitglieder geschult wird, ihnen aber keine ausreichenden Informationen und Handlungskompetenzen an die Hand gegeben werden, um mit der neugewonnene Qualifikation auch aktiv werden zu können.

Beide Einseitigkeiten führen zu erhöhtem Aufwand und geringerem Erfolg. Innerhalb eines Organisationsentwicklungsprojektes ist es die Aufgabe der Projektleitung, beide Anteile zu synchronisieren.

Der Verlauf eines Projektes bildet sich wie in Abb. 3 dargestellt auf drei Phasen ab.

Umweltmanagementsysteme und Öko-Audit

Umweltmanagementsysteme und Öko-Audit stehen in Wechselbeziehung zueinander. Ein aus unternehmerischer Entscheidung heraus entwickeltes Umweltmanagementsystem kann in einem Öko-Audit zertifiziert werden - und damit den Geschäftspartnern und der Öffentlichkeit gegenüber in der Werbung genutzt werden. Ebenso kann das Interesse an einer Zertifizierung dazu führen, ein eher fragmentarisch vorhandenes Umweltmanagement zu systematisieren und im Unternehmen zu etablieren.

Zum jetzigen Zeitpunkt (April 95) liegen die Verfahren und Standards für die Zertifizierung noch nicht fest. Die der EG-Verordnung ideell zugrundeliegenden Verfahren machen jedoch bereits die Ansprüche deutlich, die in einem Öko-Audit nachzuweisen sein werden.

Dazu gehören in etwas verallgemeinerter Form:

- die Transparenz des umweltrelevanten Unternehmensgeschehens
- die nachweisbare Managementlogik, mit der aus der erkannten Situation Schlüsse gezogen, Ziele formuliert und verfolgt werden sowie
- der Nachweis, daß das Umweltmanagementsystem gepflegt wird und die vereinbarten Ziele auch erreicht werden.

In der Konsequenz heißt das, daß die solide Einführung eines Umweltmanagementsystems ohne wesentlichen Zusatzaufwand zu einer Zertifizierung führen wird. Umgekehrt wird ein nach außen plakativ durchgeführter Öko-Audit, der im Unternehmensmanagement nicht verankert ist, wenig Effekte bringen – außer Kosten und Störungen des Betriebsablaufes.

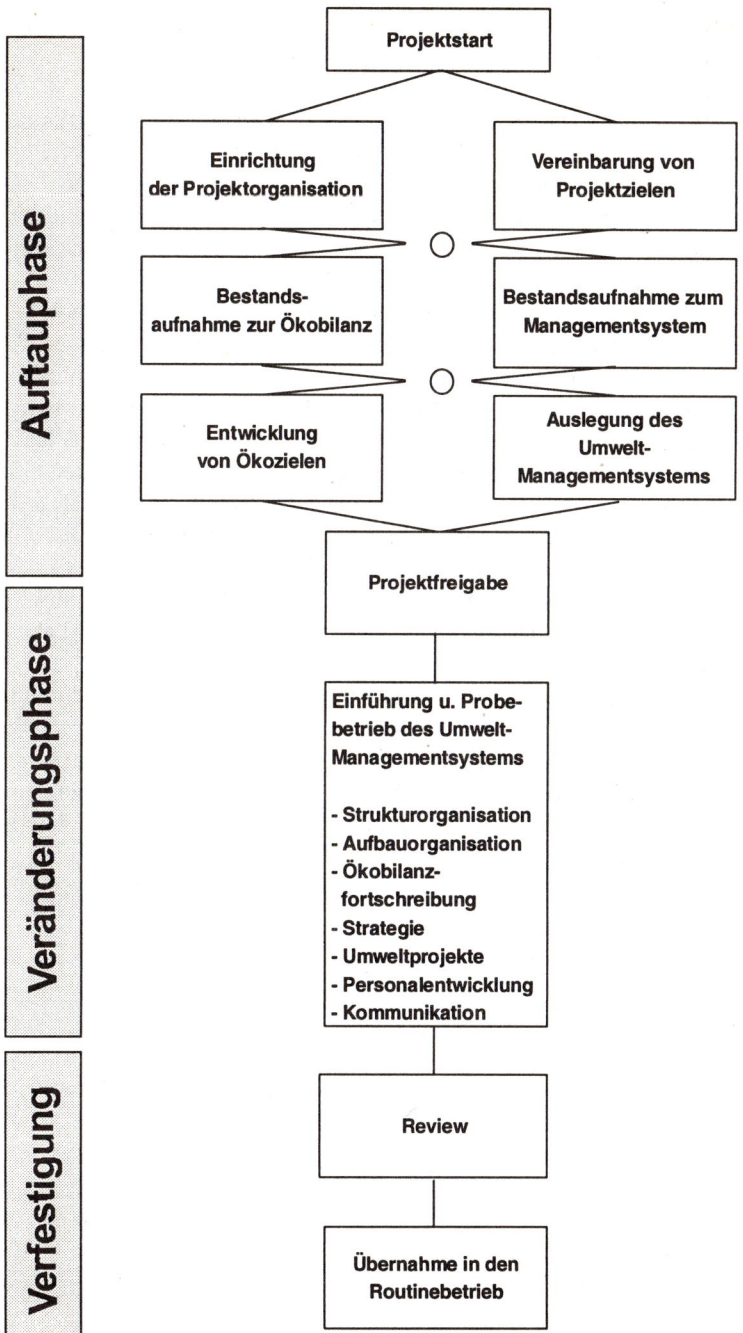

Abb. 3. Projektverlauf

Resümee

Sich den Anforderungen eines Umweltmanagements zu stellen, ist eine – von mehreren – unternehmerische Herausforderung unserer Zeit. Wie viele andere Herausforderungen können diese unstrukturiert angegangen, oder aber systematisch gelöst werden. Für die systematische Vorgehensweise spricht auf die Dauer gesehen einiges – nicht zuletzt die Entlastung, die durch die routinemäßige Umsetzung einsetzt.

Die Einführung eines Umweltmanagementsystems ist der Art nach kaum etwas anderes als andere Managementinnovationen. Durch intelligente Nutzung vorhandener Managementinstrumente (z. B. Führung mit Zielvereinbarung) und durch Verknüpfung mit neueren Trends im Management (z. B. kontinuierlicher Verbesserungsprozeß, Prozeßkettenorientierung, Projektmanagement) lassen sich die Umsetzungsaufwände reduzieren und die gegenseitige Wirksamkeit erhöhen.

Das Umweltmanagementsystem sollte für das Unternehmen jeweils spezifisch ausgelegt werden. Das kann auch bedeuten, daß ein schrittweiser Ausbau vorgesehen wird, der z. B. zunächst mit einer Ökobilanz beginnt. Hier ist es wichtig, mit Augenmaß zu Lösungen zu kommen, die die Relevanz der Umweltbeeinträchtigung sowie die operativen und strategischen Unternehmensbelange berücksichtigen.

Eine langfristig überlebensfähige Gesellschaft wird Unternehmen brauchen, die ebenso effektiv wie ökologisch vertretbar wirtschaften.

Für effektives Umweltmanagement besteht Handlungsbedarf. Unternehmerisch denkende Menschen haben stets die eigene Handlungsfreiheit und die damit verbundene eigene Verantwortung hochgehalten. Hier ist eine Chance, beides unter Beweis zu stellen.

Ökobilanzen im Öko-Audit – ein unvermeidliches Hilfsmittel

Florian Heinstein, Mario Schmidt, Udo Meyer, Heidelberg

Die EG-Verordnung „über die freiwillige Beteiligung gewerblicher Unternehmen an einem Gemeinschaftssystem für das Umweltmanagement und die Umweltbetriebsprüfung"[1] wird allgemein als ein wichtiger Impulse für den Umweltschutz in Unternehmen angesehen. Ziel der Verordnung ist „die kontinuierliche Verbesserung des betrieblichen Umweltschutzes" (Art. 1, Abs. 2), und zur Erreichung dieser Zielsetzung sollen die Unternehmen betriebliche Umweltmanagementstrukturen einrichten.

In der Begründung der Verordnung wird auf die Ziele und Grundsätze der Gemeinschaft hingewiesen. Diese umfassen „im besonderen die Verhütung, die Verringerung und, soweit möglich, die Beseitigung der Umweltbelastungen insbesondere an ihrem Ursprung auf der Grundlage des Verursacherprinzips sowie eine gute Bewirtschaftung der Rohstoffquellen und der Einsatz von sauberen oder saubereren Technologien."

Die Verordnung vermeidet ordnungsrechtliche Ge- oder Verbote und schafft über die Umweltzeichen- oder Zertifikatsregelung und die damit verbundenen Wettbewerbsvorteile eine Anreizfunktion, freiwillig den Umweltschutz innerbetrieblich zu fördern. Der individuelle Spielraum zur Umsetzung entsprechender Instrumentarien bleibt für die Unternehmen sehr groß.

Keine explizite Forderung nach einer Ökobilanz

Obwohl die Verordnung eine Reihe von Begriffsbestimmungen und Vorschriften – im Sinne von allgemein gehaltenen Mindestanforderungen – zu der Umweltbetriebsprüfung und den Umweltmanagementsystemen enthält, verlangt sie keine Stoffstromanalysen oder Ökobilanzen. Allerdings stellt sich für den Leser der Verordnung schnell die Frage, wie und mit welchen Hilfsmitteln man den zum Teil sehr umfangreichen Anforderungen der Verordnung – wenn man sie ernst nimmt – praktisch gerecht werden will. Die Ökobilanz ist zumindest für

---

[1] Verordnung (EWG) Nr. 1836/93 des Rates vom 29. Juni 1993, Abl. Nr. L 168 vom 10.7.1993, S. 1.

Mario Schmidt, Achim Schorb (Hrsg.)
Stoffstromanalysen in Ökobilanzen und
Öko-Audits
© Springer-Verlag Berlin Heidelberg 1995

mittlere und größere Unternehmen ein unverzichtbares Hilfsmittel, um ein Öko-Audit langfristig zu fundieren und zu etablieren.

Systematische, dokumentierte, regelmäßige und objektive Bewertung

In der Verordnung werden an zentraler einleitender Stelle u. a. folgende Anforderungen formuliert:

- Eine „Festlegung und Umsetzung standortbezogener Umweltpolitik, -programme und -managementsysteme" (Art. 1, Abs. 2, Nr. a),
- eine „systematische, objektive und regelmäßige Bewertung der Leistung dieser Instrumente"(Art. 1, Abs 2, Nr. b),
- die „Bereitstellung von Informationen über den betrieblichen Umweltschutz für die Öffentlichkeit." (Art. 1, Abs 2, Nr. c)
- „eine umfassende Untersuchung der umweltbezogenen Fragestellungen, Auswirkungen und des betrieblichen Umweltschutzes" im Rahmen der (ersten) Umweltprüfung. (Art. 2, Nr. b),
- Eine Umweltbetriebsprüfung, die „eine systematische, dokumentierte, regelmäßige und objektive Bewertung der Leistung der Organisation, des Managements und der Abläufe zum Schutz der Umwelt umfaßt" (Art. 2, Nr. f).

Die *systematische, dokumentierte, regelmäßige und objektive* Bewertung wird insgesamt sehr stark betont, ohne daß sie allerdings in der Verordnung operationalisiert wird. Genau die systematische, dokumentierte, transparente und fortschreibbare Herangehensweise ist Merkmal der Ökobilanz, oder genauer: einer Sachbilanz. Ihr naturwissenschaftlich-technischer Bezug mit dem Ansatz der buchhalterischen Quantifizierung erhöht ihre Akzeptanz für Außenstehende.

Schwierig wird die Forderung nach einer (an sich absurden) objektiven Bewertung. Hier kann nur ein objektiver Zeitvergleich gemeint sein, der über mehrere Geschäftsjahre hinweg eine Verringerung der Umweltauswirkungen dokumentiert. Dies setzt allerdings die Etablierung eines Systems voraus, das systematisch angelegt ist und einen Vergleich – über Jahre hinweg, mit vertretbaren Aufwand – zuläßt.

Ohne Input-/Outputzahlen keine Umwelterklärung

Ein Zusammenhang zur betrieblichen Ökobilanz wird in der Verordnung am ehesten noch bei der für die Öffentlichkeit vorgesehenen und für die Zertifizierung erforderlichen *Umwelterklärung* hergestellt, die „eine Zusammenfassung der Zahlenangaben über Schadstoffemissionen, Abfallaufkommen, Rohstoff-, Energie- und Wasserverbrauch und gegebenenfalls über Lärm und andere bedeutsame umweltrelevante Aspekte, soweit angemessen" umfassen muß (Art. 5, Abs. 3, Nr. c). Eine Input-/Ouputanalyse ist damit – zumindest auf einer rudimentären Ebene – für eine Zertifizierung nach der EG-Verordnung unumgänglich.

Die Umwelterklärung soll etwas etablieren, was in umweltbewußten Unternehmen seit vielen Jahren Normalität ist: die Veröffentlichung eines Umweltberichtes, der über die umweltrelevanten Tätigkeiten des Unternehmens berichtet und auch ein Zahlengerüst mit den wesentlichsten Umweltauswirkungen angibt. Nicht selten stammen diese Zahlen aus einer Ökobilanz und werden als Input-/Outputanalyse sogar ausgewiesen[2]. Eine solche Quantifizierung nicht zu fordern, hieße an dieser Stelle, hinter den Standard in der Wirtschaft zurückzufallen.

Quantifizierung ermöglicht Beurteilung der Umweltauswirkung

Für das Umweltmanagementsystem werden in der Verordnung unter der Überschrift „Auswirkungen auf die Umwelt" folgende Anforderungen formuliert:
„Prüfung und Beurteilung der Umweltauswirkungen der Tätigkeiten des Unternehmens am Standort sowie Erstellung eines Verzeichnisses der Auswirkungen, deren besondere Bedeutung festgestellt worden ist." (Anh. I, B, Nr. 3) Dazu gehören ggf.

„a) kontrollierte und unkontrollierte Emissionen in die Atmosphäre;

b) kontrollierte und unkontrollierte Ableitungen in Gewässer oder die Kanalisation;

c) feste und andere Abfälle, insbesondere gefährliche Abfälle;

d) Kontamination von Erdreich;

e) Nutzung von Boden, Wasser, Brennstoffen und Energie sowie anderen natürlichen Ressourcen;

f) Freisetzung von Wärme, Lärm, Geruch, Staub, Erschütterungen und optischen Einwirkungen;

g) Auswirkungen auf bestimmte Teilbereich der Umwelt und auf Ökosysteme."

Diese Anforderungen machen eine quantitative Analyse indirekt erforderlich. Nur so können die Umweltauswirkungen beurteilt und ihre Bedeutung festgestellt werden. Ohne quantitative Betrachtung bliebe diese Anforderung an ein Umweltmanagementsystem bedeutungsleer. Der Umstand, daß bei diesen Anforderungen mehrere Umweltmedien oder Umweltauswirkungen berührt werden, spricht für die Ökobilanz als geeignetes Instrumentarium, denn gerade sie hat einen medienübergreifenden Ansatz.[3]

---

[2] siehe z. B.: BASF, Umweltbericht 1994, Ludwigshafen; Boehringer KG, Umweltbericht 1994, Ingelheim; Hopfisterei GmbH, Umweltbericht 1993, München; IBM,-Umweltbericht; Kraft Jacobs Suchard, Umweltbericht 1991-1995, Bremen; Kuhnert KG, Ökobericht 1993, Immenstadt; Mohndruck GmbH, Umwelterklärung und Ökobilanz 93/94, Gütersloh.

[3] siehe einführenden Beitrag von Mario Schmidt in diesem Buch.

Genau genommen wird hier sogar mehr als eine reine Sachbilanz oder Input-/-Outputanalyse verlangt, denn es muß eine *Bewertung* zahlreicher und z. T. recht unterschiedlicher Wirkbereiche erfolgen, die nur mit Wirkungsanalyse und Bewertung im Rahmen einer umfassenden Ökobilanz möglich ist.

Improvement Assessment

Im Rahmen der Umweltpolitik und -programme sowie der Umweltbetriebsprüfungen müssen laut Verordnung folgende Gesichtspunkte berücksichtigt werden:

„1. Beurteilung, Kontrolle und Verringerung der Auswirkungen der betreffenden Tätigkeit auf die verschiedenen Umweltbereiche;

2. Energiemanagement, Energieeinsparungen und Auswahl von Energiequellen;

3. Bewirtschaftung, Einsparung, Auswahl und Transport von Rohstoffen; Wasserbewirtschaftung und -einsparung;

4. Vermeidung, Recycling, Wiederverwendung, Transport und Endlagerung von Abfällen;

5. Bewertung, Kontrolle und Verringerung der Lärmbelästigungen innerhalb und außerhalb des Standortes;

6. Auswahl neuer und Änderung bei bestehenden Produktionsanlagen;

7. Produktplanung (Design, Verpackung, Transport, Verwendung und Endlagerung);

8. betrieblicher Umweltschutz und Praktiken bei Auftragnehmern, Unterauftragnehmern und Lieferanten;

9. Verhütung und Begrenzung umweltschädigender Unfälle;

10. besondere Verfahren bei umweltschädigenden Unfällen;

11. Information und Ausbildung des Personals in bezug auf ökologische Fragestellungen;

12. externe Information über ökologische Fragestellungen." (Anhang I, C)

Die kursorische Aufzählung der zu berücksichtigenden Gesichtspunkte weist auf die Möglichkeiten zur Verbesserung der Umweltsituation hin. Sie umfaßt dabei jene Punkte, die auch bei Schwachstellenanalysen oder einem Improvement Assessment im Rahmen von Ökobilanzen üblich sind. Dazu gehören Bereiche wie Energieerzeugung und -verbrauch, Rohstoff- und natürlicher Ressourcenverbrauch (z. B. Wasser), Transporte, Abfallentsorgung bzw. Recycling oder die Produktionstechnologie. An welcher Stelle sinnvollerweise und am effizientesten Umweltschutzmaßnahmen ansetzen können, wird – neben ökonomischen Aspekten – wesentlich von einer Ökobilanz beantwortet. Die Sachbilanz liefert dabei das Datengerüst und die Bewertung ermöglicht eine Schwerpunktsetzung.

Interessant ist der Punkt 7 mit Produktplanung und Punkt 8, bei dem plötzlich die Vorlieferanten oder Auftragnehmer erwähnt werden. Obwohl das Öko-Audit – im Gegensatz zum ökologischen Produktlabeling – zu einem standortbezogenen Umweltzeichen führt, wird hier plötzlich auf die produktbezogene Ebene gesprungen. Damit soll der umfassende Charakter eines guten Umweltmanagementsystems dokumentiert werden. Das Unternehmen benötigt dann allerdings auch ein flexibles Analyseinstrumentarium, das es ermöglicht, die gleichen Sachverhalte von verschiedenen Seiten – z. B. von der Produktseite oder unter Standortbezug – zu betrachten. Die Aufstellung einer rudimentären Input-/Output- Analyse, wie sie in manchem Umweltbericht der Unternehmen derzeit abgedruckt wird, reicht dann nicht aus. Die betriebliche Ökobilanz müßte vielmehr modular aufgebaut sein und eine Aggregation der Ergebnisse auf ganz unterschiedlichen Ebenen oder für verschiedene Bereiche zulassen.

Stetige Verbesserung erfordert Fortschreibung und Quantifizierung

Laut Verordnungstext gehört zu den erforderlichen Handlungsgrundsätzen des Unternehmens die regelmäßige Überprüfung der Tätigkeit des Unternehmens, „ob sie [...] dem Grundsatz der stetigen Verbesserung des betrieblichen Umweltschutzes entspricht" (Anhang I, D, 1. Abs.).

Die angesprochene Stetigkeit drückt sich in der Betriebsprüfungshäufigkeit aus, die „in Abständen von nicht mehr als drei Jahren" durchgeführt werden soll (Anhang II, H). Die Verbesserung muß selbstverständlich belegbar und damit bezüglich der Umweltauswirkungen auch quantifizierbar sein. Dies drückt sich etwa darin aus, daß die Dringlichkeit bzw. Häufigkeit der Betriebsprüfung u. a. an „Art und Umfang der Emissionen, des Abfalls, des Rohstoff- und Energieverbrauchs sowie generell der Wechselwirkung mit der Umwelt" (Anhang II, H, Nr. b) gemessen wird.

Schlußbetrachtung

Es ist ein großes Manko der EG-Verordnung, daß sie einerseits umfangreiche Anforderungen an den betrieblichen Umweltschutz bzw. an Umweltmanagementsysteme stellt, andererseits aber keine geeigneten Instrumentarien empfiehlt oder an die Hand gibt. Der Verordnungstext bleibt damit in weiten Bereichen allgemein und unkonkret und hat viele Unsicherheiten in der Diskussion über die Einführung des Öko-Audits ausgelöst.

Der fehlende Bezug zu in der Praxis bereits bewährten Instrumentarien wie z. B. der betrieblichen Ökobilanz verwundert insofern, da hier auch ökonomische Interessen der Unternehmen genutzt werden können. Das Stoffstrommanagement mit Einsparungen im Ressourcenverbrauch oder beim Abfallaufkommen hat längst auch unter Kostengesichtspunkten eine betriebliche Bedeutung. Die Nutzung von betrieblichen Ökobilanzen und von Produktökobilanzen für das Improvement Assessment, aber auch für Marketingzwecke hat sich in vielen Unternehmen bewährt.

Insofern bietet es sich an, jetzt zumindest in der Praxis zwischen dem Öko-Audit bzw. der Einführung von Umweltmanagementsystemen und der analytischen und instrumentellen Ebene der Ökobilanzen eine Brücke zu schlagen und die Erstellung von Ökobilanzen im Rahmen von Umweltmanagementsystemen – auch unter Effizienzgesichtspunkten – dauerhaft zu etablieren.

VI Die nächste Stufe: Die Bewertung

Die Bilanzbewertung in produktbezogenen Ökobilanzen

Jürgen Giegrich, Heidelberg

Im Erfahrungsbereich menschlichen Handelns sind "Bewerten", "Einschätzen" oder "Abwägen" alltägliche Vorgänge. Bewertung ist ein Schritt gleichzeitig rationalen wie emotionalen Handelns und damit eng mit dem Mensch als Wesen verbunden.

Die wenigsten Sachverhalte im menschlichen Leben und Umfeld sind so eindeutig, daß sie ohne ein Abwägen sich widersprechender Aspekte eingeordnet werden können. Vielmehr ist Handeln selbst nur eines Individuums ständig von inneren Zielkonflikten begleitet. Abwägen, bewerten und schließlich Entscheidungen treffen sind deshalb von der täglichen Essensauswahl bis zur lebensbestimmenden Berufsentscheidung Normalität.

Der Mensch als soziales Wesen ist natürlich auch in Gruppen von zwei Personen bis hin zur Weltgemeinschaft ständig zu abwägenden Entscheidungen gezwungen. Sind Bewertungen auf individueller Ebene manchmal nicht leicht zu treffen, so werden sie zunehmend komplizierter je mehr Menschen mit verschiedenen Interessen beteiligt sind.

In der Entwicklung der Menschheitsgeschichte ist mit dem herrschenden Demokratieprinzip in vielen Gesellschaften ein Punkt erreicht, an dem über das Repräsentationsprinzip zunächst jeder Mensch an Entscheidungen beteiligt sein könnte. Es sind zum heutigen Zeitpunkt zumindest in weiten Teilen der Erde Formen des Zusammenlebens wie die autokratische Herrschaft auf dem Rückzug, bei denen eine Person, ohne eine Chance der Beteiligung für andere, bewertet und entschieden hat.

Wird man sich der Bedeutung des Mitentscheidens auch in größeren Zusammenhängen klar, so muß das eigenständige Bewerten und Entscheiden jedes Individuums als große Chance begriffen werden. Mit einem Verzicht mitzuentscheiden, versagt sich ein Mensch eines hohen Privilegs. Die Entwicklung einer "eigenen Meinung" eines Menschen ist gerade in einer repräsentativen Demokratie wichtig, da Politiker und Vertreter quasi als berufsmäßige "Bewerter" und "Entscheider" zwar Meinungen anbieten und auch umsetzen, aber nur breite Mehrheiten der Individuen zu einem Durchbruch bestimmter Positionen verhelfen.

Diese großen Zusammenhänge sollten jedem bewußt sein, der sich mit dem Thema Bewertung auseinandersetzt, da allein hierdurch ein technokratischer Ansatz zur Diskussion des Vorgangs "Bewertung" verhindert wird. Es besteht näm-

Mario Schmidt, Achim Schorb (Hrsg.)
Stoffstromanalysen in Ökobilanzen und
Öko-Audits
© Springer-Verlag Berlin Heidelberg 1995

lich die Gefahr, daß durch die Unsicherheit, die ein Zielkonflikt immer hervor-ruft, der Weg zu starren - eben technokratischen - Vorgehensweisen erstrebens-wert erscheint. Jedoch das Gegenteil ist der Fall. Die Automatisierung und For-malisierung von Bewertungs- und Entscheidungsvorgängen beraubt den Men-schen seiner Freiheit und seinem Privileg, Meinungen bilden zu können.

Zu einer sinnvollen Behandlung des Themas "Bewertung" ist es hilfreich, sich zunächst Klarheit über den Inhalt dieses Begriffes zu verschaffen.

1   Definition von Bewertung

Im täglichen Leben sind Menschen ständig damit konfrontiert, Geschehnisse und Sachverhalte einzuschätzen und sich eine Meinung zu bilden. Bei einer Ein-schätzung verbinden sich dabei die von außen herangetragenen Sachverhalte und Informationen mit der inneren Wertehaltung einer Person, ihren Gefühlen, den früher bereits vorgenommenen Einschätzungen, den gewonnenen Erfahrungen sowie den Einschätzungen der Umgebung. Faßt man die letzten Punkte unter dem Begriff "Wertesystem" zusammen, so läßt sich der Begriff *"Bewertung"* ver-stehen als

die Verknüpfung der zugänglichen Informationen eines Sachverhaltes mit dem persönlichen Wertesystem zu einem Urteil über den entsprechenden Sachverhalt.

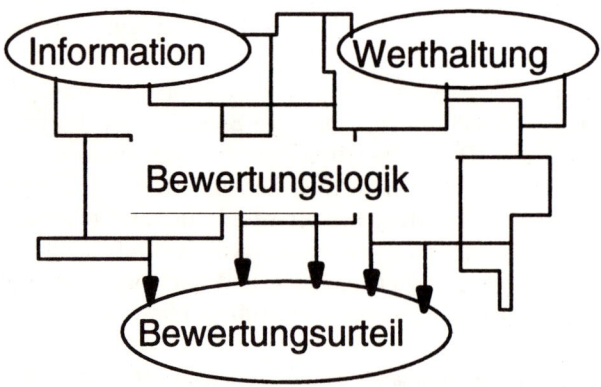

Abb. 1. Grafische Darstellung der Definition von Bewertung

In einem anschaulichen Bild kann die Definition (Giegrich, 1991) verdeutlicht werden (siehe Abb. 1). Die Ausgangspunkte bilden die Information und die Werthaltung eines Bewertenden. Er verknüpft diese Ausgangspunkte mit einer gewissen "Logik" zu dem Bewertungsurteil. Wobei unter Bewertung je nach Sprachgebrauch manchmal der Vorgang der Bewertung verstanden wird und manchmal das Bewertungsurteil ("etwas wird einer Bewertung unterzogen"; "die Bewertung eines Sachverhaltes ist..."). Um Mißverständnisse zu vermeiden sollte zur besseren Differenzierung der Begriffe von "Bewertungsvorgang" und "Bewertungsurteil" gesprochen werden.

Drei Dinge werden durch diese Definition deutlich:

1. Eine Bewertung ist immer - quasi definitionsgemäß - von subjektiven Werthaltungen geprägt. Somit ist eine "objektive Bewertung" grundsätzlich nicht möglich.
2. Eine Bewertung ist aber auch von Sachinformationen geprägt. Damit ist ein Bewertungsurteil nicht vollkommen beliebig, sondern hängt in einem festgelegten Maß von diesen Sachinformationen ab.
3. Der auf persönlicher Ebene eines Menschen immer wiederkehrende Vorgang der Bewertung wird komplizierter, wenn

   - mehrere Personen oder Gruppen
   - einen mehr oder weniger komplexen Sachverhalt
   - nach einem oder mehreren Kriterien
   - in einem bestimmten vorgegebenen Zeitraum

   beurteilen wollen. Treffen diese genannten Punkte zu, so ist Bewertung nicht ein momentaner Vorgang sondern ein ausgedehnter Prozeß. Ein solcher Prozeß benötigt Rahmenbedingungen, Regeln und Methoden.

2   Einordnung von Bewertung bei öffentlichen Fragestellungen

Diese Arbeit dreht sich um Bewertungen im öffentlichen Kontext. Solche Bewertungen stellen in der Regel einen komplexen Vorgang dar, der – wie gesagt – gewisse Rahmenbedingungen, festgelegten Vorgehensweisen und Übereinkünften bedarf. In vielen Bereichen, auch für ökologische Fragestellungen, existieren Vorgaben für komplexe, gesellschaftsrelevante Bewertungen.

Um einen Überblick über bereits vorhandene und auch zukünftige Ansätze gesellschaftlicher Bewertung zu gewinnen, ist es hilfreich, sich zunächst mit dem Grundsatz vorhandener Bewertungsansätze zu befassen. Die wenig präzise Verwendung von Begriffen erschwert dazu meist die Kommunikation über das Thema Bewertung.

Deshalb soll zunächst versucht werden, Begriffe klaren Inhalten zuzuordnen und dadurch eine höhere Stringenz in der Diskussion über Bewertung zu erreichen. So lassen sich drei Kategorien unterschiedlicher Sachverhalte bei der Bewertung identifizieren:

- Bewertungsmethode und Bewertungslogik
- Bewertungsrahmen oder Bewertungsprogrammatik
- Bewertungsverfahren

Im einzelnen ist darunter zu verstehen:

Bewertungsmethode und Bewertungslogik

Eine Bewertungsmethode und eine Bewertungslogik stehen für formalisierte Regeln oder die Abfolge von Regeln, die festlegen, wie zugängliche Informationen und Werthaltungen zu einem Bewertungsurteil verknüpft werden. Die reine Verknüpfungslogik oder Bewertungslogik ist unabhängig von den jeweiligen Sachinhalten und Bewertungskriterien anwendbar. Beispiele: Nutzwertanalyse, Schaden-Nutzen-Analyse. Der Begriff Bewertungsmethode soll als konkrete Umsetzung der reinen Logik etwas freier verwendet werden können.

Bewertungsrahmen oder Bewertungsprogrammatik

Ein Bewertungsrahmen oder eine Bewertungsprogrammatik regelt lediglich die allgemeinen Rahmenbedingungen für die Bewertung eines komplexen Sachverhaltes, ohne Festlegungen im Detail vorzunehmen. Solche Rahmenbedingungen können sein: Zielsetzung, Ausgangspunkt, Inhalte, Kriterien, grundsätzlicher Verlauf etc. Beispiele: Umweltverträglichkeitsprüfung, Technikfolgenabschätzung.

Bewertungsverfahren

Unter Bewertungsverfahren ist ein konkreter, methodisch festgelegter Ablauf von Handlungen, die Bewertungsschritte beinhalten, mit klaren Regeln zu verstehen. Ein solches Verfahren kann bestimmt werden durch die Art und Weise der Problemdefinition und kann über die Vorgaben zur Informationsbeschaffung, der Auswahl der Kriterien und einer Bewertungsmethode (siehe oben) bis zur Art der Präsentation des Bewertungsurteils gehen. Ein Bewertungsverfahren ist oft nur für einen bestimmten Anwendungszweck konzipiert und trägt meist einen festen, unverwechselbaren Namen. Beispiele: Prioritätensetzungsverfahren für Altstoffe nach dem Beratergremium der Gesellschaft Deutscher Chemiker, Produkt - Ökobilanz nach der Ökopunkt-Methode.

3 Beziehungen der drei Kategorien zueinander

Um die hier eingeführten und im weiteren verwendeten Begriffe zu verdeutlichen, werden die einzelnen Kategorien in der Abbildung 2 in Beziehung gesetzt.

Die Abbildung zeigt, daß ein Bewertungsverfahren innerhalb eines weniger konkret vorgegebenen Bewertungsrahmens angesiedelt ist. Mehrere verschiedene Verfahren können sich in ein und demselben Rahmen befinden. So stellen z.B. das Prioritätensetzungsverfahren nach der Gesellschaft Deutscher Chemiker und das Prioritätensetzungsverfahren nach der Berufsgenossenschaft Chemie zwei verschiedene Verfahren im Rahmen der Bewertung von chemischen Altstoffen dar.

In einem Bewertungsverfahren können mehrere verschiedene einzelne Bewertungsschritte oder auch nur ein einziger abschließender Bewertungsschritt stattfinden. Die Bewertungsschritte innerhalb des Verfahres stellen einen Bewertungsvorgang im eigentlichen Sinn gemäß der oben gegebenen Definition dar. Um die wertbezogenen, subjektiven Elemente in einem Verfahren zu konzentrieren, wird üblicherweise angestrebt, die eigentliche Bewertung in einem Schritt am Ende des Verfahrens auszuführen. Ein abschließender Bewertungsschritt ist dabei deutlich zu unterscheiden von wertenden Elementen im Verlauf des gesamten Verfahrens.

Der oder die eigentlichen Bewertungsschritte im Rahmen eines Bewertungsverfahrens gehorchen der oben vorangestellten Definition von Bewertung. Informationen, die nach mehr oder weniger festgelegten Regeln gewonnen worden sind, werden mit "gesellschaftlichen Werten" zu einem Bewertungsurteil zusammengeführt. Die Art und Weise der Verknüpfung unterliegt einem gewissen Ablaufschema und einer gewissen Logik. Sie ist unabhängig von Inhalten und Kriterien und soll speziell mit dem Begriff der Bewertungslogik bezeichnet werden. Findet die Bewertungslogik eine mehr oder weniger spezifische Ausprägung, so wird sie eher als Bewertungsmethode gekennzeichnet.

Im Vorgriff auf die Produkt-Ökobilanzen läßt sich festhalten, daß dieses Instrument heute noch eher einen Bewertungsrahmen darstellt. Innerhalb dieses Rahmens existieren eine Reihe verschiedener Verfahren, die jeweils spezielle z.T. nationale Ausprägungen besitzen. Durch die nationalen wie internationalen Standardisierungsbemühungen bewegt sich die Produkt-Ökobilanz jedoch von einem Bewertungsrahmen hin zu einem mehr oder weniger konkreten Bewertungsverfahren. Eine einzige konkrete Bewertungsmethode zur Verknüpfung von Informationen aus Sach- und Wirkungsbilanz mit gesellschaftlichen Werten (ausgeführt in der Bilanzbewertung) wurde noch nicht beschlossen - u.U. wird sie nie beschlossen werden.

Als Bewertungsmethode wird die Art der Verknüpfung zwischen Sachinformationen und Werthaltungen bezeichnet. Damit handelt es sich bei der Bewertungsmethode um eine formalisierbare Konstruktion von Ablaufregeln und Verknüpfungslogiken. Die Methode ist daher nicht wie das Bewertungsurteil subjektiv geprägt, sondern erlaubt die Festlegung von Regeln und Konventionen.

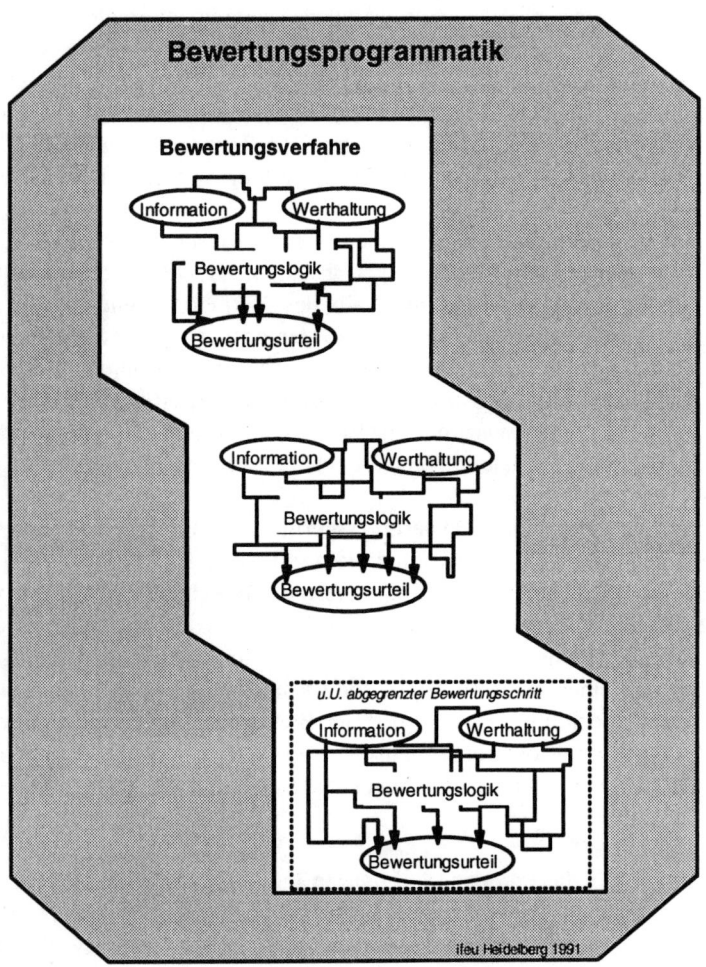

Abb. 2. Darstellung verschiedener Kategorien von Bewertung

Es muß jedoch gleich darauf hingewiesen werden, daß die Art der Verknüpfungsregeln auch Einfluß auf das Bewertungsurteil haben kann – also nicht vollkommen "ergebnisneutral" ist. Obwohl die Bewertungslogik, die einer Bewertungsmethode zugrunde liegt, definitionsgemäß unabhängig von Sachinhalten und Bewertungskriterien ist, können jedoch genau diese Inhalte dazu führen, daß

Bewertungsmethoden je nach Anwendungszweck besser oder schlechter geeignet sind. Es gibt deshalb keine per se gute oder schlechte Methode.

Bei der Recherche verschiedener Bewertungslogiken hat es sich gezeigt, daß es eigentlich nur fünf methodische Grundmuster gibt. Sie können jedoch für bestimmte Anwendungszwecke z.T. beliebig miteinander kombiniert sein. Solche spezifischen Kombinationen werden dann eher als Bewertungsmethode gekennzeichnet. Um die Bewertung bei der Produkt-Ökobilanz aber auch in anderen Bereichen besser analysieren zu können, ist es hilfreich, die Grundmuster der Logiken zunächst getrennt zu dokumentieren.

Der nutzwertanalytische Ansatz

Nach der Formulierung von u.U. zahlreicher Kriterien wird jedem Kriterium ein "Gewicht" zugeordnet. Das Erreichen eines Ziels innerhalb eines Kriteriums wird mit dem Zielerfüllungsgrad bewertet. Danach wird durch einfache mathematische Verknüpfungen das Bewertungsergebnis "berechnet". Die Einschätzung der jeweiligen Zielerfüllung und das Gewichten stellen die subjektiven Schritte dar.

Der Schaden-Nutzen-Ansatz

Jedem Einzelaspekt einer Bewertungsfrage, der sich in Schaden oder Nutzen ausdrückt, wird ein eindimensionaler Wert (z.B. Geldwert, Toxizitätsäquivalent etc.) zugeordnet. Die Schlußaddition ergibt das Gesamtbewertungsurteil. Der subjektive Schritt steckt hier in der Belegung eines speziellen Schadens (oder Nutzens) mit einem Wert.

Der Ansatz der kritischen Menge

Für jeden zu bewertenden Einzelaspekt wird eine "kritische Größe" oder Zielgröße definiert. Setzt man den in einem Vorgang ermittelten Wert ins Verhältnis zur kritischen Größe, ergibt sich ein dimensionsloser oder dimensionsbehafteter Zahlenwert, wie z.B. das "kritische Luftvolumen" oder der "Luftbelastungsindex". Solche Zahlen oder Indices können zu einem Gesamtergebnis addiert werden. Der subjektive Schritt liegt in der Festlegung der kritischen Größe.

Der Ansatz der verbal-argumentativen Abwägung

Durch die diskursive Abwägungen der Teilaspekte mit Hilfe klar ausgedrückter Wertargumente wird ein Gesamturteil hergeleitet. Dabei wird über einen Diskurs und meist durch Hierarchiebildung der zugrundeliegenden Kriterien das Bewertungsurteil erarbeitet.

Der hierarchische Methodenansatz

Über eine hierarchische Anordnung der verwendeten Kriterien werden aus den Unterschieden der verglichenen Optionen und ihrer Stellung in der Hierarchie in einem oder mehreren Schritten Bewertungskriterien ausgeschieden. Die Breite der zu berücksichtigenden Kriterien wird so schnell eingeschränkt, so daß die Schlußeinschätzung nur anhand einiger weniger Punkte vorgenommen wird.

Neben der Kenntnis dieser Verknüpfungsmuster, die hier als grundlegende Bewertungslogiken gekennzeichnet werden, darf nicht vergessen werden, daß eine oder mehrere solcher Grundmuster Bestandteile einer meist spezifischen Bewertungsmethode sein können. Darüber hinaus ist es auch möglich, die Bewertung mit Hilfe einer solchen u.U. komplexen Methode als Prozeß zu verstehen. In einem solchen Prozeß können verschiedene Akteure zu verschiedenen Zeiten involviert werden, die sich wiederum der entsprechenden Methoden bedienen.

4   Bewertung in der Produkt-Ökobilanz

Noch vor wenigen Jahren waren alle Ökobilanzpraktiker der Meinung, daß eine möglichst umfassende Zusammenstellung aller Daten ausreicht, um bestimmte Produkte oder Verfahren zu bewerten. Noch heute ist in den Köpfen vor allem derjenigen, die eine Ökobilanz zu einem bestimmten Zweck benötigen, verankert, mit der adäquaten Zusammenstellung aller Informationen und Daten zeige sich bereits das Ergebnis.

Doch mehr und mehr wird deutlich, daß nach der Datensammlung überhaupt erst das Bewertungsproblem einer Ökobilanz beginnt. Es ist daher nicht verwunderlich, wenn es viele Ansätze gibt, die notwendigen Bewertungsschritte ebenso wie die Datensammlung als eine möglichst sachliche und "objektive" Angelegenheit zu verstehen.

Da mittlerweile erkannt wurde, daß "Bewertung" nicht objektivierbar ist, muß versucht werden, die Struktur des Bewertungsverfahrens Ökobilanz in zwei Teilen zu sehen: Zum einen ist ein objektiver Teil mit Daten, Fakten und Informationen zu dem untersuchten System und den daraus folgenden Umweltwirkungen zu definieren. Zum anderen dient der subjektive Bewertungsteil zur Einschätzung und Abwägung von Optimierungsoptionen und Handlungsalternativen. Die praktischen Arbeiten zeigen, daß diese klare Trennung schwierig ist und wertende Elemente auch in den sachlichen Datenteil hineinspielen.

In der nationalen und internationalen Diskussion zu Ökobilanzen hat sich aus diesen Anforderungen ein sinnvoller Ansatz einer Struktur entwickelt. Die exakten Strukturelemente sind zwar im internationalen Standardisierungsprozeß noch nicht endgültig gegeneinander abgegrenzt worden und vielleicht müssen noch die richtigen Begriffsbezeichnungen gefunden werden. Dennoch kann damit bereits heute in der Praxis sinnvoll gearbeitet werden.

Sehr einleuchtend erscheint der Ansatz einer niederländischen Arbeitsgruppe (Heijungs et al., 1991) , der auch vom Umweltbundesamt als die Untersuchungsschritte eines Standardmodells vorgeschlagen wird (Biet et al., 1992) :

1. Bilanzierungsziel (Goal Definition)
2. Sachbilanz (Inventory)
3. Wirkungsbilanz (Impact Assessment)
4. Bilanzbewertung (Valuation)

Von der Society of Environmental Toxicology and Chemistry (Fava et al., 1991) wird ein dreistufiges Modell für Life Cycle Assessment vorgeschlagen, das im wesentlichen dem oben dargestellten Modell gleicht und nur um das sogenannte "Improvement Assessment" (Optimierungsanalyse) erweitert ist. Valuation ist bei Fava et al. ein Unterpunkt von Impact Assessment.

In Bezug auf die Bewertung versuchen die meisten Methodenansätze in Ökobilanzen, alle Sachinformationen und naturwissenschaftlichen Zusammenhänge zum "wertfreien" Teil zu bündeln. Die eigentliche Bewertung erfolgt dann erst in einem letzten Bewertungsschritt. Da die Schlußbewertung einen bestimmenden Schritt der Ökobilanz darstellt – ja sogar ohne diesen Schritt überhaupt nach dem Sinn einer ökologischen Bilanzierung gefragt werden müßte –, ist es sicherlich gerechtfertigt, die Produkt-Ökobilanz insgesamt als Bewertungsverfahren zu verstehen.

Bezüglich der wertenden Elemente in der Sachbilanz und der Wirkungsbilanz gibt es natürlich einen substantiellen Unterschied zu den Bewertungen im eigentlichen Bewertungsschritt – der Bilanzbewertung. Bei vielen Fragen der Sach- und Wirkungsbilanz gibt es oft zwar keine Antworten im Sinne von richtig oder falsch, aber es ist möglich, Übereinkünfte oder Konventionen zu bestimmten Vorgehensweisen festzulegen. Im letzten Schritt der Bewertung können die Konventionen jedoch nicht die eigentliche subjektive Bewertung ersetzen.

Die Frage, wieviel Kohlendioxidemissionen müssen wir z.B. in den Industrieländern reduzieren, basiert zwar auf wissenschaftlichen Berechnungen. Doch ist die Reduktionsquote von 30 % in der Bundesrepublik eine politische Bewertung und Entscheidung. So könnten genausogut 50 % oder gar 70 % Reduktionsquote aus denselben wissenschaftlichen Berechnungen politisch beschlossen werden.

Noch schwieriger wird es bei einer Bewertung, wenn die Reduktion von Kohlendioxidemissionen mit einer Erhöhung der Emissionen krebserzeugender Schadstoffe verbunden ist. In einer Abwägung muß nun z.B. die persönliche Einschätzung einer Wirkung (hier: Krebserkrankung gegen Treibhauseffekt) vorgenommen werden, die einen rein subjektiven Vorgang darstellt. Die Formulierung konkreter Umweltqualitätsziele im gesellschaftlichen Kontext könnte jedoch eine solche "Bewertung" erleichtern.

Formale Bewertungsmethoden helfen in diesem Zusammenhang zwar eine Bewertung zu erleichtern, indem sie ihre Transparenz und Nachvollziehbarkeit erhöhen, sie sind jedoch als ein Handwerkszeug zu verstehen. Im Bereich der Bilanzbewertung gibt es nun einige Entwicklungen, die in der Vergangenheit davon geprägt waren, eine eindimensionale Bewertungszahl (z.B. Ökopunkte) zu berechnen (siehe Kapitel 5). Neuere Überlegungen versuchen darauf zu verzichten und dennoch ein Höchstmaß an Transparenz und Nachvollziehbarkeit zu erreichen.

Zwischenzeitlich tragen auch erste Übereinkünfte der Normungsgremien in der Bundesrepublik beim Deutschen Institut für Normung (DIN) und im internationalen Standardisierungskontext bei der International Standard Organisation (ISO) zu Klarstellung des Themas bei. Im Arbeitsausschuß 3 des Normenausschuß Grundlagen des Umweltschutzes (NAGUS) des DIN wurde ein Papier "Grundsätze produktbezogener Ökobilanzen" im November 1993 verabschiedet (DIN 1994), das in einem Kapitel die "Verständigung auf die Unmöglichkeit einer wissenschaftlich begründbaren Bilanzbewertung" beschreibt. Dadurch wird in Übereinkunft aller beteiligter Kreise der subjektive Charakter der Bewertung bestätigt.

Auch im Committee Draft "Life cycle assessment - General principles and practices" des ISO-Gremiums TC 207/SC 5 zur Standardisierung von Produkt - Ökobilanzen (ISO 1995) wird Bewertung als Unterpunkt von Impact Assessment fester Bestandteil der Ökobilanz. Auch hier wird der eindeutig subjektive Charakter der Bewertung herausgestellt: "Valuation is a largely subjective process and must be transparent. [...] As a consequence of this, valuation will reflect values such as social values and preferences". Methodisch läßt dieses Grundsatzpapier der internationalen Standardisierung noch viel Spielraum.

5   Existierende Ansätze

Vor dem Hintergrund der oben kurz angedachten Bewertungstheorie können existierende Bewertungsverfahren für Ökobilanzen leichter eingeschätzt werden. Kein Verfahren allein kann derzeit als richtungsweisend bezeichnet werden, obwohl einzelne Lösungsansätze der bestehenden Verfahren durchaus hilfreich sind.

Im folgenden sollen einige wichtige Bewertungsverfahren für Produkt-Ökobilanzen knapp dargestellt und besprochen werden.

1.   Modell der kritischen Belastungen

Die schon klassische Methode der Ökobilanzbewertung aus der Schweiz (Habersatter, 1991) arbeitet mit dem Bewertungsansatz der kritischen Menge. Dieses Modell geht davon aus, daß für jeden in das Medium Luft oder Wasser abgegebenen Schadstoff ein Volumen berechnet wird, welches durch die Anwesenheit des Schadstoffes bis an den gesetzlichen Grenzwert belastet wird (kritische Belastung). Die für einzelne Schadstoffe berechneten Teilvolumina werden dann zu einem "kritischen Volumen" je Luft und Wasser addiert.

Darüber hinaus werden neben den kritischen Luft- und Wasservolumina noch ein Energieäquivalenzwert und die Menge an festen Abfällen berechnet. Damit stehen vier unabhängige Bewertungskriterien nebeneinander zur Verfügung, die auch nicht weiter zusammengefaßt werden. Ein abschließendes Ergebnis kann daher nur durch eine abwägende, argumentative Bewertung erfolgen.

Neben den Zahlen zu Energie und festen Abfällen, die auch nach dieser Methode nur zusammengefaßt und nicht weiter bewertet werden, findet jedoch bei der Aggregation der Luft- und Wasserbelastungen eine Bewertung statt. Die Bewertung liegt dabei in der Auswahl der Grenzwerte. Es wird von den Autoren angegeben, daß die so gewählten Grenzwerte keine toxikologischen Grenzwerte darstellen, sondern politische.

Man könnte nun sagen, daß damit eine gesellschaftliche Bewertung durch die politische Festlegung der Grenzwerte bereits demokratisch erfolgt ist, doch ergibt die Verwendung der sehr unterschiedlichen Grenzwertkonzepte eher Schwierigkeiten. So wird für die Luft die Luftreinhalteverordnung herangezogen, die ein *Immissions*schutzrecht ist, während im Wasserbereich die Verordnung über Abwassereinleitungen also ein *Emissions*recht zur Anwendung kommt. Natürlicherweise beziehen sich diese zwei Rechtsverordnungen auf sehr unterschiedliche Schutzansätze, die beim Immissionsschutzrecht grundsätzlich viel weitgehender sein müssen.

Hinzu kommt, daß die Argumentation der in Grenzwerten bereits enthaltenen gesellschaftlichen Bewertung nur gültig ist, wenn überhaupt nationale Grenzwerte existieren. In der BUWAL-Studie beziehen sich im Bereich Luft lediglich sechs von 14 Schadstoffen auf gültige Schweizer Grenzwerte. Die restlichen "kritischen Mengen" wurden aus MIK und MAK Werten abgeleitet, die z.T. einen ganz anderen wissenschaftlich-politischen Hintergrund besitzen und sicherlich nicht demokratisch legitimiert sind.

2. Bewertung durch Ökopunkte

Die in der Schweiz entwickelte und veröffentlichte Methode der Bewertung mit Ökopunkten (s. Ahbe, 1990) basiert ebenfalls auf dem Bewertungsansatz der kritischen Mengen. Es werden dieselben vier Kriteriengruppen wie in der Arbeit von Habersatter genommen. Da nun aber auch für Energie und Abfall eine kritische Menge abgeleitet wird, lassen sich alle vier Aspekte zu einer einzigen Belastungszahl – den Ökopunkten – addieren.

Die Festlegung der kritischen Mengen oder der "ökologischen Knappheiten", wie es in der Studie heißt, stellt natürlich auch hier den entscheidenden Bewertungsschritt dar. Damit gelten im Grunde genommen dieselben Aussagen, die bereits oben für die Habersatter-Arbeit gemacht wurden. Sie gelten sogar noch verstärkt, da nun immissions- und emissionsabgeleitete kritische Mengen zusätzlich addiert werden.

Auch die mögliche Argumentation der durch Grenzwerte bereits erfolgten gesellschaftlich legitimierten Bewertung wird noch schwieriger. Gerade für die zwei Bereiche der Energienutzung und der Abfallerzeugung kann nicht ohne weiteres ein irgendwie gearteter "Grenzwert" abgeleitet werden. Dasselbe gilt für die mögliche Erweiterung dieses Konzeptes für andere Bewertungskriterien und scheitert vollkommen, wenn nicht quantifizierbare Kriterien berücksichtigt werden sollen.

Auf einen positiven Ansatz ist in der Arbeit von Ahbe et al. hinzuweisen. Sie versuchen erstmals, die Vorbelastung mit Schadstoffen und die sonstigen bestehenden ökologischen Knappheiten in eine Bewertung mit einzubeziehen.

3. VNCI-Modell aus den Niederlanden

Ein Niederländisches Modell (s. McKinsey, 1991) der Bilanzbewertung geht einen anderen Weg als die zwei Schweizer Ansätze von Habersatter und Ahbe. So werden z.B. Emissionen nicht unabhängig von ihrer Wirkung bewertet und aggregiert, sondern im Mittelpunkt stehen die verschiedenen Schadwirkungen wie Treibhauseffekt, Ozonabbau, Versauerung, usw.. Für jede Schadwirkung wird versucht, einen eigenständigen Belastungsindex zu erarbeiten. Dieser sogenannte "Effekt Index" berechnet sich aus einem spezifischen Konversionsfaktor und der Gesamtbelastung bezüglich der jeweiligen Schadwirkung.

Um nun abschließend zu einer einzigen Bewertungszahl zu kommen, werden die neun untersuchten Schadwirkungen jeweils mit einem Gewichtungsfaktor zwischen eins und zehn gewichtet. Durch Multiplikation des Effekt-Indexes mit dem Gewichtungsfaktor und der anschließenden Addition der gewichteten Indices wird der Gesamtbelastungsindex gewonnen. Dieser letzte Schritt der Bewertung stellt damit einen nutzwertanalytischen Verknüpfungsansatz dar.

Sinnvoll ist an diesem Konzept, daß die Umweltauswirkungen (impacts) im Mittelpunkt der Betrachtungen stehen und daß sie quasi bis zur Schlußbewertung getrennt untersucht und bewertet werden. Dadurch treten hier jedoch alle erdenklichen Schwierigkeiten der Wirkungsbilanz auf, die noch nicht befriedigend gelöst sind. Zur Bewertung innerhalb einer Wirkungskategorie werden verschiedene Verknüpfungslogiken verwendet, z.B. die eindimensionale Schadensaggregation beim Treibhauseffekt und Ozonabbau sowie der Ansatz der kritischen Mengen bei Verteilung toxischer Substanzen.

Die abschließende Nutzwertanalyse ist als nicht besonders sachgerecht anzusehen. So wird es immer eine umstrittene Frage sein, wie die Gewichtungsfaktoren zustande kamen und wer sie überhaupt akzeptiert. Weiterhin muß zur Festlegung dieser Faktoren eine große Vielfalt an Informationen einfließen, die nie ausreichend durch *eine* Zahl ausgedrückt sein kann.

4. EPS-Modell aus Schweden

Von einem Schwedischen Umweltforschungsinstitut (Institutet för vatten och luftvardsforskning) wurde eine Bewertungsmethode (Ryding u. Steen, 1991) entwickelt, die wiederum Bewertungsindices ermittelt. Sie sind unterschieden in Ressourcenindices und Emissionsindices. Für jeden Stoff und jeden einzelnen emittierten Schadstoff wird ein eigener Index ermittelt. Die Indices werden abschließend addiert. Damit bedient sich dieses Verfahren durch die Ermittlung einer dimensionslosen, addierbaren Schadensgröße für jeden Einzelaspekt des Schaden-Nutzen-Ansatzes.

Der Ressourcenindex wird ermittelt durch die Multiplikation eines "Ressourcen Nichtersetzbarkeitsfaktors" mit einem Skalenfaktor (zur Herstellung der Vergleichbarkeit mit den Schadstoffindices) und anschließender Division durch die Pro-Kopf-Menge der endlichen Ressource. Der Schadstoffindex berechnet sich aus der Multiplikation einer Reihe von Faktoren wie akzeptierte Vermeidungskosten bezüglich eines Effekts, Häufigkeit und mittlere Intensität des Effekts, betroffene Fläche oder Bevölkerung, Dauer des Effekts usw.

Es ist leicht zu erkennen, daß fast jeder der notwendigen Einzelfaktoren zur Ermittlung der Bewertungsindices bereits eine weitgehende Bewertung notwendig macht. Es besteht bei diesem Verfahren die Gefahr, daß die eigentliche Bewertung versteckt in vielen Einzelbewertungen geschieht. Eine sehr notwendige Transparenz ist damit nicht gegeben.

6   Einschätzung der bisherigen Ansätze

Die bisherige Praxis, Bewertungen auf der Ebene der Sachbilanz vorzunehmen, erscheint nur unter bestimmten Voraussetzungen möglich. Zur Zeit liegt kein überzeugender Vorschlag auf dem Tisch, der eine transparente und nachvollziehbare Bewertung lediglich anhand von Input- und Outputgrößen ermöglichen könnte.

Demzufolge bleibt es eine Aufgabe mit herausragender Bedeutung, Sachbilanzdaten so aufzubereiten, daß sie einer transparenten Bewertung zugänglich werden. Die Wirkungsbilanz hat diese Aufgabe übernommen und an den dortigen Erfolgen wird auch entschieden, wie überschaubar und kommunizierbar der Bewertungsschritt in einer Produkt-Ökobilanz sein kann. Der Anspruch einer gesamtökologischen Bewertung ist allerdings das hochgesteckte Ziel, das von vielen gefordert wird.

Ein bestechender und einfacher Ansatz einer Wirkungsabschätzung mit Bewertung wäre die Eignung eines oder weniger Leitparameter, die in geeigneter Weise die gesamtökologischen Umweltauswirkungen eines Systems repräsentieren würden. Mit dem Konzept der Aggregation des gesamten Energieaufwandes oder der gesamten Inputmassen eines Systems existieren zwei Vorschläge in dieser Richtung. Diesen Konzepten kann aber erst vertraut werden, wenn sie in großem Umfang bewiesen haben, daß sie in der Tat die Umweltauswirkungen in erster Näherung repräsentieren. Eine parallele Darstellung dieser Leitparameter sollte zu dieser Überprüfung in jeder Ökobilanzstudie vorgenommen werden.

Solange diese Ansätze nicht möglich sind, muß der Weg verfolgt werden, komplexe Informationen aus der Sachbilanz so zu verarbeiten, daß sie eine transparente Bewertung möglich machen. Das wird nur möglich sein, wenn entsprechende Umweltschutzziele zugrunde gelegt werden. Drei Arten von Schutzzielen könnten dazu dienen:

1. Wirkungsorientierte Schutzziele:
   Treibhauseffekt, menschliche Gesundheit, Ressourcenschonung etc.
2. Problemorientierte Schutzziele:
   Transportaufkommen, Energiebedarf, Abfallaufkommen etc.
3. Medienorientierte Schutzziele:
   Atmosphärenschutz, Grundwasserschutz, Meeresschutz etc.

Die meisten Methodenvorschläge konzentrieren sich momentan auf eine Orientierung an Schutzzielen bezüglich der hervorgerufenen negativen Umweltwirkungen, die es zu minimieren gilt. Aber auch die Verwendung von Umweltproblemen wie Transport- und Abfallaufkommen als Bewertungskriterien werden häufig miteinbezogen. Als kritisch muß hier jedoch eine Mischung verschiedener Schutzzielkonzepte angesehen werden. Schwer nachvollziehbare und u.U. nicht gewollte Doppelbewertungen sind die Folge, falls etwa Transportaufkommen und Versauerung in demselben Bewertungskonzept verwendet werden, da z.B. NO_x als Folge des Transportaufkommens zur Versauerung beiträgt.

Der momentan favorisierte Entwicklungsweg besteht darin, Bewertungen anhand der negativen Umweltauswirkungen vorzunehmen. Diese Wirkungsbilanz fördert am ehesten die geforderte transparente Bewertung (Klöpffer u. Renner, 1994).

Bleibt die Frage, welcher der vorgeschlagenen Bewertungsmethoden am geeignetsten erscheint. Als am wenigsten geeignet, weil wenig transparent, werden Methoden mit einem Schaden-Nutzen-Ansatz angesehen. Da hierbei die eigentliche Bewertung in sehr vielen Einzelschritten ganz nahe an den Sachbilanzdaten erfolgt, ist der subjektive Anteil am Verfahren nur schwer zugänglich und sehr stark mit objektiven Informationen vermischt. Diese Überlegung führt dazu, Methoden zu bevorzugen, die möglichst lange Umweltwirkungen getrennt betrachten und ebenso möglichst lange objektive Informationen von subjektiven Aspekten trennen.

Am ehesten wird dieser Anspruch bei den oben vorgestellten Ansätzen von der niederländischen VNCI-Methode erfüllt, bei der versucht wird, den subjektiven Aspekt auf eine abschließende Nutzwertanalyse zu konzentrieren. Jedoch gibt es keine weiteren Angaben darüber, wie und von wem diese Nutzwertanalyse angewendet werden soll. Die Nutzwertanalyse ist allerdings auch nur deshalb notwendig, um das Bewertungsurteil auf eine Zahl zu reduzieren.

Es bleibt die Frage, ob dieses Vorgehen sinnvoll ist. In Diskussionen um Bewertungsurteile auf einer Ein-Index-Basis wurde festgestellt, daß die Beurteilung leicht auf einer Meta-Ebene der Punktzahlen geschieht, ohne daß die damit bewerteten Umweltwirkungen an sich erfaßt würden. Neben dieser Problematik der Bewertungskommunikation ist allerdings auch vor der Zahlengläubigkeit bei einer Ein-Index-Bewertung zu warnen. Je nach gewählter Methodik können vollkommen unterschiedliche Ergebnisse erzielt werden.

Vergleicht man z.B. drei Verfahren (Ökopunkte, VNCI, EPS-System), die versuchen, ein Bewertungsergebnis in einer Zahl auszudrücken, so wird deren Subjektivität erst bei einer Betrachtung bewußt, was sich hinter den u.U. vermeintlich exakten Zahlen verbirgt. Nachfolgend wird eine Tabelle aus einer Arbeit vorgestellt, die die drei Ansätze miteinander vergleicht (Baumann u. Rydberg, 1992). Dabei wurde die Bewertung des CO_2 gleich eins gesetzt und alle weiteren Bewertungsparameter auf CO_2 normiert. Die Verhältnisse der Zahlen sollten bei gleicher Bewertung gleich sein.

Tab. 1. Darstellung und Vergleich schadstoffbezogener Indizes bei drei verschiedenen Bewertungsmethoden, normiert auf $CO_2 = 1$. Die absoluten Darstellungen für CO_2 sind: die ökologische Knappheitsskala – 0.0248 (Ökopunkte/g); die Effektindexskala[a] – 0.011 (gewichtet in ppt/g); und die EPS[b]-Skala – 0.04 (Umweltbelastungseinheiten[c]/kg)

Substanz	Ökologische Knappheit	Gewichtete Effektindices	EPS
CO_2	1	1	1
SO_2	197	218	151
NO_x	254	348	6130
VOC	393	280	258
Hg (g)	68 600 000	4 250 000	250
Hg (aq)	68 600 000	28 000 000	250
Pb (g)	349 500	5 138	0,25
Pb (aq)	349 500	33 660	0,25
Zn (aq)	56 000	86 850	0,00025

[a] Effektindexskala = Eco-scarcity scale
[b] EPS = Environmental Priority Strategies
[c] Umweltbelastungseinheiten = environmental load units

Die um viele Größenordnungen unterschiedlichen Zahlen in der Vergleichstabelle insbesondere für einige Schadstoffe zeigen (siehe aquatisches Zink), wie problematisch gerade die auf eindimensionale Bewertungen fixierten Bewertungsverfahren sind. Es kann davon ausgegangen werden, daß solche Methoden auch mittelfristig keine Glaubwürdigkeit erlangen. Und Glaubwürdigkeit – begründet durch eine hinreichende Nachvollziehbarkeit – ist eine unabdingbare Voraussetzung für einen subjektiv dominierten Prozeß, wie ihn die Bewertung darstellt.

Auf diesem Hintergrund wurde verschiedentlich vorgeschlagen, mehrere Bewertungsverfahren anzuwenden und dann das Schlußurteil vorzunehmen. Die parallele Durchführung mehrerer solcher Bewertungsverfahren fördert kaum eine höhere Anschaulichkeit, sondern trägt bestenfalls zur weiteren Verwirrung bei, denn eine "Mehrheit" der Verfahrensergebnisse ist nicht gleichzeitig ein gutes, d. h. korrektes Bewertungsurteil. Ein prozedurales Bewertungsverfahren ohne eine eindimensionale Schlußzahl wird daher am geeignetsten gehalten, den Anforderungen der Produkt-Ökobilanz gerecht zu werden.

7 Die Grundelemente einer Bilanzbewertung

Aus der Kenntnis der Stärken und Schwächen der dargestellten Bewertungsmethoden können Schlußfolgerungen gezogen werden, die in Vorschläge für ein konkretes Bewertungsvorgehen münden. Parallel zu den hier dargestellten Einschätzungen und Entwicklungen wurde auch eine Bewertung für die Ökobilanz Getränkeverpackungen vom Umweltbundesamt erarbeitet, die weitgehend deckungsgleich mit den hier dargestellt Grundzügen ist (Schmitz et al., 1994).

Für die weitere Diskussion um Bewertungsmethoden in der Produkt-Ökobilanz ist es vordringlich, weitere Praxiserfahrungen zu sammeln. Nur durch die konkrete Anwendung bestimmter Konzepte lassen sich die Chancen und Grenzen von bestimmten Vorgehensweisen erkennen.

Bei der abschließenden Bewertung in einer Produkt-Ökobilanz – der Bilanzbewertung – müssen schließlich die wichtigsten Elemente identifiziert werden. Dazu erscheint eine Einteilung in zwei Teilschritte sinnvoll:

- In einem ersten Schritt muß die Höhe der teilaggregierten Wirkung des Produktes anhand eines geeigneten Maßstabes beurteilt werden. (Stichwort: spezifischer Beitrag)
- In einem zweiten Schritt kann durch den Vergleich der Höhe der Wirkungen in den verschiedenen Bereichen in einem Bewertungsprozeß ein Gesamturteil gebildet werden. (Stichwort: ökologische Bedeutung)

Der spezifische Beitrag

In einem ersten Schritt der Bilanzbewertung muß zunächst die Höhe der teilaggregierten Wirkung des Produktes anhand eines geeigneten Maßstabes beurteilt werden. Dieser Schritt ist dabei ein in Umweltbewertungsinstrumenten übliches Vorgehen. Ein Maßstab wird für Umweltwirkungen in der Wirkungsbilanz schon vorgegeben und der Betrag, der durch die untersuchte Option verursacht wurde, berechnet. Nun muß aber beurteilt werden, ob dieser Betrag hoch oder niedrig liegt. Dieser Schritt wird in der internationalen Bewertungsdiskussion als "Normierung" bezeichnet.

Die Beurteilung der absoluten Höhe einer Umweltwirkung kann an der bereits existierenden Belastung angelehnt werden. Der sogenannte *"spezifische Beitrag"* bezüglich der Vorbelastung kann ermittelt werden.

Als Beispiel kann hier aus dem Bereich Umweltverträglichkeitsprüfung der Vergleich mit der Höhe der Zusatzimmission an Schadstoffen der verschiedenen Varianten mit der Gesamtimmission im entsprechenden Gebiet angeführt werden. Auch wenn hier sicherlich noch viele Detailprobleme für die Methode der Ökobilanz liegen, kann auf einen Vergleich mit Maßstäben, in welcher Form auch immer, nicht verzichtet werden. Denn wie sollte – rein absolut gesehen – beurteilt werden, ob die Emission von einer Menge von 100 g SO_2 umweltschädigender ist als die Freisetzung von 100 g NO_x.

Liegen aufgrund der Wirkungsbilanz schon auf Wirkungen teilaggregierte Angaben zu den betrachteten Produkten o.ä. vor, so müßten diese mit der Gesamtwirkung der menschlichen Aktivitäten in einem räumlich definierten Gebiet verglichen werden.

Die Beurteilung über die Höhe eines Wirkungsbeitrags durch die untersuchte Option kann zum zweiten aber auch an einem Maßstab bezüglich verschiedener angestrebter Umweltqualitätsziele erfolgen. Dieses Vorgehen kann verhindern, daß die aktuelle Emissionssituation eine Art Norm darstellt, egal wie weit die angestrebten Umweltziele schon erreicht sind. Der *sogenannte "spezifische Beitrag"* bezüglich eines Umweltqualitätsziels kann ermittelt werden.

Die Formulierung solcher Umweltqualitätsziele vor dem Hintergrund der wissenschaftlichen Erkenntnisse ist dabei die ureigenste Aufgabe der Politik. Eine Zusammenarbeit von Umweltwissenschaftlern und Politikern ist hier gefragt, um zu wissenschaftlich begründeten und parlamentarisch legitimierten Zielen zu kommen.

Die Bedeutung für die Formulierung von Umweltqualitätszielen wurde erkannt und in einigen Bereichen schon umgesetzt. Die Enquête-Kommission "Schutz des Menschen und der Umwelt" hat diese Aufgabe erkannt und formuliert, war aber in der kurzen Arbeitsphase nicht in der Lage, solche Ziele selbst zu formulieren. Andere Überlegungen sollten angestellt werden, um in einem überschaubaren Zeitraum zu legitimierten Umweltqualitätszielen zu kommen. Sie haben jedoch für die Weiterentwicklung der an Qualitätszielen und nicht an Grenzwerten orientieren Umweltbewertungsinstrumenten wie der Produkt-Ökobilanz eine zentrale Bedeutung.

Die ökologische Bedeutung

Mit der Beurteilung des absoluten Umweltwirkungsbeitrages einer untersuchten Option gegenüber einer zweiten ist jedoch noch nicht entschieden, wie sich die zwei Optionen in der Gesamtbeurteilung gegenüberstehen. Da eine Bewertung nur notwendig ist, wenn überhaupt Zielkonflikte auftreten, muß nun die Bedeutung der verschiedenen Umweltwirkungen relativ zueinander betrachtet werden. Daraus ergibt sich die *"ökologische Bedeutung"* jeder betrachteten Umweltwirkung.

Die ökologische Bedeutung muß es ermöglichen, verschiedene Umweltqualitätsziele in Beziehung zueinander zu stellen. Während es für die Ermittlung des spezifischen Beitrags bezüglich eines Umweltziels genügt, dieses quasi sektoral zu definieren, müssen zum Zweck des Vergleichs die Qualitätsziele zueinander definiert werden. Eine Prioritätenliste zu verhindernder Umweltgefahren müßte entstehen.

Es liegt auf der Hand, daß dieses Unterfangen in starkem Maße subjektiv ist. Nicht nur, daß verschiedene Werthaltungen und Interessenlagen (siehe Kap. 6) eine solche Prioritätenliste bestimmen. Es muß auch damit gerechnet werden, daß eine wie auch immer festgelegte ökologische Bedeutung von Kulturkreis zu Kulturkreis bei u.U. gleichen Interessenlagen sogar verschieden gesehen wird. Das macht es schwierig und vielleicht sogar unmöglich, eine weltweit gleiche Bewertung bezüglich der zu untersuchenden Optionen in einer Produkt-Ökobilanz zu erreichen.

Um dennoch die ökologische Bedeutung einer Umweltgefahr besser beschreiben zu können, sollten Merkmale von Wirkungen herangezogen werden, die eine Abwägung unterschiedlichster Aspekte erleichtern. Aus der Diskussion der Umweltpolitik der vergangenen Jahrzehnte lassen sich solche Merkmale herausarbeiten:

1. Wichtig ist zunächst, *wer oder was in der Umwelt* von einer Wirkung *betroffen ist*. Ausgehend vom anthropozentrischen Weltbild werden dabei Wirkungen, die den Menschen direkt betreffen (z.B. toxische Wirkung) höher eingeschätzt als Wirkungen, die den Menschen indirekt (z.B. Ressourcenknappheit) oder die natürliche Umwelt (z.B. Versauerung) betreffen.

2. Dann folgt die Frage, inwieweit der Effekt, der bewertet werden soll, nicht *umkehrbar oder reparabel* - also irreversibel ist. Der Begriff der Reversibilität bzw. Irreversibilität bedarf dabei für jede Art von Wirkung einer genauen Definition, die an dem Nachhaltigkeitsprinzip orientiert sein sollte.

3. Mit der Reversibiliät in Verbindung steht ein wichtiges Merkmal der Wirkungen, nämlich die *zeitliche Reichweite* eines Effektes. Es kann sich um Wirkungen mit weit in die Zukunft reichenden Aspekten handeln oder aber um Wirkungen, die sofort eintreten, aber dann keine Folgen mehr haben. (Der Einschätzung der Reparierbarkeit – siehe Punkt 2. – kann sinnvollerweise nur mit diesem Punkt gekoppelt vorgenommen werden.)

4. Neben der zeitlichen ist auch die räumliche Reichweite einer Wirkung entscheidend. Sie kann lokal, regional, national, kontinental oder global sein. Je größer die Reichweite ist, desto potentiell mehr "Rezipienten" können erreicht werden.

5. Unter Umständen sollte noch berücksichtigt werden, wie gut eine Wirkung wissenschaftlich erforscht und erkannt worden ist. Eine große verbleibende

Unsicherheit bezüglich des Spektrums der Auswirkungen eines Effekts ist anders einzuschätzen als die gut beurteilbaren, weil gut erforschten, Wirkungsbereiche.

Aus der Kombination dieser fünf qualitativen Merkmale ergibt sich ein Aspekt der "relativen ökologischen Bedeutung" (in Anlehnung an das Bewertungsbeispiel des Umweltbundesamtes (Schmitz et al., 1994)). Nicht trivial, weil nicht formal ableitbar, ist die Tatsache, wie sich aus den fünf Merkmalen die Einschätzung von niedrigem bis hohem Gefahrenpotential ergeben. Dieser Schritt ist eindeutig Teil des subjektiven Abwägungsprozesses.

Als Beispiel zur Ermittlung dieses qualitativen Aspekts der ökologischen Bedeutung kann z.B. wieder der Treibhauseffekt herangezogen werden. Diese Umweltwirkung wirkt sehr langfristig (2.) und ist – bezogen auf mehrere Menschheitsgenerationen – nicht reparabel, also irreversibel (3.). In seiner Reichweite wirkt der Treibhauseffekt global (4.) und birgt zudem in dem möglichen Spektrum seiner zukünftigen Folgewirkungen noch eine große Unsicherheit (5.). Betroffen von dem Effekt ist der Mensch zwar nur indirekt, dafür aber fast alle anderen Bereiche des Ökosystems Erde (1.). Aus dieser Gesamtzusammenschau geht hervor, daß dem Treibhauseffekt eine sehr hohe ökologische Bedeutung zukommen sollte.

Ein weiteres Beispiel soll die Lärmbelastung sein. Der Mensch ist hier als Rezipient direkt betroffen (1.). Der Lärm wirkt zwar zeitlich sofort und ohne Retentionszeit (3.), doch können Folgen beim Menschen je nach Einwirkungsstärke als mehr oder weniger reparabel (2.) angesehen werden. In seiner Reichweite wirkt der Lärm sehr lokal (4.), und die Wirkungsweisen sind hinreichend gut bekannt (5.). Aufgrund seiner direkten Einwirkung auf den Menschen mit u.U. irreparablen Folgeschäden, kann Lärm keine geringe ökologische Bedeutung haben. Doch aufgrund seiner zeitlichen und lokalen Begrenztheit darf er auch nicht überbewertet werden.

Neben dem qualitativen "Charakteristikum" einer Umweltauswirkung, sollte für die ökologische Bedeutung noch ein quantitativer Bewertungsaspekt herangezogen werden, nämlich das *Verhältnis der bestehenden Belastung zu den legitimen Umweltqualitätszielen.*

So verliert z.B. eine Umweltwirkung mit einer hohen qualitativen Bedeutung an Wichtigkeit, falls die formulierten Qualitätsziele erreicht oder fast erreicht werden. Umgekehrt ist eine Wirkung um so bedeutender, je weiter sie von dem formulierten Ziel entfernt liegt. Bei Wirkungen mit einer oder mehreren ableitbaren Schwellen, sind diese in der Beurteilung entsprechend zu berücksichtigen. Dabei wird bereits klar, daß das Verhältnis Istzustand - Qualitätsziel nicht notwendigerweise eine lineare Funktion darstellt. Für jede Art von Wirkung muß das Verhältnis Effekt im Istzustand zu Effekt am Qualitätsziel unter dem Aspekt des Verlaufes dieser Verhältnisfunktion erhoben und geprüft werden.

Da die Qualitätsziele aus einem subjektiven gesellschaftlichen Prozeß entstammen und sicherlich auch das Verhältnis Effekt im Istzustand zu Effekt am

Qualitätsziel wertender Interpretationen bedarf, ist auch dieser Punkt subjektiv geprägt.

Am Beispiel des Treibhauseffektes lassen sich für das Verhältnis Istzustand zu Qualitätsziel die oben bereits dargestellten Minderungsziele nennen, da das Ziel an der bestehenden Belastung orientiert ist. Die bestehende Belastung liegt damit oberhalb des Ziels. Dabei kann aber nicht unbedingt von einer linearen Beziehung ausgegangen werden, denn eine Annäherung um die Hälfte an das Ziel heißt nicht zwangsläufig "halb so schlimm". Dies gilt es bei der Bewertung zu berücksichtigen.

Auch bei dem zweiten Beispiel Lärm sieht man, daß dessen ökologische Bedeutung ansteigt, da dessen Wirkungen in ihren Ausdehnungen durch den Aspekt Verkehrslärm zumindest in Industrienationen fast als flächendeckend anzusehen ist. Qualitätsziele können im einzelnen dabei deutlich verletzt werden.

8   Vorgeschlagene Vorgehensweise

Für den abschließenden Bewertungsschritt in der Bilanzbewertung stehen nun drei Bausteine zur Verfügung:

1. Baustein: Ergebnisse aus der Sach- und Wirkungsbilanz

> Die Angaben und Informationen zu den miteinander zu vergleichenden Optionen aus der Wirkungsbilanz. Die Angaben können absoluter Art sein oder als Differenzen ausgedrückt.

2. Baustein: Spezifischer Beitrag

> Die Angaben zu dem spezifischen Beitrag der Optionen in bezug auf:
> - die bestehende Situation
> - legitimierte Umweltqualitätsziele[1]

3. Baustein: Ökologische Bedeutung

> Beurteilung der ökologische Bedeutung zu den Umweltwirkungen der Optionen zusammengesetzt aus:
> - den qualitativen Aspekten einer Wirkung
> - dem Verhältnis der Istsituation zum Qualitätsziel

In dem abschließenden Bewertungsschritt müssen nun diese drei Bausteine zu einem Gesamturteil zusammengefügt werden. Da aus Transparenzgründen dem Ansatz der Wirkungsbilanzierung nach (McKinsey, 1991) gefolgt worden ist, kommen die meisten beschriebenen Bewertungsansätze nicht mehr in Betracht.

---

[1] Die Berechnung eines spezifischen Beitrags in bezug auf legitimierte Umweltqualitätsziele ist noch zu diskutieren.

So wäre von den formalistischen Verfahren insbesondere ein nutzwertanalytischer Ansatz analog zu Mc Kinsey möglich.

Da jedoch die Ein-Index-Methoden aus den oben genannten Gründen nicht favorisiert werden, wird hier nun ein "verbal-argumentatives" Vorgehen vorgeschlagen. Ein solches Verfahren allein scheint adäquat, um den subjektiven Abwägungsprozeß widerzuspiegeln. Durch die weitgehende Aufschlüsselung des Bewertungsverfahrens kann davon ausgegangen werden, daß eine ausreichende Transparenz gewährleistet ist.

Die Bewertungsakteure sollten nun in der Lage sein, aufgrund ihrer Präferenzen, das in der Zieldefinition festgelegte Erkenntnisinteresse wertend zu beantworten. Ob die Verwendung von Klassifizierungen wie "hoch – mittel – niedrig" oder eine hierarchische Herangehensweise dabei hilfreich ist, sollten die zukünftigen Erfahrungen zeigen.

Da die Subjektivität durch die Bewertungsakteure gegeben ist, sollten aus Transparenzgründen die beteiligten Personen und Institutionen genannt werden. Die formale Abwicklung der Bewertung ist weniger der unmittelbare Inhalt einer Bewertungsmethode oder Bewertungslogik, sondern ist vielmehr als die prozedurale Struktur der Bewertung darzustellen.

Aus den Erkenntnissen der bisher betrachteten Gesichtspunkte zum Thema Bewertung ergeben sich Konsequenzen für den weiteren Umgang mit diesem vierten Schritt der Ökobilanzmethode. Es werden im weiteren nur einige wenige grundsätzliche Aussagen gemacht werden, die in der Bewertung des Umweltbundesamtes zu der Ökobilanz für Getränkeverpackungen[2] und in anderen Arbeitszusammenhängen konkret umgesetzt werden.

Da es sich bei der ökologischen Bilanzierung um ein *Instrument* innerhalb der Umweltpolitik handelt, sollten auch bei der Bilanzbewertung gewisse Regeln aufgestellt werden. Die Formulierung solcher Regeln und der Verzicht auf ein willkürliches Vorgehen sind Bedingungen für eine Methode, derer das Verfahren Ökobilanz bedarf.

Solche Regeln müssen umfassen:

- Eine Schlußbewertung kann nicht ohne die Berücksichtigung der Rahmenbedingungen in einem konkreten Vergleich auskommen. Deshalb gehört die Festlegung der Rahmenbedingungen im Abschnitt Zieldefinition untrennbar zur Schlußbewertung. Das heißt auch, daß dieselben Bewertungsakteure – wer immer das auch ist – sowohl am Anfang als auch am Ende einer ökologischen Bilanzierung tätig werden sollten.
- Es muß festgelegt werden, ob eine bestimmte "Bewertungslogik" im Sinne von Verknüpfungsmechanismen von Sachinformation und Werthaltung verwendet werden soll. Vorgeschlagen wird die verbal-argumentative Bewertung.

---

[2] Das Beispiel einer Bilanzbewertung anhand der Ökobilanz für Getränkeverpackungen - durchgeführt vom Umweltbundesamt – wird demnächst erscheinen (Schmitz et al., 1994).

- Zur Schlußbewertung sind vielfältige Informationen nötig. Neben den Ergebnissen der Sachbilanz und Wirkungsbilanz werden für einen fundierten Bewertungsvorgang noch Informationen allgemeiner Art gebraucht. Ein Katalog solcher Informationen sollte bei der abschließenden Bewertung zur Verfügung stehen, der im Kontext der Ökobilanz erarbeitet wurde.
- Ebenso gehört zu dem Regelwerk die Art und Weise der Ergebnisdokumentation. So sollten neben einem Ergebnis "A besser als B" wichtige Zusammenhänge zu diesem Ergebnis dokumentiert werden. Solche unverzichtbaren Punkte sind z.B., ob Wirkungsschwellen überschritten wurden oder ob es Minderheitenvoten gibt.
- Eine Bewertung ist immer mit Bewertungsakteuren verbunden. Das kann eine einzelne Person sein oder ein spezielles Gremium. Da Bewertung immer subjektiv ist, ist die Frage der Bewertungsakteure, ihrer Rollen und Funktionen von großer Bedeutung. Wer die Bewertungsakteure sein sollen, ob und wie sie institutionalisiert sind und wie sie in einen Bewertungsprozeß eingebunden werden sollen, sind auch noch zukünftig zu untersuchende Fragen.

Es wurde bereits angesprochen, daß eine Reihe von Informationen für eine Bilanzbewertung zur Verfügung stehen muß, um eine fundierte Schlußbewertung vornehmen zu können. Nach der Definition von Bewertung werden ja Informationen mit Werthaltungen verknüpft. Das Bewertungsurteil sollte im Sinne einer transparenten Bewertung nun nicht von der Menge und Qualität der zur Verfügung stehenden Informationen abhängen.

Deshalb gilt es, einen Katalog notwendiger Informationen zu definieren, um das Ergebnis nicht von Ungleichgewichten bezüglich der Sachbasis und Wirkungsbilanz abhängig zu machen. Ein solcher Katalog könnte beinhalten:

- alle wichtigen Ergebnisse und Randbedingungen aus der Bearbeitung der Sach- und Wirkungsbilanz
- Hinweise zur vorgefundenen Datenfülle und Datenqualität, evtl. das Ergebnis einer "Data Quality Analysis".
- Diskussion der wissenschaftlichen Belastbarkeit bestimmter Aussagen und Zusammenhänge wie z.B. Waldsterben, Krebsverdacht einer Substanz etc.
- ausreichende generelle Informationen und Hintergrundwissen zu den betrachteten Umweltauswirkungen
- Informationen zu Vorbelastungen, Knappheiten, sich ändernden Bedingungen, politischen Zielvorgaben, öffentlichen Meinungen, Expertenmeinungen etc.

Dieser Informationskatalog muß anhand praktischer Beispiele präzisiert und vervollständigt werden.

Die Ausgestaltung der Bilanzbewertung in einem Verfahren der ökologischen Bilanzierung ist heute neben der Wirkungsbilanz noch am wenigsten präzisiert worden. Durch Standardisierungsbemühungen will man national wie international einen Rahmen für eine abschließende Bewertung erarbeiten.

Da sich bereits die Gewißheit herausschält, daß einer formalisierten, auf eine Zahl verkürzten Bewertung (z.B. Ökopunkte) keine Chancen eingeräumt werden,

werden andere Herangehensweisen vorgeschlagen. So könnte z.B. die Bilanzbewertung zumindest größerer Projekte als Prozeß – vergleichbar einem Genehmigungsverfahren – organisiert werden.

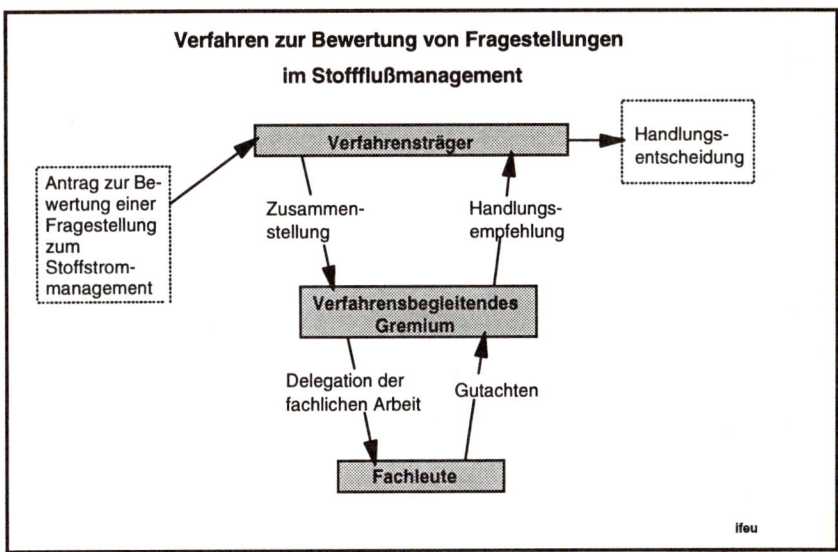

Abb. 3. Verfahren zur Bewertung in Produkt-Ökobilanzen

Ein solcher Prozeß, der bereits bei der Zieldefinition einsetzen muß, könnte sich für eine sehr umfangreich angelegte Produkt-Ökobilanz aus folgenden Schritten zusammensetzen (siehe Abb. 3):

1. Eine Institution, wie z.B. das BMU, Länderministerien, Verbraucherschutzorganisationen oder Stabsabteilungen in Firmen, übernimmt die Initiative zu einer ökobilanzierenden Untersuchung und wird dadurch zum Verfahrensträger
2. Zusammenstellung eines verfahrenbegleitenden Gremiums aus Fachleuten und Vertretern gesellschaftlich relevanter Gruppen und Festlegung der Zieldefinition durch dieses Gremium
3. Delegation der fachlichen Arbeit im Rahmen der Sachbilanz und der Wirkungsbilanz an Fachleute auf der Basis eines Standardmodells für Produkt-Ökobilanzen
4. Diskussion und Bewertung des Ergebnisses der Sachbilanz- und Wirkungsbilanzergebnisse durch das verfahrenbegleitende Gremium und Aussprechen einer Handlungsempfehlung
5. Handlung oder Nichthandlung durch den oder die Verfahrensträger bzw. Entscheidungsträger

Dieser Prozeß muß allerdings auch die Verantwortung des Auftraggebers berücksichtigen. Im DIN/NAGUS heißt es hierzu (DIN 1994) unter Punkt 5.1:

"Die Akzeptanz von produktbezogenen Ökobilanzen, [...], wird zu einem Teil von der frühzeitigen Beteiligung der Fachöffentlichkeit einschließlich der ökologisch, sozial und ökonomisch interessierten Kreise abhängen. Die Festlegung der einzelnen Elemente der Zieldefinition einer Ökobilanz sollte daher ebenso mit der Fachöffentlichkeit diskutiert werden wie die sich nach den Ergebnissen der Sach- und Wirkungsbilanz abzeichnende Bilanzbewertung. [...] Eine für alle Ökobilanzen geltende Festlegung der spezifischen Zusammensetzung der "Fachöffentlichkeit" ist dabei ebenso nicht möglich wie eine formelle Festlegung des Zeitpunkts und der Art und Weise der Beteiligung. Die Verantwortung für die Form der Umsetzung dieses Grundsatzes liegt letztlich beim Auftraggeber einer Ökobilanz. Dies sollte jedoch in geeigneter Weise dokumentiert werden."

Ein solcher Vorschlag sollte anhand künftiger Erfahrungen für eine standardisierte Umsetzung noch detaillierter entwickelt und beschrieben werden.

Abschließend sollen einige wichtige hier vorgestellte Aspekte zur Bilanzbewertung zusammengefaßt werden.

- Neben der Bilanzbewertung enthalten auch die anderen Phasen in einer Ökobilanz wertende Elemente. So beruhen z.B. Konventionen in der Sachbilanz und Wirkungsbilanz auf wertenden Elementen. Die Bilanzbewertung stellt jedoch den wichtigen Schritt der abschließenden Gesamtbewertung dar.
- Eine enge Kopplung der Ökobilanzschritte "Zieldefinition" und "Bilanzbewertung" ist unbedingt notwendig, da der letzte Schritt in sehr starkem Maße vom ersten abhängt.
- Transparenz und Nachvollziehbarkeit sind bei jeder Bewertung oberstes Gebot, da es eine objektive Bewertung per definitionem nicht geben kann.
- Einzelne zu bewertende Sachverhalte und Umweltwirkungen sollten in der abschließenden Bewertung solange wie möglich getrennt untersucht und diskutiert werden. Damit wird eine erhöhte Transparenz erreicht. Bewertungen, die auf eindimensionalen Zahlenwerten beruhen, stehen dem meist entgegen.
- Das abschließende Bewertungsurteil sollte durch ein argumentatives Abwägen der an der Bewertung Beteiligten gefunden werden.
- Die Bereitstellung der Sachinformationen aus Sach- und Wirkungsbilanz für die Bilanzbewertung muß in Umfang und Qualität standardisiert werden.
- Die Werthaltungen, die zwangsläufig Bestandteil einer Bewertung sind (siehe Definition), können sinnvoll nur in Form von unterschiedlichen, interessengeleiteten Bewertungsbeteiligten in einer Bewertung repräsentiert werden.
- Zur Bilanzbewertung gehören feste Regeln der Dokumentation des Bewertungsprozesses und des Bewertungsurteils.

Literatur

Ahbe, S. et al. (1990): Methodik für Ökobilanzen auf der Basis ökologischer Optimierung. Schriftenreihe Umwelt Nr. 133 des Bundesamtes für Umwelt, Wald und Landschaft (BUWAL), Bern

Baumann, H. und Rydberg, T. (1992): Life-Cycle Assessment: A Comparison of Three Methods for Impact Analysis and Valuation. Göteborg

Biet, J. et al. (1992): Ökobilanzen für Produkte: Bedeutung, Sachstand, Perspektiven. Umweltbundesamt Texte 38, Berlin

DIN (1994): Grundsätze produktbezogener Ökobilanzen, DIN-Mitteilungen 73, Nr. 3, Berlin

Enquête-Kommission (1994): Die Industriegesellschaft gestalten, Perspektiven für einen nachhaltigen Umgang mit Stoff- und Materialströmen. Enquête-Kommission "Schutz des Menschen und der Umwelt" des Deutschen Bundestages, Economica-Verlag, Bonn

Fava, J. A. et al. (1991): A Technical Framework for Life-Cycle Assassment. Workshop Report for the Society of Environmental Toxicology and chemistry (SETAC), Smugglers Notch, Vermont

Giegrich, J. (1991): Ansätze zur Bewertung von Konzepten und Maßnahmen in der Abfallwirtschaft. Studie im Auftrag des Büros für Technikfolgenabschätzung beim Deutschen Bundestag (TAB), Heidelberg

Giegrich, J. und Mampel, U. (1993): Ökologische Bilanzen der Abfallwirtschaft, Vorstudie im Auftrag des Umweltbundesamtes, Heidelberg

Habersatter, K. (1991): Ökobilanz von Packstoffen Stand 1990. Schriftenreihe Umwelt Nr. 132 des Bundesamtes für Umwelt, Wald und Landschaft (BUWAL), Bern

Heijungs, R. et al. (1991): Manual for the Environmental Life Cycle Assessment of Products. CML – Centre of Environmental Science Leiden University, TNO – Dutch Organisation for Applied Scientific Research Apeldoorn, B&G – Fuels and Raw Materials Bureau Rotterdam

ISO (1995): Life Cycle Assessment – General Principles and Practices. Working Draft WD 14040 of ISO/TC 207/SC 5 for Decision, Berlin

Klöpffer, W. und Renner, I. (1994): Methodik der Wirkungsbilanz im Rahmen von Produkt-Ökobilanzen unter Berücksichtigung nicht oder nur schwer quantifizierbarer Umwelt-Kategorien Forschungsvorhaben im Auftrag des Umweltbundesamtes, Dreieich

McKinsey (1991): Integrated Substance Chain Management, Working material for environmental measurement, comissioned by Association of the Dutch Chemical Industry (VNCI)

Ryding, S.-O. und Steen, B. (1991): EPS-systemet, Institut för vatten och luftvardsforskning, IVL rapport B1022

Steen, B. und Ryding, S.-O. (1992): The EPS Enviro-Accounting Method IVL Report, Göteborg

Schmitz, S. et al. (1994): Ökobilanz für Getränkeverpackungen. Vergleichende Untersuchung der durch Verpackungssysteme für Frischmilch und Bier hervorgerufenen Umweltbeeinflussungen. Umweltbundesamt, Berlin, unveröffentlichter Bericht

Anhang

Die Autoren

Ellen Frings, Jahrgang 1963, studierte Agrarwissenschaften an der Universität Bonn. Danach absolvierte sie eine Weiterbildung im Umweltschutzbereich und arbeitete als freie Mitarbeiterin beim Institut für ökologische Wirtschaftsforschung (IÖW) in Berlin und bei dem Katalyse-Institut für angewandte Umweltforschung in Köln. Ab 1991 war sie als wissenschaftliche Mitarbeiterin beim Fachinformationszentrum Karlsruhe beschäftigt und für die Herausgabe des Umwelt-Produkt-Info-Services zuständig. Von 1992 bis 1994 arbeitete sie als wissenschaftliche Mitarbeiterin im Sekretariat der Enquête-Kommission des 12. Deutschen Bundestages „Schutz des Menschen und der Umwelt" mit. Seit Juli 1995 arbeitet sie am ifeu-Institut Heidelberg.

Rolf Frischknecht, Jahrgang 1962, studierte Bauingenieurwesen an der ETH Zürich und arbeitete von 1986 bis 1988 in einem Ingenieurbüro. Danach absolvierte er an einer Fachhochschule bei Basel ein Nachdiplomstudium, in dem er sich intensiv mit Energiethemen auseinandersetzte und u. a. an der Veröffentlichung *Wärmedämmstoffe - der Versuch einer ganzheitlichen Betrachtung* mitwirkte. Seit 1990 arbeitet er als wissenschaftlicher Mitarbeiter am Institut für Energietechnik der ETH Zürich. Er hat maßgeblich an der Studie *Ökoinventare für Energiesysteme* mitgearbeitet. Seine Spezialgebiete sind neben Ökoinventaren vor allem methodische Fragen der Ökobilanzierung. Er ist Leiter einer Untergruppe der SETAC zum Thema Allokation/Energie in Ökobilanzen.

Jürgen Giegrich, Jahrgang 1957, studierte Physik an der Universität Heidelberg, u. a. am Institut für Umweltphysik. 1986 begann er seine Arbeit als wissenschaftlicher Mitarbeiter am ifeu-Institut. Seit 1990 ist er Fachbereichsleiter. Seine Schwerpunktthemen sind Umweltverträglichkeitsprüfungen – speziell von Abfallbehandlungsanlagen – und Produktökobilanzen. Bei Ökobilanzen gilt sein besonderes Interesse dem Bereich der Wirkungsanalyse und Bewertung. Er ist Mitglied in verschiedenen nationalen und internationalen Normierungsausschüssen zu Ökobilanzen.

Dr. Andreas Häuslein, Jahrgang 1957, absolvierte eine Ausbildung zum Industriekaufmann und arbeitete als Systementwickler, bevor er an der Universität Hamburg Informatik studierte und 1993 promovierte. Seine Arbeitsschwerpunkte sind Umweltinformationssysteme für die öffentliche Hand, Simulationen im Umweltbereich und betriebliche Umweltinformationssysteme. Zum Thema Umweltinformationssysteme arbeitete er als Gutachter für mehrere Umweltbehörden der Länder. Derzeit arbeitet er am ifu-Institut für Umweltinformatik Hamburg GmbH und ist Projektleiter der Umberto-Programmentwicklung.

Jan Hedemann, Jahrgang 1969, studierte Informatik an der Universität Rostock, dann an der Universität Hamburg. Seit 1993 arbeitet er zusätzlich als Software-

Entwickler am ifu-Institut für Umweltinformatik Hamburg mit und ist maßgeblich an der Entwicklung des Programms Umberto beteiligt.

Florian Heinstein, Jahrgang 1948, studierte Betriebswirtschaftslehre an der Universität Mannheim. Von 1977 bis 1984 arbeitete er mit leitender kaufmännischer Funktion in der Industrie. 1985 wechselte er zum ifeu-Institut und wurde Leiter des Fachbereichs Abfallwirtschaft. Seit 1986 ist er Vorstandssprecher, seit 1991 Geschäftsführer des ifeu-Instituts. Seine heutigen Schwerpunktthemen sind Umweltbetriebsbilanzen und Öko-Audit.

Dr. Lorenz M. Hilty, Jahrgang 1959, studierte Informatik in Zürich und in Hamburg. Seit 1986 ist er wissenschaftlicher Mitarbeiter am Fachbereich Informatik der Universität Hamburg; 1991 promovierte er zum Dr. rer. nat. und hatte 1992/93 einen Forschungsaufenthalt am Institut für Wirtschaft und Ökologie (IWÖ) der Hochschule St. Gallen. Derzeit ist er Projektleiter im Projekt MOBILE (*Model Base for an Integrative View of Logistics and Environment*). Seine Forschungsschwerpunkte sind Methoden der Modellbildung und Simulation im Umweltbereich, Ökobilanzen und betriebliche Umweltinformationssysteme. Er ist einer der beiden Sprecher des Arbeitskreises „Betriebliche Umweltinformationssysteme" der Gesellschaft für Informatik e. V. (GI). Als Mitherausgeber wirkte er an den Büchern *Umweltinformatik – Informatikmethoden für Umweltschutz und Umweltforschung* und *Betriebliche Umweltinformationssysteme – Projekte und Perspektiven* mit.

Michael Jacobi, Jahrgang 1940, ist Schriftsetzer und studierte an der Akademie für das graphische Gewerbe/Fachhochschule München. Er war Herstellungsleiter bei der Axel Springer AG/Ullstein GmbH in Berlin, dann Geschäftsleitungsmitglied der Mohndruck Graphischen Betriebe in Güterloh, wo er zuletzt für Umwelt, Arbeitssicherheit und Logistik/Strategie zuständig war. Seit April 1995 ist er Geschäftsführer der City-GT-Logistig GmbH in Gütersloh. Seine Themenschwerpunkte sind u. a. innerbetriebliches Kostenmanagement, Aufbau- und Ablauforganisationen, Vertrieb u.v.m. Er ist Sprecher der Umweltinitiative der Wirtschaft Gütersloh und u. a. Mitglied des Umweltausschusses der IHK Bielefeld und Beitratsmitglied der B.A.U.M. Environment AG.

Joachim Karnath, Jahrgang 1951, absolvierte in Karlsruhe sein Studium zum Diplom-Wirtschaftsingenieur. Von 1980 bis 1983 war er wissenschaftlicher Mitarbeiter an der Universität Karlsruhe, von 1980 bis 1990 Gesellschafter und zeitweise Geschäftsführer der ibek ingenieur- und beratungsgesellschaft für organisation und technik bmH in Karlsruhe. Seit 1991 ist er Gesellschafter und Geschäftsführer der Contract KG Unternehmensberatung für Organisationsentwicklung und Projektmanagement.

Petter Kolm, Jahrgang 1967, ist Diplom-Mathematiker und studierte an der ETH Zürich. Derzeit arbeitet er als Doktorand am Center for Computational Mathematics and Mechanics beim Royal Institute of Technology in Stockholm. Seine Arbeitsschwerpunkte sind numerische lineare Algebra, partielle Differentialgleichungen und paralleles Rechnen.

Susanne Kytzia, Jahrgang 1966, studierte *Quantitative Wirtschafts- und Unternehmensforschung* an der Hochschule St. Gallen in der Schweiz. Sie war Projektmitarbeiterin bei der Schweizerischen Vereinigung für ökologisch bewußte Unternehmensführung (Ö.B.U.). Im März 1995 beendete sie ihre Dissertation zum Thema *Die Ökobilanz als Bestandteil des betrieblichen Informationsmanagements*. Derzeit ist sie als Geschäftsführerin bei der Unternehmensberatungsfirma Sinum GmbH tätig.

Ulrich Mampel, Jahrgang 1961, studierte Biologie und Chemie an der Universität Heidelberg. Ab 1986 arbeitete er als freier Mitarbeiter am ifeu-Institut mit und war an der Veröffentlichung *Gesundheitsschäden durch Luftverschmutzung* und an diversen Umweltverträglichkeitsuntersuchungen beteiligt. Seit 1992 ist er wissenschaftlicher Mitarbeiter am ifeu-Institut. Seine Schwerpunktthemen sind Stoffstromanalysen in Ökobilanzen und Öko-Audits.

Udo Meyer, Jahrgang 1966, studierte Chemie in Erlangen, London und Heidelberg. Ab 1989 arbeitete er als freier Mitarbeiter beim ifeu-Institut in den Bereichen Umweltverträglichkeitsprüfung und Ökobilanz mit. 1992 gründete er die Firma ATEC Abfallberatung. Seit 1994 ist er wissenschaftlicher Mitarbeiter am ifeu-Institut. Seine Schwerpunktthemen sind Stoffstromanalysen in Ökobilanzen und Öko-Audits.

Andreas Möller, Jahrgang 1964, Diplom-Informatiker, absolvierte eine Ausbildung in der öffentlichen Verwaltung, bevor er Verwaltungsbetriebslehre in Altenholz bei Kiel und Informatik in Passau, Kiel und Hamburg studierte. Seine Diplomarbeit schrieb er über Stoffstromnetze und initiierte die Entwicklung des Programms Umberto. Er ist derzeit wissenschaftlicher Mitarbeiter am Fachbereich Informatik der Universität Hamburg. Seine Schwerpunktthemen sind die betriebliche Umweltinformatik – speziell Rechnungswesen, Organisation- und Systemtheorie.

Reinhard Peglau, Jahrgang 1951, Diplom-Pädagoge, studierte in Berlin Sozialpädagogik, bevor er von 1979 bis 1982 in nationalen und internationalen Projekten der Erwachsenenbildung und beruflichen Qualifizierung tätig war. Von 1982 bis 1991 war er Mitarbeiter des Fachgebietes „Sozialwissenschaftliche Umweltfragen" des Umweltbundesamtes Berlin. 1991 wechselte er zum Fachgebiet „Wirtschaftswissenschaftliche Umweltfragen" und ist heute zuständig für die betriebswirtschaftlichen Fragen des Umweltschutzes, die sich vom allgemeinen

Umweltmanagement über Umweltkennzahlen und Öko-Audit bis hin zur Normung von Umweltmanagementsystemen erstreckt. Er ist Mitglied in diversen Länder- und Bundesarbeitskreisen zur modellhaften Umsetzung der EG-Öko-Audit-Verordnung sowie Mitglied in Normierungsausschüssen des NAGUS. Zu seinen Veröffentlichungen zählt u. a. der *Studienführer Umweltschutz* und *Berufe im Umweltschutz*.

Prof. Dr. Arno Rolf, Jahrgang 1942, studierte Wirtschaftswissenschaften in Münster und Hamburg. Danach arbeitete er u. a. als Systemgestalter in einem Software-Haus und von 1982 bis 1986 als Hochschullehrer in Bremerhaven. Seit 1986 lehrt er am Fachbereich Informatik der Universität Hamburg. Seine Themenschwerpunkte sind die betriebliche Umweltinformatik und die wissenschaftstheoretischen Grundlagen der Informatik und Technikfolgenabschätzung. Er leitet derzeit das Projekt *Stoffstrommanagement für mittelständische Handelsunternehmen* der Deutschen Bundesstiftung Umwelt.

Mario Schmidt, Jahrgang 1960, studierte Physik in Freiburg und Heidelberg. Ab 1985 arbeitete er als wissenschaftlicher Mitarbeiter am ifeu-Institut für Energie- und Umweltforschung in Heidelberg mit Schwerpunkt Immissionsschutz und Verkehr. 1989 und 1990 war er Referent für Strahlenschutz bei der Umweltbehörde der Freien und Hansestadt Hamburg. Seit 1990 ist er als Fachbereichsleiter und Prokurist am ifeu-Institut. Seine Schwerpunktthemen sind Klimaschutz sowie Stoffstromanalysen in Ökobilanzen und Öko-Audits. Am ifeu-Institut ist er für die Entwicklung und Anwendung des Programms Umberto verantwortlich. Zu seinen Buchveröffentlichungen gehören u. a. *Gesundheitsschäden durch Luftverschmutzung* (1987) und *Leben in der Risikogesellschaft* (1989).

Dr. Achim Schorb, Jahrgang 1951, studierte Geographie und Chemie in Darmstadt und Heidelberg. Als wissenschaftlicher Mitarbeiter promovierte er 1983 am Geographischen Institut Heidelberg über die Auswirkung von Straßen auf Boden und Gewässer. Seit 1986 arbeitet er am ifeu-Institut. Er war maßgeblich an der Etablierung des Themas Ökobilanzen am ifeu beteiligt und arbeitet heute als Projektleiter an Umweltbetriebsbilanzen, Produkt-Ökobilanzen und Öko-Audits. An der Universität Heidelberg hat er einen Lehrauftrag im Bereich Geoökologie. Er ist Mitglied in verschiedenen Normierungsausschüssen zu Ökobilanzen.

Claude Patrick Siegenthaler, Jahrgang 1969, studierte Umweltökonomie an der Hochschule St. Gallen in der Schweiz. Er war wissenschaftlicher Mitarbeiter am Institut für Wirtschaft und Ökokolgie (IWÖ) an der Hochschule St. Gallen. Derzeit arbeitet er als Geschäftsführer bei der Unternehmensberatungsfirma Sinum GmbH. Seine Forschungsinteressen liegen im Bereich der *Gesellschaftlichen Umweltinformationssysteme*. Er hat maßgeblich an der Studie *Ökobilanz-Software 1995* im Auftrag der Schweizerischen Vereinigung für ökologisch bewußte Unternehmensführung (Ö.B.U.) mitgewirkt.

Sachverzeichnis